新时代
技术
新未来

OpenAI API
接口应用实战

雷韦春　著

清華大学出版社
北 京

内 容 简 介

OpenAI API 是一个为开发者、企业和研究者打造的平台。通过这个 API，用户可以轻松地融合和应用最前沿的 AI 技术，而无须独立训练模型或构建复杂的支持系统。这种便利性不仅加速了各类自然语言处理任务的实现（如文本创作和问答系统），还大大降低了开发和运营的成本。随着对 OpenAI 不断地进行研究和优化，API 用户始终能够享受到最新的技术成果。此外，API 还为各个行业的创新者开辟了新的可能性，并助力各种新应用和服务的诞生。总之，OpenAI API 不仅推动了 AI 技术的广泛应用，还为广大用户提供了一种简单、高效的方式来探索和实现 AI 的潜能。

本书分 4 篇，共 19 章，涵盖的主要内容有 OpenAI API 的基础知识、OpenAI API 详解，使用 OpenAI API 实现智能问答、在线客服、教育辅导、编程助手、情感咨询、心理咨询、内容创作、旅行规划、法律咨询、多语言翻译、市场分析、文献检索等功能，开发工作准备、聊天机器人实战、AI 绘画系统实战、AI 文本审核系统实战，以及 OpenAI API 展望等。

本书内容详尽，原理论述简单明了，案例丰富，可读性强，特别适合有开发基础的后端 Java 开发人员阅读，也可供其他后端开发语言的从业者借鉴。本书还适合需要了解最新 ChatGPT 技术的开发人员阅读。

图书在版编目（CIP）数据

OpenAI API 接口应用实战 / 雷韦春著. —北京：清华大学出版社，2024.5
（新时代·技术新未来）
ISBN 978-7-302-65995-2

Ⅰ. ①O… Ⅱ. ①雷… Ⅲ. ①人工智能－接口技术 Ⅳ. ①TP18

中国国家版本馆 CIP 数据核字（2024）第 067690 号

责任编辑：刘　洋
封面设计：徐　超
版式设计：张　姿
责任校对：宋玉莲
责任印制：曹婉颖

出版发行：清华大学出版社
　　　网　　　址：https://www.tup.com.cn，https://www.wqxuetang.com
　　　地　　　址：北京清华大学学研大厦 A 座　　　邮　编：100084
　　　社　总　机：010-83470000　　　邮　购：010-62786544
　　　投稿与读者服务：010-62776969，c-service@tup.tsinghua.edu.cn
　　　质　量　反　馈：010-62772015，zhiliang@tup.tsinghua.edu.cn
印　装　者：大厂回族自治县彩虹印刷有限公司
经　　　销：全国新华书店
开　　　本：187mm×235mm　　　印　张：18　　　字　数：369 千字
版　　　次：2024 年 5 月第 1 版　　　印　次：2024 年 5 月第 1 次印刷
定　　　价：99.00 元

产品编号：103094-01

◎这个技术有什么前途

OpenAI API 是 OpenAI 提供的一个接口，允许开发者直接与其高级语言模型交互，用于内容生成、智能问答、编程辅助、自然语言处理和虚拟助手等功能。

对开发者而言，使用 OpenAI API 可以大大简化开发流程，避免从零开始构建语言模型，同时为应用或服务快速增添智能交互和内容生成能力。这不仅节省了大量的模型训练和维护资源，还能为用户提供更自然和人性化的交互体验。随着 AI 技术的日益普及，掌握 OpenAI API 成了一个重要的竞争优势，为开发者带来新的创新机会和市场需求。因此，学习和掌握 OpenAI API 对开发者来说是一个投资未来的明智选择，可以帮助开发者处在技术前沿，并抓住更多的商业机会。

◎笔者的使用体会

ChatGPT API 为开发者提供了一个与 OpenAI 的强大语言模型进行交互的机会。这个 API 的主要吸引力在于它能够为各种应用和服务快速地引入先进的自然语言处理功能。

首先，从集成的角度看，开发者通常发现 API 的接入过程相对简单。详细的文档和示例代码使得即使是初次接触的开发者也能够快速上手。这种简便性意味着开发者可以在短时间内为其应用添加语言交互功能。

其次，API 的响应时间非常短，这为实时应用，如聊天机器人或在线客服，提供了可能性。开发者可以依赖 ChatGPT API 提供的快速反馈，为用户创造流畅的交互体验。

此外，ChatGPT 的多功能性使其在多种场景中都有应用价值。无论是为博客自动生成内容，为学生提供在线答疑，还是为电商网站提供智能客服，ChatGPT API 都能够提供强大的支持。

然而，虽然 ChatGPT 是一个先进的模型，但它并不是无懈可击的。在某些情况下，它可能不会完全理解或正确回应特定领域或复杂的问题。因此，开发者在使用 API 时需要进行一些后处理或验证，确保输出的质量和准确性。

　　一言蔽之，ChatGPT API 为开发者提供了一个高效、灵活且功能强大的工具，但为了获得最佳效果，开发者也需要对其进行适当的管理和优化。

◎这本书的特色

·**内容详尽**：本书将 OpenAI API 从申请方式到调用调试，到最后实战例子都一一详细进行讲解。

·**深入浅出**：本书对某个 OpenAI 的 API 进行了详尽而又易于理解的解释，帮助读者在短时间内掌握核心概念，并且不会感到困惑或者被过于专业的深度学习的内容所困扰。

·**内容新颖**：书中的内容是紧跟 OpenAI API 最新版本的，包括 GPT4 的内容。

·**内容实用**：结合大量实例进行讲解，并从设计到编码、测试对具体的实例进行说明。

·**赠送源码**：笔者专门对本书的实例源码进行了整理，方便读者进行学习。

◎这本书包括什么内容

　　本书内容可以分为 4 篇，第 1 篇是 OpenAI API 介绍，第 2 篇是应用场景分析，第 3 篇是 OpenAI API 实战，第 4 篇是 OpenAI API 的发展前景。

　　第 1 篇主要介绍了 OpenAI API 的基本内容，包括 OpenAI API 的概念、OpenAI API 的接入申请方法、该 API 的通用请求方法及特点，然后对 Completion API、Chat API、Edits API、Images API、Moderations API、Embeddings API 等进行详细讲解。

　　第 2 篇介绍了 OpenAI API 可能应用到的场景，包括智能问答、在线客服、教育辅导、编程助手、感情咨询、心理咨询、内容创作、旅行规划、法律咨询、多语言翻译、市场分析、文献检索等场景。

　　第 3 篇通过举实际例子，详细讲解了 OpenAI API 的实战，包括聊天机器人、AI 绘画系统、AI 文本审核系统三个例子。

　　第 4 篇通过作者的技术洞察和 AI 趋势分析，探讨了 OpenAI API 的未来，并向开发者提出了实践建议。

◎本书读者对象

·有 Java 基础的开发人员；

·有人工智能基础的人员；

·软件开发与测试人员；

·对 ChatGPT 感兴趣的人员；

·正在学习人工智能的学生等。

作者

目录
CONTENTS

第1篇 OpenAI API 介绍

第2篇　应用场景分析

第3篇　OpenAI API 实战

第 4 篇　OpenAI API 的发展前景

OpenAI API 介绍

OpenAI API 是 OpenAI 提供的一个接口,允许开发者与其先进的语言模型,如 GPT-3 和 GPT-4,进行交互。

OpenAI 的 API 提供了一系列自然语言处理功能,如文本生成、摘要、翻译和问答,这对很多用户都有实际应用价值。例如,内容创作者可以用它来自动生成或编辑文章;企业则可以用它来构建自动客户服务系统;教育机构也可以利用这些 API 进行作业批改或提供个性化学习建议;全球化的公司或多语言平台还可以用它进行实时翻译,以服务不同语言的用户。由于这些 API 是商业化的,它们适用于从小型个人项目到大型企业应用的各种场景,使得更多人能够轻松地将先进的 AI 技术集成到各种应用和服务中。

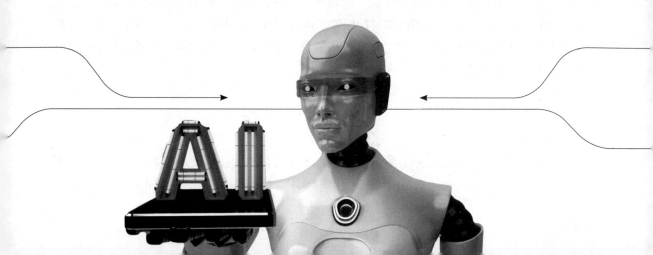

第1章　OpenAI API 的基础知识

自 2022 年年底 OpenAI 发布 ChatGPT 以来，人工智能领域掀起了一股巨大的风潮，让整个科技界对此议论纷纷，充满期待。不仅媒体关注度急剧上升，许多研究者和企业也纷纷涌入这个领域，希望能够挖掘更多基于 ChatGPT 的研究机会和应用场景。无论是教育、娱乐还是企业应用，我们都能看到 ChatGPT 的身影，其展现了强大的潜能和多样化的应用。

但要知道，ChatGPT 只是 OpenAI 众多研究成果中的一小部分。实际上，OpenAI 一直在探索和研究各种先进的 AI 技术，并已经取得了许多令人瞩目的成果。对于开发者来说，真正的宝藏可能是 OpenAI 推出的 API 系列。这些 API 不仅有支持 ChatGPT 的，还有许多其他功能强大、涵盖多个领域的工具。这些 API 为开发者提供了广泛的可能性，使他们能够更容易地将最前沿的 AI 技术融入自己的产品和服务中，为用户带来前所未有的体验。

所以，当我们称赞 ChatGPT 时，不应忘记 OpenAI 背后的那个更大的舞台，那里有着数不尽的技术创新和无尽的可能性，等待我们去探索和应用。

1.1　OpenAI API概述

OpenAI API 是由 OpenAI 提供的一套强大的自然语言处理接口，旨在帮助开发者轻松地将先进的语言模型集成到各种应用中。该 API 基于 OpenAI 的 GPT 系列模型，能够理解和生成人类语言，从而实现文本生成、问题回答、内容摘要、翻译等功能。开发者可以通过简单的 API 调用，为其应用添加智能问答、内容创作、编程助手等功能。OpenAI API 的主要优势在于其高度的灵活性和广泛的应用场景，无论是简单的文本任务还是复杂的语言处理，它都具有出色的性能。

1.1.1　OpenAI公司介绍

OpenAI 成立于 2015 年，是一家位于美国加州旧金山的领先的人工智能研究实验室和公司。自成立以来，该公司一直致力于推动人工智能技术的持续发展和革新，期望以此为人类带来广泛的益处。在其众多的研究成果中，GPT（ Generative Pre-trained Transformer ）系列模型无疑是最为人们所熟知的。

GPT模型基于Transformer架构构建，这一架构已经成为现代自然语言处理技术的核心。通过大规模的预训练和后续的微调，GPT模型不仅具有高效的文本生成能力，还能深度理解各种文本内容。这种模型的能力远远超越了传统的自然语言处理技术，使其在如文本摘要、对话系统、机器翻译及问答系统等多种应用中，都有出色的表现。

2022年年底，OpenAI再次引领行业趋势，推出了基于GPT技术的人工智能对话聊天机器人——ChatGPT。这款产品迅速在社交媒体上引起了高度的关注和广泛的热议。令人惊讶的是，短短5天内，ChatGPT的注册用户数便突破了100万大关，这足以反映出OpenAI在人工智能领域的影响力和其技术产品的受欢迎程度。

1.1.2　OpenAI API简介

OpenAI作为全球领先的人工智能研究机构，推出的OpenAI API为全球的开发者和企业提供了强大的自然语言处理能力。它背后的核心技术是基于OpenAI的最先进模型，如GPT-3，这是一个拥有数十亿个神经元的复杂模型，经过大量文本数据的训练，从而具备了令人惊叹的生成能力。

使用OpenAI API，不仅仅可以进行简单的文本生成，还可以理解复杂的上下文、参与有深度的对话、撰写专业的文章、编写代码，甚至进行创意写作。例如，开发者可以为其应用创建一个虚拟的博客作者，它可以基于用户的简短提示生成完整的博客文章，或者为用户生成新的故事情节和角色描述。

除了生成文本，OpenAI API还允许用户与模型进行交互，使其更像一个真正的聊天伙伴。用户可以与模型进行多轮对话，每次都为模型提供新的上下文。这为创建交互式的聊天机器人或智能助手提供了极大的灵活性。例如，开发者可以构建一个旅游助手，用户可以询问关于目的地的详细信息、旅游建议等，API则会为用户提供有深度的相关答复。

为了确保生成的文本满足用户的特定需求，OpenAI API还提供了多种参数供开发者调整。开发者可以指定生成文本的长度、创造性、风格等，确保文本的质量和适用性。此外，API还支持温度和最大令牌数等参数，允许开发者对生成的文本做更精细的控制。

OpenAI API的另一个优势是其易用性。它采用RESTful架构，确保了与各种编程语言和平台的兼容性。通过简单的HTTP请求，开发者即可发送指令或文本给API，然后等待API的响应。这意味着无论是个人开发者还是大型企业，都可以轻松地将这种强大的NLP技术集成到其产品和服务中。

总的来说，OpenAI API不仅仅是一个工具或服务，它代表了人工智能在自然语言处理领域的巨大潜力和机会。随着技术的不断进步，我们可以预见，未来将有更多令人惊叹的应用和产品会基于OpenAI API而诞生。

1.1.3　OpenAI API与ChatGPT的关系

OpenAI API 是由 OpenAI 公司推出的，一个基于云计算的服务平台，专门为开发者提供了便捷的编程接口，使他们能够轻松地访问和利用各种高级自然语言处理模型。其中，ChatGPT 是该 API 提供的众多模型中的一员，也是当前备受关注和广泛应用的模型之一。

利用 OpenAI API，开发者不仅能访问 ChatGPT，还能深度整合其能力，能够创造出各种实用工具和应用。例如，基于 ChatGPT 的强大文本生成能力，开发者可以构建智能聊天机器人，为用户提供实时、有深度的对话体验，或是设计出高度个性化的智能助手，帮助用户完成日常任务、回答复杂问题或提供个性化建议。

在这里，我们可以简单地理解为：OpenAI API 是一个大门，为我们打开了通向先进自然语言处理模型的通道，而 ChatGPT 则是这些模型中的一颗璀璨明星，凭借其高效、准确的文本处理和生成能力，赢得了开发者和用户的喜爱。

1.2　OpenAI API申请接入流程

要调用 OpenAI API 的接口，需要通过 OpenAI 官方网站注册账号，并开通支付账号，获取 secret key 进行 API 接入。

1.2.1　注册OpenAI账号

注册 OpenAI 账号的步骤如下：

（1）打开浏览器，输入 OpenAI 网址 https://platform.OpenAI.com/，如果没有登录，页面会转到登录页面，如图 1.1 所示。

（2）单击"Sign up"，进入注册画面，如图 1.2 所示。

（3）输入注册邮箱及设置密码，并确认。

（4）确认后，输入要绑定的手机号码，此处暂不支持国内手机号码，需要使用国外手机号码接收短信，并进行绑定。

（5）前面步骤都做完后，OpenAI 会发一封邮件到所注册的邮箱，用户打开邮件上的链接进行校验，即可注册成功。

图1.1　OpenAI登录图

图1.2 OpenAI注册账号图

1.2.2 创建Secret key

OpenAI 账号注册成功后，需要先创建 Secret key 才能对其 API 进行调用。

创建 API key 的步骤如下：

（1）进入首页之后，单击右上角的 "Personal"，如图 1.3 所示。

图1.3 创建Secret key入口图

（2）选择 "view API keys" 菜单，进入页面，如图 1.4 所示。

图1.4　浏览Secret key图

（3）单击"Create new secret key"按钮后，输入 Secret key 的名称，建立 key，并保存下此 Secret key，单击"Done"即创建成功，如图 1.5 所示。

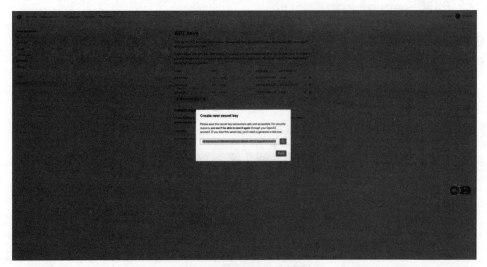

图1.5　创建Secret key图

1.2.3　添加支付的信用卡

调用 OpenAI API 需要先添加支付方式，打开"Personal"页面的"billing → payment methods"，单击"Add payment method"添加信用卡。

添加信用卡需要添加具体的卡号、用户姓名、安全码、信用卡期限及账单地址。

1.2.4　OpenAI API配置

为了防止开发者不经意使用了超出预期的预算，开发者可以对使用数量进行限制，包括软限制和硬限制。作为个人用户，默认的预算限制是每月 120 美元，需要增加可以单击"request increase"进行申请。

具体的预算限制设置在"Personal"页面的"billing → Usage limits"里，开发者可以在其中对 Hard limit（硬限制：如费用到达此值则暂停使用）、Soft limit（软限制：如费用到达此值，系统则发邮件通知开发者）进行设置，具体如图 1.6 所示。

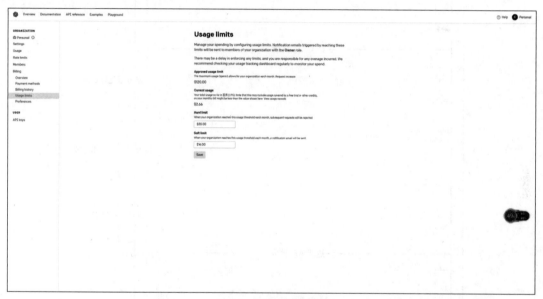

图1.6　使用限制配置图

1.3　OpenAI API的调用过程

1.3.1　OpenAI API的请求和响应过程

OpenAI API 的请求和响应过程如图 1.7 所示。

序列图具体解释如下。

1. 构建 API 请求

开发者使用 HTTP 请求来构建 API 请求，需要指定 API 的终端 URL，并选择适当的 HTTP 方法（例如 POST 或 GET）。

开发者将 API 密钥和其他必要的请求参数包括在请求的标头（headers）或查询参数

（query parameters）中。请求参数可能包括模型选择、请求类型、生成文本长度等。

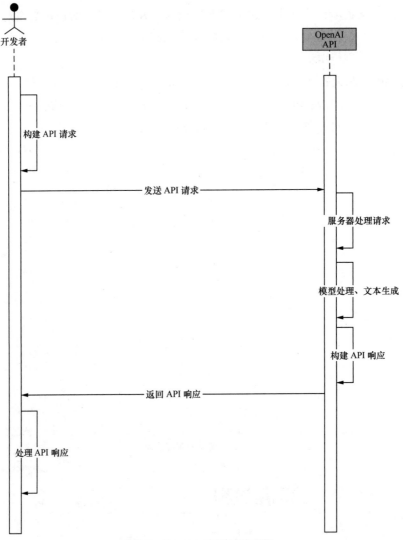

图1.7　OpenAI API请求序列图

2. 发送 API 请求

开发者使用合适的 HTTP 客户端（如 cURL、Python 的 requests 库等）发送构建好的 API 请求。请求将被发送到 OpenAI API 服务器。

3. 服务器处理请求

OpenAI API 服务器接收到开发者发送的 API 请求后，会进行验证和处理。

验证过程会检查 API 密钥的有效性，确保开发者具有访问 API 的授权权限。

处理过程会根据请求中的参数和数据选择相应的模型进行处理。

4. 模型处理和文本生成

服务器将接收到的文本数据传递给选定的模型进行处理。模型可以是 ChatGPT 或其他自然语言处理模型。

模型使用深度学习和预训练技术来理解输入文本的上下文、语义和语法，并生成相应的自然语言文本。

5. 构建 API 响应

服务器将生成的文本或其他结果构建成 API 响应。响应通常是一个包含模型生成文本的 JSON 对象。

响应可能还包括其他相关信息，如请求 ID、模型的元数据等。

6. 返回 API 响应

OpenAI API 服务器将构建好的 API 响应发送回开发者的请求来源。响应通过 HTTP 响应状态码和响应体的形式返回。

7. 处理 API 响应

开发者接收到 API 响应后，使用相应的 HTTP 客户端解析响应。可以提取所需的生成文本或其他相关信息。

开发者可以根据自己的应用需求对生成的文本进行后续处理、展示或其他操作。

1.3.2　OpenAI API的协议和格式

OpenAI API 凭借其基于 HTTP 的通信框架为开发者提供了简便、灵活的接口，方便开发者轻松地访问和使用先进的自然语言处理模型。

1. 通信协议

OpenAI API 依赖于基于 HTTP 的通信框架，为开发者提供了一个稳定和标准化的访问方式。通过构建合适的 HTTP 请求，开发者可以轻松地与 OpenAI API 互动，并获得所需的输出。与其他服务类似，API 的请求和响应遵循标准的 HTTP 报文结构，这使得开发者可以使用通用的开发工具和库与其进行交互。

2. 接口终端

为了满足不同的需求，OpenAI 提供了多个 API 终端，每个终端都对应一个特定的功能或模型。开发者在与 API 交互时，需要根据实际需求选择正确的终端 URL。

3. HTTP 请求方法

HTTP 请求方法描述了请求的性质和目的。OpenAI API 支持多种标准的请求方法，最常用的是 POST 和 GET。通过 POST，开发者可以上传数据并请求特定的处理，例如，文本生成或分析。而使用 GET，则是为了从 API 中检索数据或先前生成的结果。

4. 请求参数

OpenAI API 为了增强灵活性，提供了一系列的请求参数选项。这些参数可以是关于模型的选择、希望获得的输出类型，或者其他与请求相关的细节，如文本生成的最大长度。API 密钥是必须的，因为它提供了与 OpenAI 服务的认证，确保了 API 的安全性和完整性。

5. 请求头

HTTP 请求中的请求头部分为开发者提供了向 API 传达额外信息的机会。这些信息可以是关于请求的元数据，或者是一些特定的指示。常见的请求头信息包括但不限于 API 密钥、内容的媒体类型或是期望的响应格式。

6. 响应格式

与 API 的交互结果以 HTTP 响应的形式返回给开发者。这些响应通常包含了模型生成的输出内容，以及与该响应相关的元数据。返回的主体通常采用 JSON 格式，这是一种轻量级、易于解析的数据交换格式。除了主体内容，响应还会提供其他有用的信息，如 HTTP 状态码，它可以告诉开发者请求是否成功，以及可能出现的任何错误或问题。

1.4　OpenAI API的功能和特点

1.4.1　OpenAI API的功能及应用场景

OpenAI API 的主要功能如下：

· 文本生成：OpenAI 以其强大的自然语言生成模型而闻名。通过 OpenAI 的模型，如 GPT-3 和 ChatGPT，可以生成连贯、语义准确的自然语言文本。这可以用于创建聊天机器人、自动摘要、自动生成代码和文章等各种应用。

· 对话系统：OpenAI 的对话系统能够进行更复杂和连贯的对话交互。通过将上下文传递给模型，可以实现与机器人或虚拟助手对话，处理多轮对话流程，并生成相关的回答和响应。

· 语言翻译：OpenAI 的模型支持语言翻译功能，可以将文本从一种语言翻译成另一种语言。这使得开发者可以构建多语言应用程序，提供全球化的语言支持。

· 内容摘要：OpenAI 的模型可以帮助提取文本的关键信息，生成内容摘要。这对于自动化文章摘要、新闻摘要等任务非常有用。

· 文本分类：OpenAI 提供文本分类的功能，使开发者能够将文本进行分类或标记。这对于垃圾邮件过滤、情感分析、主题分类等应用非常有帮助。

· 语义搜索：OpenAI 的模型能够理解文本之间的语义关系，提供更智能的搜索功能。通过使用 OpenAI API，开发者可以构建语义搜索引擎，使用户能够更准确地找到他们感兴趣的内容。

· 语言编码与解码：OpenAI的模型支持将文本编码成固定长度的向量表示，以及将向量解码成对应的文本。这在信息检索、文本生成和语义匹配等任务中很有用。

基于这些功能，OpenAI API可以应用于多种场景。

（1）客服支持：企业可以使用ChatGPT为其客户提供24/7在线客服，解答常见问题或提供技术支持。

（2）教育和培训：教育机构和教师可以使用ChatGPT来辅助教学，为学生提供实时的答疑服务。

（3）内容创作和编辑：作家和编辑可以使用ChatGPT来获取写作建议、校对内容或生成文章草稿。

（4）游戏和娱乐：游戏开发者可以将ChatGPT整合到游戏中，为玩家提供与游戏角色的深度互动或创建复杂的对话系统。

（5）研究和数据分析：研究人员可以使用ChatGPT来帮助分析数据、文献搜索和撰写研究报告。

（6）编程和技术支持：开发者可以使用ChatGPT来寻求编程帮助、代码建议或解决技术难题。

（7）健康咨询：虽然ChatGPT不应替代专业医疗建议，但它可以为用户提供初步的健康和医学信息。

（8）多语言翻译：ChatGPT可以被用作一个初级的翻译工具，帮助用户理解不同语言的内容进行交流。

（9）日常生活助手：用户可以使用ChatGPT来获取日常建议、策划旅行、烹饪建议等。

（10）商务和市场分析：企业可以利用ChatGPT来进行初步的市场调研、竞品分析或生成报告摘要。

（11）心理支持与健康提醒：虽然不能取代真正的心理健康专家，但ChatGPT可以为那些需要聊天或寻求基本建议的人提供一个渠道。

（12）创意产生与头脑风暴：需要新的想法或建议时，ChatGPT可以作为一个创意伙伴帮助生成或拓展想法。

（13）社交媒体管理：企业和个人可以使用ChatGPT生成或建议社交媒体内容、策略，或进行回复。

（14）模拟人物或历史人物：可以用来模拟与名人或历史人物对话，为教育和娱乐带来新的体验。

（15）角色扮演与故事生成：在线下或在线上游戏中，ChatGPT可以被用作角色扮演的助手，或者生成短篇故事。

（16）语言学习助手：学习者可以通过与 ChatGPT 进行对话来练习新的语言。

（17）技能与专业知识传授：对于某些专题，用户可以查询与特定技能或领域相关的知识。

（18）设备控制与家居自动化：在智能家居和其他 IoT 环境中，ChatGPT 可以作为用户与设备之间的接口。

（19）音乐、艺术与设计建议：艺术家和设计师可以使用 ChatGPT 来获取创意建议或了解特定风格的背景知识。

（20）法律与法规咨询：尽管不能取代真正的法律专家，但可以为用户提供初步的法律知识和指导。

（21）无障碍服务：对于有特定需求的群体，如视觉障碍者，可以用 ChatGPT 进行文字到语音或语音到文字的转换。

1.4.2　OpenAI API的特点和优势

OpenAI API 具有以下特点和优势。

1. 强大的自然语言处理能力

深度学习背景：OpenAI API 背后的力量来自其高级的深度学习模型，如 GPT-3 和 ChatGPT。

语言理解：这些模型能够理解和解释连贯、语义准确的文本，掌握上下文和复杂的语义关系，并且支持实时交互。

2. 广泛的应用场景

OpenAI API 可以灵活地应用于多种自然语言处理任务，如：文本生成、对话交互、文本摘要、翻译、分类和语义搜索等。

3. 横跨多个行业和领域

无论是在智能助手、客户服务、内容创作、虚拟培训还是在医疗健康等领域，OpenAI API 的应用都可以显著增强应用的智能交互性。

4. 高度的可扩展性和定制性

开发者可以根据自己的具体需求调整 API 的参数，定制对话上下文和输入，从而得到最佳的输出结果。

5. 多语言支持

OpenAI API 不仅支持英语，还涵盖了法语、德语、西班牙语、意大利语、葡萄牙语、荷兰语和俄语等多种语言，满足全球用户的需求。

6. 持续创新和技术升级

OpenAI 持续对其技术和模型进行优化，确保开发者始终能够享受到最先进的自然语言处理能力。

7. 简化的开发流程

通过OpenAI API，开发者可以轻松地将先进的自然语言处理能力集成到自己的应用中，而无须从零开始建立。

8. 全面的技术支持

OpenAI为开发者提供了丰富的技术资源，包括开发者论坛、详细的文档、实用指南和专业工程师的持续支持。

9. 优化的用户体验

利用OpenAI API，应用程序能够生成连贯和自然的回复，无论是在聊天机器人还是在其他服务系统中，都能够给用户带来满意和深入的交互体验。

这些优势和特点共同确保了OpenAI API在当前市场中的领先地位，为开发者提供了实现高效、智能和用户友好应用的关键工具。

第2章　OpenAI API 详解

OpenAI 提供了多种 API 以支持不同的应用和服务。其中最著名的是 GPT（生成预训练变换器）API，专门用于自然语言处理任务，如文本生成、摘要、翻译和问答。除此之外，OpenAI 还有用于图像生产的 Images API 及用于审核文本内容的 Moderations API、用于获取向量信息的 Embeddings API 等。

这些 API 共同构成了一个全面的工具集，使开发者能够在各种应用和服务中轻松地集成先进的 AI 技术。从内容创作、客户服务到教育、多语言翻译，OpenAI 的 API 提供了广泛的应用可能性。

2.1　基本原理

OpenAI 的 API 利用了当今最先进的深度学习技术，尤其是基于 GPT（Generative Pre-trained Transformer）模型的功能。这种模型使用了深度学习中的 Transformer 架构，并经过大量文本数据的预训练，以捕获和理解人类语言的复杂性和细微差异。GPT 的名称中包含了三个关键概念。

首先是 "Generative"，它指出模型具有生成新文本内容的能力，而不仅仅是对已有内容进行分类或回归。

其次是 "Pre-trained"，这意味着模型在进行特定任务的训练之前，已经在大规模文本上经历了预训练。这种预训练策略赋予了模型丰富的语言知识和上下文理解能力，为后续特定任务提供了坚实基础。

最后，"Transformer" 代表了模型的核心架构。这一架构在 NLP 领域已经非常流行，因为它采用了自注意力机制，使模型能够更好地捕获文本中的上下文关系。

结合这些特点，OpenAI 通过其基于 GPT 的 API 为自然语言处理任务提供了强大而高效的工具，这一工具综合了深度学习的最新进展和大量预训练知识，能够在各种 NLP 任务中表现出色。

2.1.1　自然语言处理（NLP）介绍

NLP 是自然语言处理（Natural Language Processing）的缩写，指的是计算机科学和人工智能领域中研究和开发用于处理和理解人类自然语言的技术和方法。

NLP 的目标是使计算机能够理解、处理和生成人类的自然语言，使计算机能够像人类一样理解和交互使用语言。NLP 涉及多个子领域和任务，包括语言理解、语言生成、信息提取、机器翻译、文本分类、情感分析、对话系统等。

在 NLP 中，语言是通过计算机算法和模型来处理和表示的。这些算法和模型可以处理文本、语音和其他形式的语言数据。NLP 技术包括语言预处理、分词、词性标注、句法分析、语义分析、命名实体识别、情感分析、语言生成、机器翻译、对话系统等。

下面是常见的 NLP 任务和相关技术。

·分词（Tokenization）：将连续的文本划分为有意义的单词、词组或标记。分词是 NLP 任务的基础步骤。

·词性标注（Part-of-speech Tagging）：为文本中的每个词标注其词性，例如名词、动词、形容词等。词性标注有助于理解句子的结构和含义。

·句法分析（Syntactic Parsing）：将句子分解为语法结构，如短语结构树或依存关系树。句法分析有助于理解句子中单词之间的语法关系。

·语义分析（Semantic Analysis）：理解句子的含义和语义关系，包括词义消歧、指代消解和语义角色标注等任务。

·信息提取（Information Extraction）：从文本中提取结构化的信息，例如实体识别（Named Entity Recognition）和关系抽取（Relation Extraction）。

·文本分类与情感分析（Text Classification and Sentiment Analysis）：将文本分类到不同的类别，例如垃圾邮件分类、情感分析和主题分类。

·机器翻译（Machine Translation）：将一种语言的文本自动翻译成另一种语言。机器翻译可以基于统计模型、神经网络模型或者混合模型进行。

·问答系统（Question Answering Systems）：根据给定的问题，从文本中找到相关的答案。问答系统可以基于检索、阅读理解或生成等技术。

·对话系统（Dialogue Systems）：使计算机能够与用户进行对话和交互，理解用户意图并做出相应回应。对话系统结合了语义理解、对话管理和自然语言生成等技术。

·文本生成（Text Generation）：使用语言模型和生成算法自动生成文本，如自动摘要、文章生成、对话生成等任务。

·文本摘要（Text Summarization）：自动提取出长篇文本中的关键信息，生成简洁的摘要。文本摘要可以是单文档摘要（从单个文档中提取摘要），也可以是多文档摘要（从多个文档中提取摘要）。

· 情感分析（Sentiment Analysis）：分析文本中的情感倾向，判断其是正面、负面，还是中性情感。情感分析在社交媒体监测、品牌声誉管理等领域有广泛应用。

· 语音识别（Speech Recognition）：将语音信号转换为文本形式。语音识别技术可以应用于语音助手、语音命令识别、语音转写等场景。

· 语音合成（Speech Synthesis）：将文本转换为语音输出。语音合成技术可以用于语音助手、有声读物、语音导航等应用。

· 语言生成（Language Generation）：基于给定的上下文和目标，生成自然语言文本。语言生成技术可以应用于对话系统、智能助手、自动写作等领域。

· 文本校对（Text Proofreading）：检测和修正文本中的语法错误、拼写错误和标点符号错误等。文本校对可以提高文本的质量和可读性。

· 文本压缩（Text Compression）：通过减少文本中的冗余信息，将其压缩为更紧凑的形式。文本压缩可以提高文本存储和传输的效率。

· 文本挖掘（Text Mining）：从大规模文本数据中发现隐藏的模式、趋势和知识。文本挖掘可以应用于舆情分析、信息检索、主题建模等领域。

· 语言变换（Language Transcoding）：将文本从一种语言转换为另一种语言，同时保持其原始的意义和表达方式。语言变换可以在多语言环境中实现跨语言交流和理解。

· 语言评估（Language Evaluation）：评估自然语言处理系统的性能和质量，包括语言模型的准确性、机器翻译的流畅度和正确性等。

2.1.2 Transformer模型的特点

Transformer 模型是一种基于自注意力机制（Self-attention）的深度学习模型，用于处理序列数据，特别适用于自然语言处理（NLP）任务。Transformer 模型由瓦斯万尼（Vaswani）等人于 2017 年提出，并在机器翻译任务中取得了显著的突破。

传统的循环神经网络（RNN）在处理长序列数据时存在梯度消失和计算效率低下的问题。而 Transformer 模型通过引入自注意力机制，能够更好地捕捉序列中不同位置的依赖关系，从而提高了模型的性能和计算效率。

Transformer 模型的特点如下。

· 并行处理：传统的神经网络模型，如 RNN，是序列化的，即一个接一个地处理数据。但 Transformer 模型可以同时处理所有的数据，这使其速度更快、效率更高。

· 自注意力机制：Transformer 模型可以为输入数据的每一部分分配不同的权重，这意味着它可以决定哪些部分更重要，哪些部分不那么重要。想象一下你在读文章时，某些词或句子可能会引起你更多的注意，而其他部分可能就没那么重要。

·灵活性：这个模型不仅仅可以用于文本，还可以用于图像、音频等其他类型的数据。这使得它在多种任务中非常实用。

·多头注意力：想象一下，有多个侦探同时查看一件事情，每个侦探都从不同的角度去寻找线索，这样就能获得更全面的视角。Transformer模型就是这样工作的，它有多个"侦探"同时从不同的视角看待数据。

·分层结构：Transformer模型有多层，每一层都会对数据进行进一步处理。这就好像我们在处理问题时，先大致理解，然后逐步深入，每一步都获得更深入的理解。

·位置编码：尽管Transformer模型处理数据是并行的，但它仍然需要知道数据的顺序。所以，模型通过给每个数据点加上一个"位置标签"来了解它在整个序列中的位置。

2.1.3　预训练的概念

预训练（Pre-training）是一种在大规模语料库上训练模型的技术，用于生成具有丰富语言知识的通用语言模型。在预训练过程中，模型通过学习大量的未标记文本数据，从中抽取出潜在的语言模式和语义信息。

预训练的目标是让模型能够学到通用的语言表示，使其具备理解和生成文本的能力。通常采用的方法是使用自监督学习（Self-Supervised Learning）的方式，通过给定的任务或目标生成伪标签，使模型能够预测或填补缺失的部分。

在自然语言处理领域，预训练模型的典型例子是基于Transformer架构的模型，如BERT（Bidirectional Encoder Representations from Transformers）和GPT（Generative Pre-trained Transformer）。这些模型在大规模语料的基础上进行预训练，通过预测遮蔽词语、下一个句子或者生成文本等任务来学习语言的表示。

预训练模型通常具有深层网络结构和大量参数，能够捕捉丰富的语义和句法特征。经过预训练，这些模型可以通过微调（Fine-tuning）在特定任务上进行训练，以适应具体的应用场景，如文本分类、命名实体识别、问答系统等。

预训练模型的优势在于其能够从大规模数据中学到通用的语言知识，并且可以应用于多个下游任务，避免了从头开始训练模型消耗大量的时间和计算资源。此外，预训练模型还可以通过迁移学习的方式，在具有限量标注数据的任务上取得较好的性能。

预训练过程的关键点如下。

1. 利用未标注数据的背后原理

·数据的丰富性：未标注数据通常比标注数据丰富得多。例如，互联网上的文本、图像和视频提供了大量的未标注数据。这些数据中蕴含的信息可以帮助模型学习一些基本的、普遍的特征，如语言的结构或图像中的物体形状。

·数据中的潜在结构：尽管未标注数据缺少明确的标签，但它们自身包含了大量的结构和模式。例如，文本数据中的词序关系和上下文关系，或者图像数据中的物体与背景的关系，都为模型提供了丰富的学习信号。

2．知识迁移与微调的深度机制

·特征可迁移性：在许多任务中，底层和中层特征（如边缘检测器或文本中的语法结构）在不同的任务中都是相似的。预训练模型可以捕获这些共通特征，并在新任务中重复使用。

·微调与任务特定性：虽然许多特征是共通的，但顶层特征和输出层往往需要针对特定任务进行微调。例如，虽然物体检测和图像分类可能共享很多底层特征，但它们的输出结构和目标是不同的。

3．正则化效应的细节

·预训练作为隐式正则化：由于模型在预训练阶段已经见过大量的样本，它在微调时候对于新任务的小数据集不太可能过拟合。这对大数据集的暴露起到了一种隐式的正则化作用。

·参数空间的约束：预训练模型为参数提供了一个有用的初始化，限制了参数空间的搜索范围，从而加速了微调的收敛速度，并可能导向一个更优的局部最优解。

4．自监督学习的魅力

·标签生成：自监督学习的核心是由数据本身生成标签。例如，通过掩盖文本中的部分词汇并预测它们，或通过颜色去除并尝试重新给图像上色，模型可以从原始数据中学习有用的特征。

·强大的学习信号：尽管自监督任务可能看起来是"人为"的，但它们为模型提供了强烈的学习信号，这些信号反映了数据的内在结构。

5．模型的扩展性

·模型容量与数据规模：预训练模型，尤其是在大型数据集上的预训练模型，通常都很大，有上亿个参数。这种大容量使得模型能够存储和记忆大量的知识和模式。

·计算效率：大型预训练模型虽然在训练阶段需要大量的计算资源，但在微调和推理阶段，由于参数已经训练好，所需的计算通常比从头开始训练要少。

·总体而言，预训练的关键在于其能够有效地利用大量的未标注数据，通过知识迁移为新任务提供一个良好的起点，并利用自监督学习和正则化机制增强模型的性能。这种方法的强大性和通用性使其在深度学习领域变得越来越重要。

2.1.4　预训练的作用

通过预训练，可以使模型在以下几方面得以改进。

1．性能改进

·更好的泛化能力：预训练模型从大量未标注的数据上学习了丰富的特征表示，这有助于模型在特定任务上更好地泛化。当这些模型在有限的标注数据上进行微调时，它们通常能够达到更高的准确率。

·减少过拟合：预训练过程为模型提供了一个良好的参数初始化，使模型在小数据集上训练时不太可能过拟合。

2. 训练稳定性

·更好的收敛性：与随机初始化或其他初始化策略相比，从预训练权重开始的模型通常收敛得更快。

·避免常见问题：预训练模型可能会减少某些训练问题，如梯度消失或梯度爆炸，因为模型已经在大型数据集上进行了预训练。

3. 模型的扩展性和多样性

·允许大型模型：即使在小数据集上，预训练也让使用大型模型变得可能，因为这些模型已经在大型数据集上进行了预训练，所以在小数据集上微调时不太可能出现过拟合。

·跨领域和跨任务迁移：预训练模型不仅可以在相同领域的不同任务中进行迁移，还可以从一个领域迁移到另一个完全不同的领域，如从自然语言处理到计算机视觉。

4. 提高效率

·加速训练：由于模型从预训练权重开始，因此通常只需要较少的迭代次数即可达到满意的性能。

·减少资源需求：预训练模型的微调通常只需要较少的计算和存储资源，这使得它们在资源有限的场景中尤其有价值。

5. 模型的健壮性

由于预训练模型在广泛的数据和环境中进行了训练，它们对于处理各种噪声和扰动可能更加健壮。

6. 知识融合

通过预训练模型，可以将从不同任务和领域学到的知识融合在一起，从而提供更丰富和更全面的特征表示。

因此，预训练不仅改善了模型的性能和稳定性，还提高了训练的效率，使得大型模型的使用变得可能，并增强了模型的健壮性和泛化能力。这些优势使得预训练在许多现代深度学习应用中都发挥了关键作用。

2.1.5 首次调用OpenAI API

我们使用 curl 来对 OpenAI 的 Chat API 进行简单的调用。

（1）打开终端或命令行工具。

（2）使用以下命令启动一个聊天会话（其中，API_SECRECT_KEY 为我们上面申请生成的 Secret key）。

```
curl -X POST "https://api.openai.com/v1/engines/gpt-3.5-turbo/completions" \
    -H "Content-Type: application/json" \
    -H "Authorization: Bearer API_SECRECT_KEY" \
    -d '{
            "messages": [
                {"role": "system", "content": "You are ChatGPT, a chatbot assistant."},
                {"role": "user", "content": "你好, ChatGPT! "}
            ]
        }'
```

（3）收到以下 JSON 响应。

```
{
  "id": "chatcmpl-xxxxxxx",
  "object": "chat.completion",
  "created": 1677649420,
  "model": "gpt-3.5-turbo",
  "usage": {
    "prompt_tokens": 56,
    "completion_tokens": 12,
    "total_tokens": 68
  },
  "choices": [
    {
      "message": {
        "role": "assistant",
        "content": "你好! 有什么可以帮助你的吗? "
      }
    }
  ]
}
```

模型的输出是："你好! 有什么可以帮助你的吗？"

（4）为了使对话继续，我们可以在后续的请求中添加更多的消息。

例如：

```
curl -X POST "https://api.openai.com/v1/engines/gpt-3.5-turbo/completions" \
    -H "Content-Type: application/json" \
    -H "Authorization: Bearer API_SECRECT_KEY" \
    -d '{
            "messages": [
                {"role": "system", "content": "You are ChatGPT, a chatbot assistant."},
                {"role": "user", "content": "你好, ChatGPT! "},
                {"role": "user", "content": "今天天气怎么样? "}
            ]
        }'
```

这样，可以模拟与模型连续聊天。

至此，我们完成了最简调用 OpenAI API 的方式。

2.2　文本生成Completion API

OpenAI Completion API 是一项尖端的自然语言处理工具，它是基于 OpenAI GPT-3.5 模型构建的。GPT-3.5 是继 GPT-3 之后的升级版本，其中融合了更多的数据和更深入的学习策略，从而具有更出色的文本生成能力。

2.2.1　Completion API概述

Completion API 的核心功能是"自动文本补全"，但它的应用范围远远超出这一简单的描述。在其背后，API 利用了 GPT-3.5 模型深厚的语言知识库，使其可以根据给定的文本片段生成富有连贯性、逻辑性和创造性的内容。不仅如此，通过 API，开发者可以灵活地调用这一功能，轻松地在各种任务中实现高质量的文本生成。这包括但不限于文本自动补全、生成简短的摘要、创建交互式的对话系统、机器翻译，以及在艺术和娱乐领域的创意内容生成。

为了满足不同应用场景的需求，Completion API 提供了一系列参数和选项，使开发者能够微调生成的输出。例如，可以调整生成文本的长度、原创性及温和度。这意味着开发者可以根据具体任务需求，从简短的推文到长篇文章，控制输出结果的形式和内容。

Completion API 的核心是 GPT 模型，它利用了 Transformer 架构。Transformer 是近年来深度学习领域的一项重大创新，它改变了我们对序列数据的处理方式。GPT 模型通过在大规模文本数据上的预训练，学会了文本的语义、结构和上下文关系。这使得模型能够根据给定的提示或文本片段生成与之相关且连贯的内容。

在实际应用中，开发者只需构建一个请求，其中包含他们希望补全或基于其生成文本的片段。API 在接收到此请求后，会利用内部的 GPT-3.5 模型进行处理，然后返回一个合适的、上下文相关的文本补全结果。这为开发者提供了一个强大而又灵活的工具，无须深入研究模型的内部工作机制，就可以利用先进的自然语言生成技术。

因此，OpenAI 的 Completion API 不仅代表了当前自然语言处理技术的前沿，还为开发者和研究者提供了一个易于接入、灵活应用的工具，从而为各种应用和场景带来无限的可能性。

2.2.2　Completion API的处理流程

Completion API 能够根据输入的文本片段生成连贯、上下文相关的文本补全结果。它基于 GPT 模型的预训练和 Fine-tuning，利用大规模文本数据的知识来生成合理的补全内容，具体如下。

（1）GPT 模型：Completion API 基于 GPT 模型，GPT 是一种基于 Transformer 架构的深度学习模型。Transformer 是一种强大的序列到序列模型，通过自注意力机制和位置编码来处理输入文本的上下文关系。

（2）预训练：GPT 模型是通过在大规模文本数据上进行无监督的预训练而得到的。在预训练阶段，模型学习了文本的统计规律和语义表示，从而获得了广泛的语言知识和上下文理解能力。

（3）Fine-tuning：在预训练完成后，GPT 模型会经过 Fine-tuning 过程，以适应特定的任务或应用场景。在 Fine-tuning 过程中，模型会在特定的数据集上进行有监督的训练，以调整模型参数并提高在具体任务上的性能。

（4）输入处理：当开发者使用 Completion API 时，需要提供一个文本片段或提示作为输入。这个文本片段可以是一个完整的句子、一个段落，或者是一个问题或命令。输入的文本片段将成为生成结果的上下文，模型会根据该上下文生成合适的补全内容。

（5）生成过程：在生成过程中，Completion API 将输入的文本片段送入 GPT 模型。模型会根据上下文理解生成可能的补全内容，并根据预训练的语言知识和上下文关系生成连贯、合理的文本结果。

（6）参数调节：Completion API 提供了一些参数和选项，可以用于调节生成结果的质量、多样性和长度等特性。例如，可以调整 temperature 参数来控制生成结果的多样性，调整 max_tokens 参数来限制生成结果的长度。

2.2.3 Completion API请求参数介绍

Completion API 提供了多个参数和选项，用于控制生成结果的质量、多样性和长度等特性。开发者可以根据需求调整参数，例如选择不同的模型引擎、设置生成结果的最大长度、调整生成结果的多样性等。API 的请求地址是 https://api.openai.com/v1/completions，使用 POST 方法进行请求，具体参数如表 2.1 所示。

表 2.1 Completion API 请求参数

参数名	类型	描述	示例值	默认值
model	字符串	指定要使用的模型。例如 "text-davinci-003" 或 "text-davinci-002"	"text-davinci-003"	"text-davinci-003"
temperature	浮点数	控制生成结果的多样性。较高的值会导致更加随机和多样化的结果，较低的值会导致更加确定性和一致性的结果	0.8	1.0
max_tokens	整数	限制生成结果的最大长度。默认值为 2048	100	2048
top_p	浮点数	用于多样性控制的参数，推荐的取值范围为 0.1 到 1.0，默认值为 1.0	0.5	1.0

续表

参数名	类型	描述	示例值	默认值
frequency_penalty	浮点数	控制生成结果中常见词汇的惩罚程度。推荐的取值范围为0.1到1.0，默认值为0.0	0.8	0.0
presence_penalty	浮点数	控制生成结果中提示文本中的词汇的惩罚程度。推荐的取值范围为0.1到1.0，默认值为0.0	0.2	0.0
n	整数	控制生成结果的数量，默认值为1	3	1
stop	字符串或字符串数组	指定生成结果中的停止标记。可以是单个字符串或字符串数组，用于在结果中指定模型停止生成的位置	["\n", "###"]	["\n"]
prompt	字符串	提供给模型的输入提示文本。可以用作生成结果的起点或约束条件	"Once upon a time"	""
context	字符串	提供给模型的上下文文本。用于提供更多的背景信息，帮助模型理解生成结果的上下文	"In a distant galaxy, far far away..."	""
user	字符串	模拟用户的角色，并将用户的指示或问题作为输入提示	"User: What is the weather like today?"	""
suffix	字符串	用于在生成结果的末尾添加自定义文本	"The end."	""
stream	布尔值	控制API的行为是否为流式模式。设置为true可以逐步生成长文本，而不会超过模型的最大令牌限制	true	false
logprobs	整数	控制是否返回生成结果中标记的对数概率。设置为一个非负整数，表示返回最有可能的标记及其对数概率的数量	5	null
echo	布尔值	控制生成结果是否包含输入提示文本。设置为true表示生成结果中包含输入提示文本，设置为false表示不包含	true	false
best_of	整数	控制多个生成结果的评估方式。指定生成结果中被选择为最佳结果的数量	3	1

2.2.4 Completion API返回参数解析

调用Completion API的返回参数，如表2.2所示。

表2.2 Completion API 返回参数

参数名	描述	示例
id	每个API请求的唯一标识符	"1234567890"
object	表示返回对象的类型，对于生成结果，它将始终为"text_completion"	"text_completion"
created	生成结果的时间戳，表示生成结果的创建时间	1631234567
model	指示使用的模型的名称	"gpt-3.5-turbo"
choices	包含生成的结果选项的列表	[{"text": "This is an example."}]

参数名	描述	示例
–text	生成的文本结果	"This is an example of completion API."
–finish_ reason	生成过程停止的原因，可以是"stop""length"或"temperature"	"stop"
– index	生成结果的索引号。对于单个结果生成请求，默认为 0	0
– logprobs	包含生成结果中标记的对数概率（仅在请求中设置了 logprobs 参数时）	{"tokens": ["This", "is", "an"], "probs": [–2.345, –1.567, –3.678]}
– finish	生成结果是否已完成的标志。如果为 true，表示生成过程已停止	true
– prompt	包含输入提示的文本（仅在请求中设置了 echo 参数为 true 时）	"Please complete the following sentence:"

2.2.5　Completion API的调用代码示例

我们使用 curl 来进行 Completion API 调用，其目的是利用提示词"Once upon a time"来生成一个简短的故事，具体如下。

```
curl https://api.openai.com/v1/completions \          #API地址
 -H "Content-Type: application/json" \
 -H "Authorization: Bearer $OPENAI_API_KEY" \         #这里填入secret key
 -d '{
        "prompt": "Once upon a time",  #提示词
        "max_tokens": 50,
        "temperature": 0.8,
        "top_p": 0.9,
        "frequency_penalty": 0.5,
        "presence_penalty": 0.2,
        "logprobs": 5,
        "echo": true,
        "stop": ["\n"]
  }'
```

请求参数说明如下。

· top_p：设置为 0.9，使用 Nucleus Sampling 进行生成。

· frequency_penalty：设置为 0.5，降低生成文本中重复标记的频率。

· presence_penalty：设置为 0.2，增加生成文本中指定标记的出现频率。

· logprobs：设置为 5，返回生成结果中最可能的 5 个标记的对数概率。

· echo：设置为 true，在生成结果中包含输入的文本提示。

· stop：设置为 ["\n"]，当生成文本中包含换行符时停止生成过程。

返回结果如下。

024

```
{
  "id": "your_request_id",
  "object": "text_completion",
  "created": 1677649420,
  "model": "text-davinci-003",
  "choices": [
    {
      "text": "Once upon a time, in a magical kingdom far away, there was a brave knight
named Sir Arthur. He embarked on a quest to rescue the princess from the clutches of an
evil sorcerer...",
      "index": 0,
      "logprobs": null,
      "finish_reason": "stop",
      "prompt": "Once upon a time"
    }
  ]
}
```

具体参数含义请参考 2.2.4 节。

2.3　交互聊天Chat API

OpenAI 的 Chat API 接口是 OpenAI 提供的一种语言模型 API，基于强大的 GPT-3.5 语言模型。它允许开发人员通过 API 调用与 ChatGPT（Chatbot 版本的 GPT）进行实时对话。

使用 OpenAI 的 Chat API，开发人员可以通过向 API 发送请求与 ChatGPT 进行交互。每个请求包含一个用户的输入消息和之前的对话历史，然后 API 将返回 ChatGPT 生成的模型响应。

2.3.1　Chat API的功能和特性

与传统的聊天机器人不同，OpenAI 的 Chat API 具有出色的语言理解和生成能力，可以实现更自然、流畅的对话体验。它可以处理广泛的对话场景，包括回答问题、提供解释、生成创意文本等。

OpenAI 的 Chat API 支持以下功能和特性。

1. 对话历史管理

·上下文感知：API 具有对上下文的深入理解，使其能够准确地跟踪对话的流程。传递完整的对话历史，确保模型准确理解用户意图，而不仅仅是根据最后的输入进行回复。

·动态对话适应：传递先前的消息意味着 ChatGPT 能够根据对话的整体方向进行调整，使回复更为连贯和有深度。

2. 多轮对话

·持续交互：与传统的单次请求—响应模型不同，Chat API 支持持续交互，这使得对话更加真实和动态。

·复杂对话构建：API 的这一特性使得构建像真实人类对话那样复杂的对话流程成为可能。

3. 系统级消息

·灵活的指导：系统消息允许开发人员微调 ChatGPT 的输出，为其提供更具体的方向或约束，确保输出满足特定需求。

·应用程序集成：这种控制使得 Chat API 更容易集成到不同的应用场景中，如特定的任务助手或指导性对话。

4. 文本格式

·无障碍交互：使用纯文本进行交互使得集成和使用 API 变得简单直观。

·广泛的应用：无论是简单的文本对话还是集成到复杂的 GUI 中，文本格式都提供了高度的灵活性。

5. API 参数调整

·定制输出：通过调整如温度和最大响应长度等参数，开发者可以确保输出满足特定的需求或风格。

·动态交互：根据应用或对话的特定环境，动态调整参数可以实现更好的用户体验。

6. 应用前景

·使用 OpenAI 的 Chat API，开发者现在拥有了强大的工具来构建各种对话系统。这不仅限于普通的聊天机器人。考虑到其灵活性和深度，它可以应用于：客户支持系统，从简单的查询处理到复杂的故障排除；虚拟助手，帮助用户完成日常任务或提供专业建议；教育应用，为学生提供互动式学习体验等。

2.3.2　Chat API基本原理

OpenAI 的 Chat API 是一个融合了先进技术与研究的对话生成工具。它的核心原理基于 GPT（Generative Pre-trained Transformer）语言模型，这是当今最受欢迎和最高效的自然语言处理模型之一。接下来，我们将更深入地了解这些核心概念及其背后的原理。

1. GPT 模型的深入解析

GPT，或称生成式预训练变压器，代表了自然语言处理的一次巨大飞跃。它的核心架构——Transformer，已经彻底改变了人们处理文本数据的方式。

Transformer 架构：起初用于处理"序列到序列"任务的 Transformer 架构，突破了传统的循环神经网络（RNN）和长短时记忆网络（LSTM）的局限性，尤其在处理长文本时。通过引入自注意力机制，它可以直接关注到文本中任意距离的词，从而更好地理解上下文。

预训练的威力：在训练 GPT 时，模型首先会在大规模的文本数据集上进行无监督训练。这个阶段，模型学习文本的语法、语义及背后的知识。这一广泛的知识库为其后续任务提供了坚实的基础。

2. 从文本到对话的转变

尽管 GPT 在各种文本生成任务上都表现出色，但对话生成有其特殊性。对话不仅仅是连续的文本，还涉及交互、上下文感知和即时响应。

上下文感知：对话中，每一句话都基于之前的交流。GPT 模型可以使用它的内部表示来捕获这种上下文信息，从而为每一个用户的输入生成恰当的响应。

3. 生成策略的细节

生成文本不仅仅是从头到尾的流程。GPT 模型在决定下一个词时需要进行复杂的权衡。

概率采样：每当模型试图确定下一个词时，它都会为词汇表中的每个词分配一个概率值。温度参数可以影响这个过程，使得输出更加多样化或更加保守。

4. 对模型的指导

尽管 GPT 模型在预训练时学到了大量知识，但在特定的应用中，还需要为其提供更具体的指导。

系统级消息：这是一种高效的方式，让开发者能够微调模型的输出。例如，如果想要模型采用正式的语言风格，可以使用系统级消息来指示。

5. 与模型的持续交互

在一次对话中，每一句话都与之前的句子紧密相关。OpenAI 的 Chat API 可以捕获和利用这种连贯性。

多轮对话：通过将整个对话历史传递给模型，它可以生成与之前的交流一致的响应，从而实现更加自然和流畅的对话。

6. OpenAI 模型的持续发展

技术是不断进步的，OpenAI 了解这一点，并投入大量资源来改进其模型。

大规模预训练数据集：随着时间的推移，可用于训练的数据量也在增长。这使得模型可以接触更广泛和多样化的文本内容，从而提高其准确性。

2.3.3 Chat API请求参数介绍

Completion API 提供了多个参数和选项，用于控制生成结果的质量、多样性和长度等特性。开发者可以根据需求调整参数，例如选择不同的模型引擎、设置生成结果的最大长度、调整生成结果的多样性等。API 的请求地址是 https://api.openai.com/v1/completions，使用 POST 方法进行请求，具体参数如表 2.3 所示。

表2.3　Chat API 请求参数

参数名	类型	描述	示例值	默认值
model	字符串	指定使用的模型	"gpt-3.5-turbo"	N/A
messages	数组	包含对话历史和用户输入的消息数组	[　　{"role": "system", "content": " 你是一个智能问答小助手 ."}, 　　{"role": "user", "content": " 请问谁获得了 2018 年足球世界杯比赛的冠军？ "}, 　　{"role": "assistant", "content": " 法国获得了 2018 年足球世界杯比赛的冠军。"}, 　　{"role": "user", "content": " 在哪里举行的？ "}]	N/A
max_tokens	整数	指定生成的最大令牌数	50	N/A
temperature	浮点数	控制生成结果的多样性。较高的值会产生更随机的回复	0.8	0.6
top_p	浮点数	对生成词进行筛选的概率阈值	0.9	1.0
n	整数	指定生成的响应数量	3	1
stop	字符串	指定模型生成响应的停止条件	"Goodbye"	N/A
presence_penalty	浮点数	调整模型对特定词汇的存在偏好程度	0.6	0.0
frequency_penalty	浮点数	调整模型对特定词汇的频率偏好程度	0.8	0.0
logprobs	整数	返回生成结果的每个词的对数概率	0 或 1	null
logit_bias	对象	对模型的输出进行调整以增加或减少特定词的生成可能性	{"user": 2.0}	nu

2.3.4　Chat API返回参数解析

Chat API 返回参数，如表 2.4 所示。

表中 choices 参数的每个元素包含的参数，如表 2.5 所示。

choices 列表中 message 的参数说明，如表 2.6 所示。

表2.4　Chat API 的返回参数

参数名	说明	取值范围	例子
id	API 请求的 ID	字符串	"chatcmpl-6p9XYPYSTTRi0x EviKjjilqrWU2Ve"
object	返回的对象类型	字符串	"chat.completion"
created	API 请求的创建时间	整数	1677649420
model	使用的模型 ID	字符串	"gpt-3.5-turbo"

续表

参数名	说明	取值范围	例子
choices	模型生成的选择列表	列表	详见例子
usage	API请求的资源使用情况	字典	详见例子

表 2.5　choices 列表参数

参数名	说明	取值范围	例子
message	消息对象	字典	详见例子
finish_reason	模型生成文本的结束原因	字符串	"stop"
index	生成文本在消息列表中的索引	整数	0
model	使用的模型 ID	字符串	"gpt-3.5-turbo"
text	模型生成的文本	字符串	"Hello, how are you?"

表 2.6　choices 中的 message 列表参数

参数名	说明	取值范围	例子
role	消息的角色	字符串	"system", "user", "assistant"
content	消息的内容	字符串	"You are a helpful assistant."

其返回参数表中 usage 参数的每个元素包含的参数说明，如表 2.7 所示。

表 2.7　choices 中的 usage 列表参数

参数名	说明	取值范围	例子
prompt_tokens	使用的 prompt 文本的令牌数量	整数	56
completion_tokens	生成的 completion 文本的令牌数量	整数	31
total_tokens	总共使用的令牌数量	整数	87

2.3.5　Chat API的调用代码示例

我们使用curl来进行Completion API调用，其目的是获取关于历史人物贝多芬的具体信息，其具体代码如下。

```
curl -X POST -H "Content-Type: application/json" \
    -H "Authorization: Bearer YOUR_API_KEY" \
    -d '{
      "model": "gpt-3.5-turbo",
      "messages": [
        {"role": "system", "content": "历史人物"},
        {"role": "user", "content": "请介绍一下贝多芬。"}
      ]
    }' \
    "https://api.openai.com/v1/chat/completions"
```

返回结果如下。

```json
{
  "id": "chatcmpl-6p9XYPYSTTRi0xEviKjjilqrWU2Ve",
  "object": "chat",
  "created": 1677649420,
  "model": "gpt-3.5-turbo",
  "usage": {
    "prompt_tokens": 56,
    "completion_tokens": 31,
    "total_tokens": 87,
    "turns": 1
  },
  "choices": [
    {
      "message": {
        "role": "assistant",
        "content": "贝多芬是古典乐派的先驱,他被称为'乐派大师',因为他对古典乐派的发展有着不可磨灭的贡献。贝多芬曾经创作了大量的古典作品,其中被认为是古典音乐的里程碑作品,如第九交响曲《马斯特里安的征服》。他的音乐以其强大的节奏和结构为特色,被认为是古典乐派的精髓。"
      },
      "finish_reason": "stop",
      "index": 0,
      "logprobs": null
    }
  ]
}
```

具体请求参数及返回参数含义请参考 2.3.3 节和 2.3.4 节。

2.4 文本编辑Edits API

Edits API 为开发者提供一个根据开发者的需求对文本进行修改的接口。与 Completion API 及 Chat API 类似,都是基于 ChatGPT 模型,利用其中的文本理解和文本生成对所需编辑的文本进行处理的,并将处理后的结果返回给开发者。

2.4.1 Edits API请求参数

Edits API 请求参数,如表 2.8 所示。

表 2.8 Edits API 请求参数

参数名	类型	描述	示例值	默认值
model	字符串	指定要使用的模型。例如 "text-davinci-edit-001" 或 "code-davinci-edit-001"	"text-davinci-edit-001"	无

续表

参数名	类型	描述	示例值	默认值
input	字符串	所输入所需要编辑的字符串，默认为空	"What day of the wek is it"	""
instruction	字符串	用于向模型提供有关如何修改原始文本的指示	"Fix spelling errors"	必填
max_tokens	整数	限制生成结果的最大长度。默认值为2048	100	2048
n	整数	控制所生成的编辑文本结果的数量，默认值为1	3	1
temperature	浮点数	控制生成结果的多样性。较高的值会产生更随机的回复	0.8	1
top_p	浮点数	用于多样性控制的参数，推荐的取值范围为0.1到1.0，默认值为1.0	0.5	1.0

2.4.2　Edits API的返回参数

Edits API 的返回参数，如表 2.9 所示。

表 2.9　Edits API 返回参数

参数名	说明	取值范围	例子
object	返回的对象类型	字符串	"edit"
created	API 请求的创建时间	整数	1581472571
model	使用的模型 ID	字符串	"gpt-3.5-turbo"
choices	模型生成的选择列表	列表	详见例子
usage	API 请求的资源使用情况	字典	详见例子

choices 参数的每个元素包含的参数，如表 2.10 所示。

表 2.10　choices 列表参数

参数名	说明	取值范围	例子
text	模型生成的文本	字符串	"Hello, how are you?"
index	生成文本在消息列表中的索引	整数	0

返回参数表中 usage 参数的每个元素包含的参数，如表 2.11 所示。

表 2.11　choices 中的 usage 列表参数

参数名	说明	取值范围	例子
prompt_tokens	使用的 prompt 文本的令牌数量	整数	29
completion_tokens	生成的 completion 文本的令牌数量	整数	35
total_tokens	总共使用的令牌数量	整数	57

2.4.3 Edits API调用代码示例

使用 curl 来调用 Edits API 接口，其目的是纠正英文语句 "Wher are you from?" 的错误，请求代码如下：

```
curl https://api.openai.com/v1/edits \
  -H "Content-Type: application/json" \
  -H "Authorization: Bearer $OPENAI_API_KEY" \
  -d '{
    "model": "text-davinci-edit-001",
    "input": "Wher are you from?",
    "instruction": "Fix the spelling mistakes"
  }'
```

返回结果如下：

```
{
    "object": "edit",
    "created": 1686213927,
    "choices": [
        {
            "text": "Where are you from?\n",
            "index": 0
        }
    ],
    "usage": {
        "prompt_tokens": 22,
        "completion_tokens": 22,
        "total_tokens": 44
    }
}
```

2.5 图像生成Images API

Images API 是一套强大的工具集，使开发者能够充分利用 DALL·E 的高级图像处理功能。DALL·E，OpenAI 的研究，是一个能够根据文本描述生成创意图像的模型，它已经在多个实验中展现了令人惊艳的图像生成能力。

Images API 的核心组成部分如下。

·Create image API：这是 API 集中的基础组件，它的主要功能是根据给定的文本提示生成相应的图像。例如，当给定 "一个穿着太空服的猫" 的提示时，API 会生成一个与此描述相匹配的创意图像。这一功能为开发者提供了广泛的应用空间，从内容创作到快速原型设计都有着巨大的价值。

·Create image edit API：这是一个更为高级的图像处理工具。开发者除了提供文本提示，还要提供一张原始图片。API 会依据这两者生成一张新的、符合描述的图像。例如，开发者可以上传一张猫的图片，并使用提示"猫穿着太空服"，API则会将原始的猫图片编辑为穿着太空服的猫。这为开发者在图像编辑、艺术创作和广告设计方面提供了强大的工具。

·Create image variation API：此API专门为那些希望对一张已有图片进行变体设计的开发者设计。它接收一张图片作为输入，并为其生成多个创意变体。例如，将一张普通的椅子图片输入后，它可能返回浮动的椅子、有足球图案的椅子或是透明的椅子等。这为产品设计、艺术探索和多种其他应用提供了无穷的可能性。

Images API为开发者提供了一个直观而强大的界面，可以轻松地探索DALL·E的全部功能，并将其应用于各种创新项目中。这一技术的出现无疑将进一步推动图像处理和生成技术的发展。

2.5.1　DALL·E介绍

DALL·E是由OpenAI开发的一款人工智能，该模型是GPT-3的一个版本，主要区别在于它的输出不再是文本，而是图像。DALL·E使用了被称为VQ-VAE-2的技术来生成图像。VQ-VAE-2是一种强大的自编码器，可以对图像进行编码和解码。

DALL·E的训练过程与GPT-3非常相似，但训练数据不同。GPT-3使用了大量的文本数据，而DALL·E的训练数据集是一系列的图像和相关的文本描述。这些描述可能包括颜色、形状、位置、动作等各种元素。通过对这些图像和描述的学习，DALL·E学会了理解描述并生成相应的图像。

在生成图像时，首先将文本描述输入DALL·E。DALL·E会对描述进行编码，然后将编码通过VQ-VAE-2转化为图像。这个过程并非一次就能生成完全准确的图像，而是需要经过多次迭代和优化的。

DALL·E是一个神经符号的AI模型，其生成图像的原理基于两种主要的技术：变分自动编码器（Variational AutoEncoder，VAE）和GPT-3。VAE用来生成和解码图像，而GPT-3则是用来理解输入的文本描述并生成相应的图像。

DALL·E使用了一种特殊的VAE，被称为VQ-VAE-2，它将输入图像编码到一个潜在的空间中，然后从这个潜在空间中解码出新的图像。这样可以使模型学习如何将复杂的图像转换为一种更简单的、可控制的形式，并能从这种形式再转换回复杂的图像。

DALL·E同时也是GPT-3的一个变种。GPT-3是一个被训练来理解和生成文本的模型，它使用了一个被称为Transformer的神经网络结构。DALL·E中的GPT-3部分被训练来理解和处理文本输入，并将这个输入转换为潜在空间中的表征。这样，DALL·E可以根据给定的文本描述生成相应的图像。

当给DALL·E一个文本描述时，DALL·E首先会用GPT-3将文本描述转化为潜在表示，然后将这个潜在表示输入VQ-VAE-2中，生成一张新的图像。这个过程可能会通过一些优化步骤进行多次迭代，直到生成的图像满足给定的描述。

DALL·E 具有广泛的应用可能性，主要集中在各种创造性或设计相关的领域，具体如下。

·设计和艺术：DALL·E 可以根据描述生成各种类型的图像，包括抽象的艺术作品、装饰设计，或实际的产品设计图。例如，用户可以要求 DALL·E 生成"一个现代风格的客厅设计"或者"一个热气球形状的茶壶"，DALL·E 就能生成出这样的图像。

·教育和学习：DALL·E 可以用于帮助学生更好地理解和记忆某些概念。例如，在学习生物或地理时，DALL·E 可以生成相应的动物或地理特征的图像。

·娱乐和游戏：DALL·E 可以用于生成游戏角色、场景或其他元素的设计。也可以生成各种卡通角色或者虚构世界的图像，用于动画、电影或电视节目。

·广告和市场营销：DALL·E 可以生成各种定制的图像，用于广告、宣传册或者网站的设计。这可以帮助用户节省设计成本，同时提供更个性化的服务。

·科研可视化：在科学研究中，DALL·E 可以用来生成图像，帮助研究者更好地理解和解释他们的研究结果。

2.5.2　Create image API

Create image API是Images API集合中使用频率最高的API，开发者可以使用此API，根据自己的需求输出图片。API 地址为 https://api.openai.com/v1/images/generations，使用 POST 进行请求，具体请求参数，如表 2.12 所示。Create image API 返回参数，如表 2.13 所示。

表 2.12　Create image API 请求参数

参数名	类型	描述	示例值	默认值
prompt	字符串	提供给模型的输入提示文本。API 根据输入提示生成图片	"一辆红色的跑车"	无
n	整数	控制所生成的图片数量，默认值为 1	3	1
size	字符串	所生成的图片的大小	1024x1024	无
response_format	字符串	定义返回数据的格式，可以为 url 和 base64	b64_json	url
user	字符串	用户标识，使 OpenAI 能够监控 API 滥用的情况	user123456	无

表 2.13　Create image API 返回参数

参数名	说明	取值范围	例子
created	API 请求的创建时间	整数	1677649420
data	模型生成的图片选择列表	列表	详见例子

其表中 data 参数的每个元素包含的参数，如表 2.14 所示。

表 2.14　data 列表参数

参数名	说明	取值范围	例子
url	所生成的图片的 url	字符串	"https://..."

调用 create image API 生成一辆红色跑车的图片，其代码示例如下：

```
curl https://api.openai.com/v1/images/generations \
  -H "Content-Type: application/json" \
  -H "Authorization: Bearer $OPENAI_API_KEY" \
  -d '{
    "prompt": "一辆红色跑车",
    "n": 2,
    "size": "1024x1024"
  }'
```

返回结果如下：

```
{
  "created": 1582361378,
  "data": [
    {
      "url": "https://..."
    },
    {
      "url": "https://..."
    }
  ]
}
```

2.5.3　Create image edit API

Create image edit API 为开发者提供一个修改图片的接口，开发者可以通过提示词修改所上传的图片，返回在原图片基础上按需求进行处理后的图片。API 地址为 https://api.openai.com/v1/images/edits，使用 POST 进行请求，具体请求参数如表 2.15 所示。Create image edit API 返回参数，如表 2.16 所示。

表 2.15　Create image API 请求参数

参数名	类型	描述	示例值	默认值
image	字符串	原图片名称，必填	@org.png	无
mask	字符串	底图，非必填	@mask.png	无
prompt	字符串	提供给模型的输入提示文本。API 根据输入提示，在原图的基础上生成新的图片	"添加一支笔"	无
n	整数	控制所生成的图片数量，默认值为 1	3	1

续表

参数名	类型	描述	示例值	默认值
size	字符串	所生成的图片的大小	1024x1024	无
response_format	字符串	定义返回数据的格式，可以为 url 和 base64	b64_json	url
user	字符串	用户标识，使 OpenAI 能够监控 API 滥用的情况	user123456	无

表 2.16　Create image edit API 返回参数

参数名	说明	取值范围	例子
created	API 请求的创建时间	整数	1677129420
data	模型生成的图片选择列表	列表	详见例子

其表中 data 参数的每个元素包含以下参数，如表 2.17 所示。

表 2.17　data 列表参数

参数名	说明	取值范围	例子
url	所生成的图片的 url	字符串	"https://…"

调用 create image edit API，其目的是在所提供的图片上，添加一支笔，代码示例如下：

```
curl https://api.openai.com/v1/images/edits \
 -H "Authorization: Bearer $OPENAI_API_KEY" \
 -F image="@otter.png" \
 -F mask="@mask.png" \
 -F prompt="添加一支笔" \
 -F n=2 \
 -F size="1024x1024"
```

返回结果如下：

```
{
  "created": 1582334178,
  "data": [
    {
      "url": "https://…"
    },
    {
      "url": "https://…"
    }
  ]
}
```

2.5.4　Create image variation API

Create image variation API 为开发者提供一个对原图片进行变体处理的接口。API 地址为

https://api.openai.com/v1/images/variations，使用 POST 进行请求，具体请求参数，如表 2.18 所示。

表 2.18 Create image API 请求参数

参数名	类型	描述	示例值	默认值
image	字符串	原图片名称，必填	@org.png	无
n	整数	控制所生成的图片数量，默认值为1	3	1
size	字符串	所生成的图片的大小	256x256	无
response_format	字符串	定义返回数据的格式，可以为 url 和 base64	b64_json	url
user	字符串	用户标识，使 OpenAI 能够监控 API 滥用的情况	user123456	无

Create image variations API 返回参数，如表 2.19 所示。

表 2.19 Create image variations API 返回参数

参数名	说明	取值范围	例子
created	API 请求的创建时间	整数	1677649420
data	模型生成的图片选择列表	列表	详见例子

其表中 data 参数的每个元素包含的参数，如表 2.20 所示。

表 2.20 data 列表参数

参数名	说明	取值范围	例子
url	所生成的图片的 url	字符串	"https://..."

调用 create image API 来对提供的图片进行变体处理，代码示例如下：

```
curl https://api.openai.com/v1/images/variations \
 -H "Authorization: Bearer $OPENAI_API_KEY" \
 -F image="@org.png" \
 -F n=2 \
 -F size="1024x1024"
```

返回结果如下：

```
{
 "created": 1582361348,
 "data": [
   {
     "url": "https://..."
   },
   {
     "url": "https://..."
   }
 ]
}
```

2.6 文本审核Moderations API

在数字化时代，内容生成和分享变得空前活跃，但这也带来了许多挑战，特别是在确保生成内容质量和安全性方面。为此，OpenAI 推出了 Moderations API，旨在帮助开发者更好地维护数字空间的秩序，确保所生成和传播的内容遵循 OpenAI 的使用政策。

2.6.1 Moderations API的具体用途

1. Moderations API 的核心价值

Moderations API 不仅仅是一个简单的内容过滤工具。它结合了 OpenAI 多年的研究成果和庞大的数据训练，能够精确识别出各种违规内容，并给出相应分类。这意味着开发者可以有针对性地处理不同类型的违规内容，使得响应更加灵活和精准。

2. 详细的分类解读

让我们更深入地了解 Moderations API 能够识别和分类的违规内容。

· 仇恨言论（hate）：这包括所有基于个人或群体属性进行的歧视和攻击。这些属性可能是固有的，如种族、性别或性取向，也可能是后天的，如宗教或国籍。重要的是，即使是对非传统的、非保护群体的攻击（例如针对国际象棋玩家的）也被视为仇恨，不容忽视。

· 带有威胁的仇恨言论（hate/threatening）：当仇恨言论中加入了威胁成分，例如威胁要对某个种族、宗教或性取向的人进行暴力攻击，它的危害性会增加。

· 骚扰（harassment）：骚扰是一个广泛的类别，可以涵盖从轻度的嘲笑和取笑到持续不断的攻击或侮辱。骚扰可能是面对面的，也可能是在数字平台上发生的。

· 带有威胁的骚扰（harassment/threatening）：在骚扰行为中加入了明确的暴力威胁，它的危险性大大增加。

· 自残（self-harm）：这涉及所有鼓励、赞扬或描述自残行为的内容。这类内容不仅仅是描述自杀，还包括其他形式的自残，如割伤和饮食障碍。

· 有自残意图（self-harm/intent）：当内容中的说话者表明他们有自残的意图或正在进行自残行为时，这种内容的风险性显著增加。

· 自残指导（self-harm/instructions）：这包括提供具体步骤或建议来进行自残行为的内容，这种内容的风险极高，需要特别注意。

· 色情内容（sexual）：描述性行为或为了性刺激而创建的内容。这不仅仅是传统意义上的色情，还包括一些可能在某些文化或情境中被视为不恰当或敏感的内容。

· 涉及未成年人的色情内容（sexual/minors）：涉及未成年人的性内容是非常敏感且危险的，需要特别警惕。

·暴力内容（violence）：描述死亡、伤害或其他形式的暴力的内容，无论是实际发生的，还是虚构的。

·详细的暴力描写（violence/graphic）：这是对暴力事件的详细、生动和图形化的描述，可能会让读者或观众产生不适。

3. 使用建议和注意事项

Moderations API 提供了一个强大的工具来帮助开发者确保他们的应用或平台内容的质量和安全性。但使用时还需注意以下几点。

·内容长度：较长的文本可能会影响 API 的准确性。为了得到更准确的结果，建议将长文本拆分成不超过 2 000 字符的小段。

·更新与维护：与所有技术产品一样，Moderations API 也会不断更新和完善。建议开发者定期查看 OpenAI 的官方文档，确保自己的应用始终使用最新版本的 API。

·响应策略：识别出的违规内容应该得到适当的处理。根据违规内容的类型和严重性，开发者应该制定相应的响应策略，如警告、删除或封禁等。

·用户教育：除了技术措施，教育用户也是保障内容安全的重要手段。开发者应该制定相关政策，明确告知用户哪些内容是不被允许的，鼓励他们共同维护健康和友好的数字空间。

·免费使用：当前，Moderations API 在监测 OpenAI API 的输入和输出时是完全免费的，但也受到某些使用限制。

·实时反馈：如果在使用过程中发现任何问题或有改进建议，都可以向 OpenAI 反馈。这不仅有助于改善 API 的性能，也可以帮助其他开发者更好地使用。

OpenAI 的 Moderations API 为开发者提供了一个有力的工具，但如何更好地应用它，需要开发者的智慧和努力。

2.6.2 Moderations API请求参数介绍

Moderations API 提供了一个针对用户输入的文本内容进行审核并分类的 API，用于根据 OpenAI 的政策对文本内容进行分类。

该 API 的请求地址是 https://api.openai.com/v1/moderations，使用 POST 方法进行请求，具体参数，如表 2.21 所示。

表 2.21 Moderations API 请求参数

参数名	描述	示例值	默认值
input	需要进行审核的用户输入文本内容	["I want to kill them"]	无默认值

请求参数 input 的具体作用：输入一个需要进行审核的文本内容，其数据类型为字符串。

2.6.3　Moderations API返回参数解析

Moderations API 返回参数，如表 2.22 所示。

表 2.22　Moderations API 的返回参数

参数名	说明	取值范围	例子
id	此次请求的唯一标识符	字符串	"modr-XXXXX"
model	被用来进行内容审核的模型名称	字符串	"text-moderation-005"
results.flagged	内容是否包含任何可能违规的类别	布尔值	true
results.categories	表示内容是否违反了特定类别	对象：键为类别名称，值为布尔值	{"sexual": false, "hate": false,...}
results.category_scores	表示内容违反特定类别的可能性或严重性	对象：键为类别名称，值为浮点数	{"sexual": 1.2282071e-06, "hate": 0.01069625

上述表中 results.categories 参数的每个元素包含以下参数，如表 2.23 所示。

表 2.23　results.categories 列表参数

参数名	说明	取值范围	例子
sexual	内容是否意图引起性兴奋或提供性服务	布尔值	false
hate	内容是否表达、煽动或促进基于种族、性别等因素的仇恨	布尔值	false
harassment	内容是否表达、煽动或促进针对任何目标的骚扰行为	布尔值	false
self-harm	内容是否促进、鼓励或描述自我伤害行为，如自杀、切割和饮食障碍	布尔值	false
sexual/minors	性内容是否包括 18 岁以下的个体	布尔值	false
hate/threatening	是否为同时包含暴力或对特定群体的严重伤害的仇恨内容	布尔值	false
violence/graphic	内容是否详细描述死亡、暴力或身体伤害	布尔值	false
self-harm/intent	说话者是否表示他们正在从事或打算从事自我伤害行为	布尔值	false
self-harm/instructions	内容是否鼓励进行自我伤害行为或提供如何进行此类行为的指导和建议	布尔值	false
harassment/threatening	是否为同时包含暴力或对任何目标的严重伤害的骚扰内容	布尔值	true
violence	内容是否描述死亡、暴力或身体伤害	布尔值	true

上述列表中 results.category_scores 的参数，如表 2.24 所示。

表 2.24　results.category_score 列表参数

参数名	说明	取值范围	例子
sexual	内容违反"性兴奋或提供性服务"类别的可能性或严重性	浮点数	1.2282071e-06
hate	内容违反"基于种族、性别等因素的仇恨"类别的可能性或严重性	浮点数	0.010696256

续表

参数名	说明	取值范围	例子
harassment	内容违反"针对任何目标的骚扰行为"类别的可能性或严重性	浮点数	0.29842457
self-harm	内容违反"自我伤害行为如自杀、切割和饮食障碍"类别的可能性或严重性	浮点数	1.5236925e-08
sexual/minors	内容违反"18岁以下的个体涉及的性内容"类别的可能性或严重性	浮点数	5.7246268e-08
hate/threatening	内容违反"同时包含暴力或对特定群体的严重伤害的仇恨"类别的可能性或严重性	浮点数	0.0060676364
violence/graphic	内容违反"详细描述死亡、暴力或身体伤害"类别的可能性或严重性	浮点数	4.435014e-06
self-harm/intent	内容违反"打算从事自我伤害行为"类别的可能性或严重性	浮点数	8.098441e-10
self-harm/instructions	内容违反"鼓励进行自我伤害行为或提供如何进行此类行为的指导和建议"类别的可能性或严重性	浮点数	2.8498655e-11
harassment/threatening	内容违反"同时包含暴力或对任何目标的严重伤害的骚扰"类别的可能性或严重性	浮点数	0.63055265
violence	内容违反"描述死亡、暴力或身体伤害"类别的可能性或严重性	浮点数	0.99011886

2.6.4　Moderations API的调用代码示例

我们使用curl来进行Moderations API调用，其目的是为句子"I want to kill them"打上标签，具体如下：

```
curl https://api.openai.com/v1/moderations \
  -H "Content-Type: application/json" \
  -H "Authorization: Bearer YOUR_API_KEY" \
  -d '{
    "input": "I want to kill them."
  }'
```

返回结果如下：

```
{
  "id": "modr-XXXXX",
  "model": "text-moderation-005",
  "results": [
    {
      "flagged": true,
      "categories": {
        "sexual": false,
        "hate": false,
        "harassment": false,
        "self-harm": false,
```

```
        "sexual/minors": false,
        "hate/threatening": false,
        "violence/graphic": false,
        "self-harm/intent": false,
        "self-harm/instructions": false,
        "harassment/threatening": true,
        "violence": true,
      },
      "category_scores": {
        "sexual": 1.2282071e-06,
        "hate": 0.010696256,
        "harassment": 0.29842457,
        "self-harm": 1.5236925e-08,
        "sexual/minors": 5.7246268e-08,
        "hate/threatening": 0.0060676364,
        "violence/graphic": 4.435014e-06,
        "self-harm/intent": 8.098441e-10,
        "self-harm/instructions": 2.8498655e-11,
        "harassment/threatening": 0.63055265,
        "violence": 0.99011886,
      }
    }
  ]
}
```

具体请求参数及返回参数含义请参考 2.6.2 节和 2.6.3 节。

2.7 获取向量信息Embeddings API

OpenAI 的 Embeddings API 是一款先进的 API 接口服务,专为开发者和研究人员提供高质量的文本嵌入服务。核心思想是利用 OpenAI 深度学习的专业知识,为用户提供文本转化为预训练语言模型中的数值向量表示的功能,这种表示称为嵌入向量。

2.7.1 使用Embeddings API获取嵌入向量信息

嵌入向量是一种表示方法,它能够捕捉大量离散型数据的复杂关系与特性,并进行编码,将其转化为低维度的连续向量形式。这种表示主要用于处理高维离散数据,例如词汇、用户 ID 或物品 ID 等,其中每一个离散的元素都可以映射到一个定长的向量。

在自然语言处理中,最常见的嵌入是词嵌入,如 Word2Vec 或 GloVe。这些技术可以捕捉词与词之间的相似性和语义关系。例如,两个语义上相近的词,如 "king" 和 "monarch",在嵌入空间中的向量会彼此靠近。同理,"woman" 与 "queen" 之间的关系向量与 "man" 与 "king" 之间的关系向量在空间中也会很相似。这样的特性意味着词嵌入不仅仅是为词提供数值表示,更重要的是它能捕捉到词的语义信息。

除了文本数据，嵌入也广泛应用于其他领域。例如，在推荐系统中，用户和物品的ID可以通过嵌入向量来表示，从而捕获用户的喜好和物品的特性。在社交网络分析中，节点和边也可以通过嵌入向量来表示，从而揭示网络中的结构和关系。

嵌入向量的一个关键特性是其低维度性，这意味着它可以大大减少计算的复杂性。而低维度的连续表示也使得梯度下降和其他优化算法更加高效，从而加速了深度学习或其他机器学习模型的训练过程。

为了获取有效的嵌入向量，一般需要大量的数据和计算资源进行训练，确保嵌入空间中的向量能够真实地反映数据的结构和特性。此外，得到的嵌入向量通常与特定任务无关，这意味着一旦获得了高质量的嵌入，它们可以被用于多种不同的任务，进一步提高模型的性能。

这种技术背后的原理是基于语言模型的强大功能，它能够捕捉大量文本数据中的细微模式。当文本被输入这样的模型中时，模型会生成一个向量，它是文本在多维空间中的一个点，这个点可以捕捉到文本的各种语义特性和上下文关系。

这些嵌入向量具有几个关键优点。首先，它们为高维的文本数据提供了压缩表示，将复杂的文本信息转化为固定长度的数值向量。其次，由于它们反映了文本的语义内容，这些向量之间的距离可以用来衡量文本之间的相似性。例如，两个语义上相近的句子，它们的嵌入向量在空间中会很接近。

由于这些属性，OpenAI的Embeddings API为各种自然语言处理任务提供了巨大的价值。在文本分类中，嵌入向量可以作为机器学习模型的输入，而不需要复杂的特征工程。对于相似度计算，向量间的距离直接反映了文本间的语义相似度，从而可以用于推荐系统、搜索引擎等应用。此外，向量的这种数值表示也适合聚类算法，从而可以自动将文本集合分组为相关的主题或类别。

更进一步来说，OpenAI的Embeddings API是一个灵活的工具，它可以被轻松集成到现有的数据流水线和应用程序中。它不仅为大型组织提供了一个强大的解决方案，也为个人开发者和小团队提供了简化和加速自然语言处理任务的途径。

Embeddings API是OpenAI中的一个重要工具，它结合了预训练语言模型的强大功能与API接口的灵活性，为广大用户提供了前沿的技术解决方案。

2.7.2　Embeddings API的请求步骤

1. 准备请求

在准备API请求的过程中，首先需要确定API的终端URL，这通常是目标网络地址。对于多数Embeddings API，这里使用POST进行请求，用以传输大量的数据并在服务器上执行相应的计算或其他操作。为确保请求的安全性和身份验证，请求的Header部分必须包含特定的 Authorization 信息，即申请 API 时候生成的 key，确保 API 的访问和使用受到适当的授权限制。然后构建请求的正文部分，其中需要提供一个名为"documents"的列表，包含期望转换为嵌入向量的所有文本。这确保了 API 在接收请求后，清晰地了解要为哪些文本生成向量表示。

2. 发送请求

发送 API 请求涉及使用合适的 HTTP 客户端库，例如 java 的 okhttp 库。通过这个库，请求被发送到 API 的终端 URL。为了确保数据的兼容性和可读性，请求的正文需要被序列化为 JSON 格式，然后提交到 API 进行处理。

3. 解析响应

解析 API 的响应是处理流程中的关键步骤，它确保从返回的数据中获得有价值的信息。

当 API 接收并处理了发送的请求后，它会返回一个 HTTP 响应。这个响应包含了服务端处理的结果，这些结果可能是计算后的数据、错误消息或其他相关信息。对于嵌入向量这类服务，结果通常是一系列数值向量，这些向量代表了原始文本的数值编码。

响应的结构通常遵循一定的格式。在 HTTP 响应中，最重要的部分是正文（Body），它包含了 API 返回的主要数据。为了找到和提取嵌入向量，需要深入研究正文的结构。嵌入向量通常被存放在正文中的一个或多个特定字段里，如 embeddings、data 或其他名称，具体如何取决于 API 的设计。

解析这些字段，取决于响应正文的格式。如果正文是 JSON 格式（这在现代 API 中非常常见），则需要使用适当的工具或库将 JSON 字符串解析为可操作的对象或数据结构。例如，在 Java 中，可以使用 Gson 或 Jackson 库；在 Python 中，可以使用内置的 json 模块。

一旦提取了嵌入向量，就可以将它们存储、分析或直接用于各种自然语言处理任务。例如，可以使用这些向量来测量文本之间的相似性、为文档分类或作为深度学习模型的输入。

解析响应不仅仅是从返回的数据中获取向量，它还涉及理解响应的结构，使用适当的工具提取数据，并为后续处理或分析准备数据。

4. 处理嵌入向量

嵌入向量提供了文本的数值表示。用户可以使用这些向量计算文本之间的余弦相似度，这是一种常见的方法，用来判断两段文本是否相似。如果有多个文本并希望按主题或内容对它们进行分组，可以使用如 K-means 等聚类算法。同样，这些向量也可以作为机器学习模型的输入，进行分类、回归或其他任务。除了上述应用，嵌入向量还可以用于文本生成、情感分析、文本摘要等各种 NLP 任务，参见 2.4.3 节。

Embeddings API 接受输入文本，并将其转换为嵌入向量。这些向量是在预训练语言模型基础上计算得出的。

在处理文本时，模型会将文本输入作为序列，并在模型的内部进行编码和处理。

文本输入中的每个词或子词都会被映射为在嵌入空间中的向量表示。这些向量表示捕捉到了词语的语义和上下文信息。

生成的嵌入向量具有固定的维度,通常为几百维或更高。每个维度对应于嵌入空间中的某个语义或语法特征。

嵌入向量的特点和应用如下。

·嵌入向量具有语义信息:它们能够捕捉到词语之间的语义关系,使得它们在计算文本之间的相似度、语义关联性和分类等任务中非常有用。

·上下文感知:嵌入向量不仅考虑了词语本身的语义,还考虑了词语在其上下文中的位置和关系。这使得它们能够更好地表达句子和段落级别的语义。

·迁移学习:由于预训练语言模型是在大规模数据上进行训练的,生成的嵌入向量可以应用于各种自然语言处理任务,无须从头开始训练模型。

2.7.3 Embeddings API请求参数介绍

Embeddings API 能够对所使用的模型进行指定,并根据输入的文本进行处理,返回嵌入向量信息。API 的请求地址是 https://api.openai.com/v1/embeddings,使用 POST 方法进行请求,具体参数如表 2.25 所示。

表 2.25 Embeddings API 请求参数

参数名	描述	示例值	默认值
input	要转换为嵌入向量的文本列表	["Hello, world!", "How are you?"]	无默认值
model	指定要使用的语言模型的名称或标识符	"gpt-3.5-turbo"	无默认值

2.7.4 Embeddings API返回参数解析

Embeddings API 返回参数,如表 2.26 所示。

表 2.26 Embeddings API 的返回参数

参数名	说明	取值范围	例子
id	API 请求的 ID	字符串	"chatcmpl-6p9XYPYSTTRi0x EviKjjilqrWU2Ve"
object	返回的对象类型	字符串	"chat.completion"
created	API 请求的创建时间	整数	1677649420
model	使用的模型 ID	字符串	"gpt-3.5-turbo"
choices	模型生成的选择列表	列表	详见例子
id	API 请求的 ID	字符串	"chatcmpl-6p9XYPYSTTRi0x EviKjjilqrWU2Ve"

参数名	说明	取值范围	例子
object	返回的对象类型	字符串	"chat.completion"
created	API 请求的创建时间	整数	1677649420
model	使用的模型 ID	字符串	"gpt-3.5-turbo"
choices	模型生成的选择列表	列表	详见例子
id	API 请求的 ID	字符串	"chatcmpl-6p9XYPYSTTRi0x EviKjjilqrWU2Ve"
usage	API 请求的资源使用情况	字典	详见例子

其表中 choices 参数的每个元素包含以下参数，如表 2.27 所示。

表 2.27　choices 列表参数

参数名	说明	取值范围	例子
message	消息对象	字典	详见例子
finish_reason	模型生成文本的结束原因	字符串	"stop"
index	生成文本在消息列表中的索引	整数	0
model	使用的模型 ID	字符串	"gpt-3.5-turbo"
text	模型生成的文本	字符串	"Hello, how are you?"

其 choices 列表中 message 的参数，如表 2.28 所示。

表 2.28　choices 中的 message 列表参数

参数名	说明	取值范围	例子
role	消息的角色	字符串	"system", "user", "assistant"
content	消息的内容	字符串	"You are a helpful assistant."

其返回参数表中 usage 参数的每个元素包含以下参数，如表 2.29 所示。

表 2.29　choices 中的 usage 列表参数

参数名	说明	取值范围	例子
prompt_tokens	使用的 prompt 文本的令牌数量	整数	56
completion_tokens	生成的 completion 文本的令牌数量	整数	31
total_tokens	总共使用的令牌数量	整数	87

2.7.5　Embeddings API的调用代码示例

我们使用 curl 进行 Completion API 调用，来获取历史人物贝多芬的信息，具体如下：

```
curl -X POST -H "Content-Type: application/json" \
    -H "Authorization: Bearer YOUR_API_KEY" \
    -d '{
        "model": "gpt-3.5-turbo",
        "messages": [
          {"role": "system", "content": "历史人物"},
          {"role": "user", "content": "请介绍一下贝多芬。"}
        ]
    }' \
    "https://api.openai.com/v1/chat/completions"
```

返回结果如下：

```
{
  "id": "chatcmpl-6p9XYPYSTTRi0xEviKjjilqrWU2Ve",
  "object": "chat",
  "created": 1677649420,
  "model": "gpt-3.5-turbo",
  "usage": {
    "prompt_tokens": 56,
    "completion_tokens": 31,
    "total_tokens": 87,
    "turns": 1
  },
  "choices": [
    {
      "message": {
        "role": "assistant",
        "content": "贝多芬是古典乐派的先驱，他被称为'乐派大师'，因为他对古典乐派的发展有着不可磨灭的
贡献。贝多芬曾经创作了大量的古典作品，其中被认为是古典音乐的里程碑作品，如第九交响曲《马斯特里安的征
服》。他的音乐以其强大的节奏和结构为特色，被认为是古典乐派的精髓。"
      },
      "finish_reason": "stop",
      "index": 0,
      "logprobs": null
    }
  ]
}
```

具体请求参数及返回参数含义请参考 2.7.3 节和 2.7.4 节。

2.8　其他API

2.8.1　Audio API

OpenAI 的语音转文本 API 是一种先进的服务，基于顶级的开源 Whisper v2 模型开发，
目标是将用户的音频数据转换为文本。该 API 具有两个核心功能：转录和翻译。

1. 主要功能

（1）创建转录（Create Transcription）

这个端点允许用户将音频转录成输入语言的文本。

请求方法：POST

URL: https://api.openai.com/v1/audio/transcriptions

请求参数：

· file(file, 必须)：要转录的音频文件对象（不是文件名）。支持的格式有：flac、mp3、mp4、mpeg、mpga、m4a、ogg、wav 或 webm。

· model(string, 必须)：要使用的模型的 ID。目前只有 whisper-1 可用。

· prompt(string, 可选)：一个可选的文本，用于指导模型的风格或继续之前的音频片段。提示应与音频语言匹配。

· response_format(string, 可选)：转录输出的格式，默认为 json。可选的格式有：json、text、srt、verbose_json 或 vtt。

· temperature(number, 可选)：采样温度，范围在 0 到 1 之间。较高的值如 0.8 会使输出更随机，而较低的值如 0.2 会使其更集中和确定。如果设置为 0，模型将使用对数概率自动增加温度，直到达到某些阈值。

· language(string, 可选)：输入音频的语言。以 ISO-639-1 格式提供输入语言将提高准确性和延迟。

返回：转录的文本。

示例请求：

curl https://api.openai.com/v1/audio/transcriptions \

-H "Authorization: Bearer $OPENAI_API_KEY" \

-H "Content-Type: multipart/form-data" \

-F file="@/path/to/file/audio.mp3" \

-F model="whisper-1"

（2）创建翻译（Create Translation）

这个端点允许用户将音频翻译成英语。

请求方法：POST

URL: https://api.openai.com/v1/audio/translations

请求参数：

· file(file, 必须)：要翻译的音频文件对象（不是文件名）。支持的格式有：flac、mp3、mp4、mpeg、mpga、m4a、ogg、wav 或 webm。

· model(string, 必须)：要使用的模型的 ID。目前只有 whisper-1 可用。

· prompt（string，可选）：一个可选的文本，用于指导模型的风格或继续之前的音频片段。提示应为英语。

· response_format（string，可选）：转录输出的格式，默认为 json。可选的格式有：json、text、srt、verbose_json 或 vtt。

· temperature（number，可选）：采样温度，范围在 0 到 1 之间。较高的值如 0.8 会使输出更随机，而较低的值如 0.2 会使其更集中和确定。如果设置为 0，模型将使用对数概率自动增加温度，直到达到某些阈值。

返回：翻译后的文本。

2. 文件要求

目前，API 只支持 25MB 以下的音频文件，接受的音频格式包括：mp3、mp4、mpeg、mpga、m4a、wav 和 webm。

3. 支持的语言

该 API 支持多种语言，如中文、英文、阿拉伯语、法文、德文等。尽管 Whisper 模型在 98 种语言上受过训练，但 API 列出的语言是经过筛选的，并且可以确保其转录错误率低于 50%。

4. 长音频处理

如果需要处理的音频文件大小超过 25MB，需要将其分成小于 25MB 的多个部分。为了保持转录的连贯性，建议在句子间断开，避免句子被截断。可以使用如 PyDub 这样的开源 Python 工具包来分割音频。

5. 提示功能（Prompting）

Whisper API 提供了提示功能，用户可以提供额外的上下文，帮助模型更准确地转录音频。这对于那些模型经常误识别的专有名词或缩写特别有用。

6. 提高可靠性和准确性

Whisper 有时可能无法准确识别一些不常见的词汇或缩写。为了提高转录的准确性，API 提供了不同的技术和提示方法，帮助用户确保音频内容的精确转录。

OpenAI 的语音转文本 API 是一个功能强大、灵活且用户友好的工具，无论是希望转录一段讲话、一个讲座，还是其他音频内容，它都能提供高质量、准确的转录结果。

2.8.2　Models API

OpenAI 的 Models API 是一个强大的接口，允许与 OpenAI 平台上的模型进行深入交互。

1. 模型对象（The model object）

模型对象描述了 OpenAI 模型的核心数据结构，提供关于特定模型的关键信息。该对象包含以下字段。

· id（string）：模型的唯一标识符。此 ID 用于在 API 中引用或操作特定的模型。

· object（string）：对象的类型。对于所有模型，此值均为 "model"。

· created（integer）：模型创建时的 Unix 时间戳（以秒为单位）。

· owned_by（string）：拥有该模型的组织。

例如，模型对象的示例表示如下：

```
{
  "id": "davinci",
  "object": "model",
  "created": 1686935002,
  "owned_by": "openai"
}
```

2. 列出模型（List models）

通过特定的端点，可以列出当前可用的所有模型，并为每个模型提供基本信息。

请求方式：GET

URL：https://api.openai.com/v1/models

发送 GET 请求到此 URL，API 返回包含所有可用模型的列表。

示例响应：

```
{
  "object": "list",
  "data": [
    {
      "id": "model-id-0",
      "object": "model",
      "created": 1686935002,
      "owned_by": "organization-owner"
    },
    ...
  ],
  "object": "list"
}
```

3. 检索模型（Retrieve model）

除列出所有可用的模型外，还可以检索特定模型的详细信息。

请求方式：GET

URL：https://api.openai.com/v1/models/{model}

此端点需要一个路径参数，即要检索的模型的 ID。发送 GET 请求到此 URL，API 返回该模型的详细信息。

示例响应：

```
{
  "id": "text-davinci-003",
  "object": "model",
```

```
    "created": 1686935002,
    "owned_by": "openai"
}
```

4．删除微调模型（Delete fine-tune model）

除列出和检索模型外，还提供了删除微调模型的功能。

请求方式：DELETE

URL：https://api.openai.com/v1/models/{model}

此端点需要一个路径参数，即要删除的模型的 ID。发送 DELETE 请求到此 URL，API 将删除该模型并返回删除状态。

OpenAI 的 Models API 提供了一系列功能，允许深入交互与 OpenAI 平台上的模型。无论是列出所有可用的模型，检索、管理，还是删除特定的模型，此 API 都提供了必要的工具和信息。

2.8.3　Fine-tuning API

Fine-tuning API 是 OpenAI 提供的一种 API 服务，允许用户对特定的模型进行微调。微调是深度学习中的一个常见步骤，它允许用户在预训练的模型基础上，使用自己的数据进行进一步训练，以使模型更好地适应特定的任务或数据集。

1．微调任务对象（fine_tuning.job object）

此对象代表了通过 API 创建的微调任务。

主要属性：

·id（字符串）：对象的唯一标识符，可以在 API 端点中引用。

·object（字符串）：对象类型，固定值为 "fine_tuning.job"。

·created_at（整数）：微调任务创建时的 Unix 时间戳。

·finished_at（整数或 null）：微调任务完成时的 Unix 时间戳。如果任务仍在运行，此值为 null。

·model（字符串）：正在进行微调的基础模型的名称。

·fine_tuned_model（字符串或 null）：正在创建的微调模型的名称。如果任务仍在运行，此值为 null。

·organization_id（字符串）：拥有微调任务的组织的 ID。

·status（字符串）：微调任务的当前状态，可能的值包括：created、pending、running、succeeded、failed 或 cancelled。

·hyperparameters（对象）：用于微调的超参数。

·training_file（字符串）：用于训练的文件 ID。

· validation_file（字符串或 null）：用于验证的文件 ID。

· result_files（数组）：微调任务的结果文件 ID 列表。

· trained_tokens（整数或 null）：此微调任务处理的令牌总数。

· error（对象或 null）：如果微调任务失败，此处将包含失败的原因。

2. 创建微调任务

API 端点：POST https://api.openai.com/v1/fine_tuning/jobs。

此 API 允许用户从给定的数据集创建一个微调指定模型的任务。

请求参数：

· training_file（字符串，必须）：包含训练数据的文件 ID。数据集必须为 JSONL 格式。

· validation_file（字符串或 null，可选）：包含验证数据的文件 ID。数据集必须为 JSONL 格式。

· model（字符串，必须）：要微调的模型的名称。

· hyperparameters（对象，可选）：微调使用的超参数。

请求 JSON 的例子：

```
{
  "training_file": "file-abc123",
  "model": "gpt-3.5-turbo"
}
```

返回 JSON 的例子：

```
{
  "object": "fine_tuning.job",
  "id": "ft-AF1WoRqd3aJAHsqc9NY7iL8F",
  "model": "gpt-3.5-turbo-0613",
  "created_at": 1614807352,
  "fine_tuned_model": null,
  "organization_id": "org-123",
  "result_files": [],
  "status": "pending",
  "validation_file": null,
  "training_file": "file-abc123"
}
```

3. 列出微调任务

API 端点：GET https://api.openai.com/v1/fine_tuning/jobs。

此 API 允许用户列出其组织的微调任务。

查询参数：

· after（字符串，可选）：上一个分页请求的最后一个任务的标识符。

· limit（整数，可选）：要检索的微调任务数量，默认为 20。

请求 JSON 的例子：

```
{
  "limit": 2
}
```

返回 JSON 的例子：

```
{
  "object": "list",
  "data": [
    {
      "object": "fine_tuning.job",
      "id": "ft-AF1WoRqd3aJAHsqc9NY7iL8F",
      ...
    },
    ...
  ],
  "has_more": true
}
```

4. 检索微调任务

API 端点：GET https://api.openai.com/v1/fine_tuning/jobs/{fine_tuning_job_id}。

此 API 允许用户获取有关特定微调任务的信息。

路径参数：

· fine_tuning_job_id（字符串）：要查询的微调任务的 ID。

返回 JSON 的例子：

```
{
  "object": "fine_tuning.job",
  "id": "ft-zRdUkP4QeZqeYjDcQL0wwam1",
  ...
}
```

5. 取消微调任务

API 端点：POST https://api.openai.com/v1/fine_tuning/jobs/{fine_tuning_job_id}/cancel。

此 API 允许用户立即取消一个微调任务。

路径参数：

· fine_tuning_job_id（字符串）：要取消的微调任务的 ID。

返回 JSON 的例子：

```
{
  "object": "fine_tuning.job",
  "id": "ft-gleYLJhWh1YFufiy29AahVpj",
  ...
}
```

6. 列出微调事件

API 端点：GET https://api.openai.com/v1/fine_tuning/jobs/{fine_tuning_job_id}/events。

此 API 允许用户获取微调任务的状态更新。

路径参数：

·fine_tuning_job_id（字符串）：要获取事件的微调任务的 ID。

·after（字符串，可选）：上一个分页请求的最后一个事件的标识符。

·limit（整数，可选）：要检索的事件数量，默认为 20。

返回 JSON 的例子：

```
{
"object": "list",
"data": [
  {
     "object": "fine_tuning.job.event",
   ...
  },
  ...
],
"has_more": true
}
```

2.8.4 Files API

OpenAI 的 Files API 允许用户与其上传的文件进行交互。这些文件主要用于特定的功能，如模型的微调。

1. 文件对象（The File Object）

每上传一个文件到 OpenAI，它都会被转化为一个"文件对象"。这个对象包含了关于文件的各种关键信息：

·id（string）：文件的唯一标识符，用于在其他 API 端点中引用。

·object（string）：对象的类型。对于所有上传的文件，这个值都是 "file"。

·bytes（integer）：文件的大小，单位是字节。

·created_at（integer）：文件创建的 Unix 时间戳（以秒为单位）。

·filename（string）：上传的文件的名称。

·purpose（string）：文件的预定用途。例如，"fine-tune" 表示文件用于微调模型。

·status（string）：文件的当前状态，可能的值包括：uploaded、processed、pending、error、deleting 或 deleted。

·status_details（string or null）：关于文件状态的额外详细信息。例如，如果文件状态是 "error"，这里会有错误描述。

2. 列出文件（List Files）

目的：获取用户组织的所有文件列表。

请求方法：GET

URL: https://api.openai.com/v1/files

返回：文件对象的列表。

示例请求：

```
curl https://api.openai.com/v1/files -H "Authorization: Bearer $OPENAI_API_KEY"
```

3. 上传文件（Upload File）

目的：上传文件以供后续使用。注意，一个组织上传的所有文件的总大小不能超过1GB。

请求方法：POST

URL: https://api.openai.com/v1/files

请求参数：

· file(string, 必须)：要上传的文件的名称。

· purpose(string, 必须)：文件的预定用途，例如 "fine-tune"。

返回：上传的文件对象。

示例请求：

```
curl https://api.openai.com/v1/files -H "Authorization: Bearer $OPENAI_API_KEY" -F purpose=
"fine-tune" -F file="@mydata.jsonl"
```

4. 删除文件（Delete File）

目的：从 OpenAI 删除一个已上传的文件。

请求方法：DELETE

URL: https://api.openai.com/v1/files/{file_id}

路径参数：

· file_id(string, 可选)：要删除的文件的 ID。

返回：删除状态。

示例请求：

```
curl https://api.openai.com/v1/files/file-abc123 -X DELETE -H "Authorization: Bearer
$OPENAI_API_KEY"
```

5. 检索文件信息（Retrieve File）

目的：获取特定文件的详细信息。

请求方法：GET

URL: https://api.openai.com/v1/files/{file_id}

路径参数：

·file_id（string, 可选）：要检索的文件的 ID。

返回：文件对象。

示例请求：

```
curl https://api.openai.com/v1/files/file-abc123 -H "Authorization: Bearer $OPENAI_API_
KEY"
```

6. 检索文件内容（Retrieve File Content)

目的：获取指定文件的内容。

请求方法：GET

URL: https://api.openai.com/v1/files/{file_id}/content

路径参数：

·file_id（string, 可选）：要检索内容的文件的 ID。

返回：文件的内容。

示例请求：

```
curl https://api.openai.com/v1/files/file-abc123/content -H "Authorization: Bearer $OPENAI_
API_KEY"
```

这个 API 为用户提供了一个全套的工具，用于管理用户上传到 OpenAI 的文件。这些文件可以用于各种任务，如微调模型，从而提高模型的性能和准确性。

2.9　注意事项

2.9.1　OpenAI API的速率限制

OpenAI API 的速率限制是指在特定时间段内，用户或应用程序可以向 API 发送的请求次数的最大值。这些限制通常是为了确保平台的稳定性，防止单一用户或应用程序过度使用导致其他用户的服务受到影响。

1. 进行速率限制的原因

·保障服务稳定性：无限制地接收所有请求可能会导致系统过载，从而降低服务的响应速度或导致服务中断。

·防止恶意使用：确保单个用户或机器人不能持续、大量地发送请求，从而避免了可能的 DDoS 攻击或其他恶意行为。

·资源公平分配：确保所有用户都能公平地访问和使用 OpenAI API 资源。

2. OpenAI API 的常见速率限制

·免费试用用户：通常限制为 1 RPS（每秒 1 个请求）。这意味着，在任意一秒钟内，试用用户只能发送一个请求到 API。

·付费用户：在试用结束后的第一个月，速率限制通常为 60 RPS。这为付费用户提供了更高的灵活性和响应速度，允许他们在一秒钟内发送多达 60 个请求。

·大规模或企业级用户：需要大规模 API 访问的用户可能与 OpenAI 协商单独的速率限制，这通常会基于他们的具体需求和合同条款。

3. 令牌和长度限制

除了速率限制，OpenAI API 的请求和响应还受到令牌数的限制。例如，GPT-3 API 的输入和输出通常限制在 2 048 令牌内，而 GPT-4 的令牌限制为 32 768。

一个令牌可以是一个字、一个词或一个字符，这取决于语言。在英语中，一个令牌通常是一个单词。

4. 处理超出速率限制的方法

如果用户在允许的时间内发送了超过限制的请求，API 将返回特定的错误代码和消息，通常建议用户稍后再试。开发者需要为此种情况设计异常处理机制，例如：重试策略、请求调度或延迟策略等。

5. 建议与处理

·监控使用情况：定期检查 API 请求频率，确保应用程序或服务在正常工作负载下不会触及或超过速率限制。

·优化请求：不是每一次用户交互都需要实时 API 请求。有时，缓存结果或预先计算某些响应可以有效地减少实际的 API 请求次数。

·异常处理：确保应用程序可以优雅地处理超出速率限制的情况。例如，通过向用户显示友好的错误消息，或在短时间后自动重试请求。

·与 OpenAI 沟通：如果发现自己经常需要更高的限制，则与 OpenAI 联系并讨论可能的解决方案或合同升级。

OpenAI 为其 API 设置速率限制是出于对服务稳定性和公平使用的考虑。对于开发者来说，理解并遵守这些限制是确保其应用程序稳定和高效运行的关键。与此同时，对于高负载或特殊需求的应用程序，建议与 OpenAI 沟通以找到最佳的使用策略。

2.9.2 OpenAI API的错误码

OpenAI 的 API，提供了多种错误代码来帮助开发者识别和处理问题。每当 API 请求不被接受或处理时，它会返回一个特定的错误代码和描述性消息。

1. 400 Bad Request

描述：请求中存在语法错误，导致服务器无法理解。

OpenAI 相关情境：JSON 请求体格式有误；请求参数设置错误或不完整。

解决方案：仔细检查请求体的内容。确保 JSON 结构正确，没有遗漏的大括号、逗号或其他语法元素。使用 JSON 验证工具可以帮助识别问题。

2. 401 Unauthorized

描述：请求需要用户验证。

OpenAI 相关情境：没有提供 API 密钥；API 密钥无效或已过期。

解决方案：检查并确保你正在使用的 API 密钥是正确的。如果你的密钥已过期或失效，你可能需要在 OpenAI 平台上生成一个新的密钥。

3. 403 Forbidden

描述：服务器理解请求，但拒绝执行。

OpenAI 相关情境：超出付费层级的使用限制；账户被暂时封禁。

解决方案：确认你的账户权限和状态。如果你的使用超出了配额或你的账户受到了限制，可能需要与 OpenAI 的客户支持联系。

4. 404 Not Found

描述：请求的资源无法找到。

OpenAI 相关情境：请求了不存在的模型或版本；API 端点 URL 填写错误。

解决方案：检查 API 的端点 URL 是否正确，确认你请求的模型或版本是否真的存在，并且是可用的。

5. 405 Method Not Allowed

描述：请求中的方法在此资源上被禁止。

OpenAI 相关情境：例如，对一个需要 POST 请求的端点使用 GET。

解决方案：确认你是否使用了正确的 HTTP 请求方法，如 GET 或 POST。

6. 406 Not Acceptable

描述：服务器不能产生与 Accept 头匹配的响应。

OpenAI 相关情境：请求头部信息设置不正确，导致返回格式不被接受。

解决方案：检查并调整 HTTP 请求头，确保与 API 的期望值匹配。

7. 408 Request Timeout

描述：请求超时，服务器等待的时间过长。

OpenAI 相关情境：客户端网络问题导致请求未能及时达到 API。

解决方案：检查网络连接，尝试再次发送请求。

8. 409 Conflict

描述：请求与服务器当前状态存在冲突。

OpenAI 相关情境：并发请求修改同一资源。

解决方案：稍后重新尝试请求，或检查资源状态以确定冲突的性质。

9. 413 Payload Too Large

描述：请求实体过大，服务器无法处理。

OpenAI 相关情境：发送的文本数据超过模型的令牌限制。

解决方案：减少请求数据的大小，例如，减少输入文本或其他数据的数量。

10. 415 Unsupported Media Type

描述：请求中的内容类型不受支持。

OpenAI 相关情境：可能发送了不被 API 支持的数据格式。

解决方案：确认并修改请求头中的 Content-Type。

11. 429 Too Many Requests

描述：用户发送了太多请求，超出了 API 的限制。

OpenAI 相关情境：短时间内请求次数过多，超出速率限制。

解决方案：减慢请求速率，考虑实施退避策略或使用速率限制库来管理请求速度。

12. 500 Internal Server Error

描述：服务器遇到错误，无法完成请求。

OpenAI 相关情境：API 服务器内部问题，如临时故障或资源限制。

解决方案：通常这不是由客户端引起的，可以考虑稍后再试或联系 OpenAI 支持。

13. 502 Bad Gateway

描述：服务器作为网关或代理，从上游服务器接收到无效的响应。

OpenAI 相关情境：OpenAI 的内部服务可能遭受延迟或故障。

解决方案：这通常是短暂的，稍等片刻后重试请求。

14. 503 Service Unavailable

描述：服务器目前无法使用（通常是由于过载或维护）。

OpenAI 相关情境：API 服务器维护，或由于临时发生的高请求量导致服务暂不可用。

解决方案：等待片刻再重试，如果持续出现，考虑联系 OpenAI 支持。

15. 504 Gateway Timeout

描述：服务器作为网关或代理，但没有及时从上游服务器或某些辅助服务（如数据库）接收到请求。

OpenAI 相关情境：内部服务响应延迟。

解决方案：这可能是由网络延迟或其他外部因素引起的，稍后重试请求。

2.9.3　OpenAI API的最佳实践

1．组织设置

登录OpenAI账户后，系统会自动创建一个默认的组织，并在组织设置中显示其名称和ID。

对于属于多个项目或团队的用户，OpenAI允许创建或加入多个组织，并通过API请求中的特定头部来选择活跃的组织。

可以为组织添加新成员，并为他们分配不同的权限，如读取数据、修改账单信息等。

2．账单限制管理

对于新用户，OpenAI提供了一定的免费试用额度。

决定正式使用服务时，需要提供账单信息，并注意使用限额。

为了避免意外的超额费用，可以设置使用警告和硬性限制，以便在达到某个阈值时收到通知或停止服务。

3．API密钥管理

为了确保API的安全访问，需要使用API密钥进行身份验证。

密钥是访问服务的凭证，因此必须妥善保管，避免在公开场合泄露。

4．阶段账户的使用

在软件开发中，通常会有开发、测试和生产三种环境。为了确保生产环境的稳定，可以为每种环境创建单独的组织。

这样，可以确保在开发和测试过程中不会影响生产环境的正常运行。

5．解决方案架构的扩展

当应用用户增多、流量增加时，需要考虑如何扩展应用以满足这些需求。

可以选择水平扩展，增加服务器数量来分担流量；或者选择垂直扩展，增加单个服务器的性能。

此外，为了提高响应速度，可以使用缓存技术，将常用数据存储在快速访问的位置。

6．速率限制管理

使用API时，需要注意每秒或每分钟的请求次数限制，确保不会因超出限制而导致服务中断。

7．延迟的改善

在网络服务中，延迟是一个关键指标，它会直接影响用户的体验。

为了减少延迟，可以选择更快的模型，或者优化请求参数。

8．成本管理

使用API服务是有成本的，需要根据业务规模和需求来预估成本。

为了控制成本，可以选择不同的计费模型，或者优化请求方式。

9. MLOps 策略

机器学习项目与传统的软件开发项目有很大不同，它需要一套专门的操作策略来确保模型的质量和效果。

这包括数据管理、模型监控、模型再训练和模型部署等多个环节。

10. 安全和合规性

在将原型部署到生产环境时，需要确保应用满足所有的安全和合规要求。

这可能包括数据保护、用户隐私、合规性审核等多个方面。

2.9.4 OpenAI API的安全实践及建议

随着技术的不断发展，确保 AI 服务的安全性和效率已经成为一项基本的要求。OpenAI 在这方面做了大量的努力，为用户提供了一系列安全最佳实践。以下是详细的指南和说明。

1. 审查 API

OpenAI 提供了一个免费的审查 API，旨在帮助开发者和企业减少不安全的内容输出。这个 API 使用了 OpenAI 的先进技术，能够有效地检测和过滤模型生成的潜在不良内容。

建议：尽管 OpenAI 的审查 API 非常强大，但每个应用的具体情况都是独特的。有特殊需求的开发者可以考虑根据自己的业务场景和用户群体开发定制的内容过滤系统。

2. 对抗性测试

对抗性测试，或者称为"红队测试"，是一种模拟真实攻击的测试方法。其目的是发现应用中的潜在安全漏洞，并评估其对不同类型的恶意输入的反应。

建议：定期进行对抗性测试，涵盖各种潜在的输入和用户行为，特别是那些可能试图破解或误导 AI 模型的尝试。这样可以及时发现和修复可能的问题，确保应用的健壮性和安全性。

3. 人类干预

即使 AI 技术再先进，也难以完全替代人类的判断。特别是在关键的应用领域，如医疗、金融和代码生成等，一个小错误都可能造成严重的后果。

建议：在关键的应用领域，建议模型生成的输出在实际应用之前由专业的人员进行审查。同时，这些专业人员应该对模型的工作原理和局限性有所了解，以确保模型可以做出准确的判断。

4. 提示工程

提示工程是指通过设计合适的输入提示来限制和指导模型的输出。正确的提示不仅可以使模型生成更准确、相关的内容，还可以防止模型产生不希望的输出。

建议：在使用模型时，经过多次实验，找到最合适的提示。在实际应用中，可以考虑为用户提供预设的提示选项，或者提供提示模板，指导用户如何输入。

5. 客户身份认证

确保用户身份的真实性和可靠性是提高服务安全性的关键一步。通过身份认证，可以防止恶意用户或机器人攻击，保护真实用户的权益。

建议：强制用户进行注册和登录，并提供多种登录方式，如邮箱、手机或第三方账号。对于高风险的操作或关键信息，可以考虑增加双因素身份验证。

6. 输入与输出限制

限制用户输入的内容和长度及模型输出的令牌数，是一种有效的防范措施。这样不仅可以避免恶意的或误导性的输入，还可以确保模型的输出在可控范围内。

建议：根据应用的具体需求，设定合理的输入和输出限制。例如，可以限制用户输入的字符数、禁止某些关键词或提供输入模板。对于模型的输出，可以设置最大令牌数，确保其简洁且相关。

7. 用户反馈机制

建立一个有效的用户反馈机制，可以帮助开发者及时了解用户的需求和问题，及时进行改进。

建议：提供用户友好的反馈渠道，如在线工单系统、电子邮件或电话支持。对于用户的反馈，应及时回应并进行处理，确保用户的满意度。

8. 明确局限性

每种技术和工具都有其局限性。AI模型也可能存在偏见、误导或其他问题。因此，确保用户了解模型的局限性非常重要。

建议：在应用中明确说明模型的工作原理和可能的局限性，指导用户如何正确使用，并设置合理的期望值。

9. 用户身份标识

通过在API请求中包含用户ID，可以帮助OpenAI更好地监测和检测潜在的滥用行为，同时确保用户的隐私不被泄露。

建议：在API请求中，使用哈希或加密方法包含用户ID。确保这些ID是唯一的，但不包含用户的敏感信息。

10. 持续的安全意识

技术和威胁都在不断变化，因此需要持续地关注和学习新的安全最佳实践。

建议：定期更新安全策略和实践，关注最新的技术和威胁，确保应用始终处于安全状态。

总结：随着AI技术在各个领域的广泛应用，确保其安全性和可靠性变得尤为重要。通过遵循上述安全最佳实践，可以有效地减少风险，提高服务的质量和用户满意度。

第2篇

应用场景分析

从 OpenAI API 的接口来看，虽然接口数量有限，但其应用场景却非常广泛。我们可以根据不同的需求调整输入参数，从而得到更优的结果，进一步增强或完善应用功能。这些应用场景包括智能问答、在线客服、教育辅导、编程助手、情感咨询、心理咨询、内容创作、旅行规划、法律咨询、多语言翻译、市场分析和文献检索等。

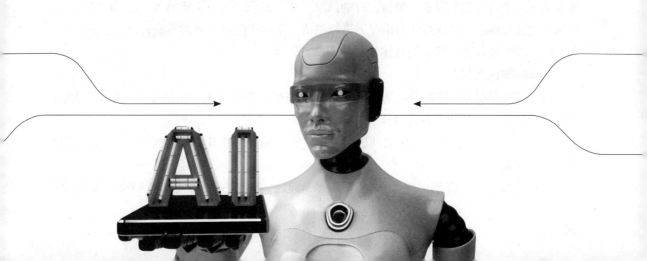

第3章　　智能问答

智能问答是指一种基于人工智能技术的自然语言处理应用，通过对用户提出的自然语言问题进行分析和理解，从知识库中获取相关的信息，最终给出准确的答案。智能问答系统的目标是让计算机像人类一样理解和处理自然语言，以实现更加智能化的交互体验。

3.1　智能问答功能介绍

要完成一个有效的智能问答功能，需要 AI 具有强大的自然语言处理能力、准确的理解能力、庞大的知识库，利用极高的性能，产出高质量的答案。

当 ChatGPT 接收到用户的问题后，它首先使用自然语言处理技术对问题进行解析，理解用户的意图，并提取问题中的关键信息。

接着，ChatGPT 会在其知识库中搜索相关的知识，包括文本、图像，甚至视频等多种形式的数据。它使用深度学习算法来评估这些知识和答案的相关性，并生成一个可能的答案。ChatGPT 还可以通过文本生成技术生成全新的回答，而不是简单地从其知识库中查找现有的答案。

ChatGPT 生成答案时，会根据先前的上下文和语法规则进行推理和预测。这种方式可以使 ChatGPT 产生更加人性化、自然的答案。例如，在回答一些复杂问题时，ChatGPT 可能需要在上下文中查找多个因素，包括已有的信息、相关知识、上下文语境等。ChatGPT 还可以识别问题的模糊之处并在可能的情况下进行澄清，从而产生更准确的答案。

ChatGPT 处理智能问答的具体步骤如图 3.1 所示。

具体步骤内容如下：

（1）文本预处理：输入的问题和上下文需要进行文本预处理，包括分词、去除停用词、词干化等操作，将其转换为符合模型输入要求的格式。

（2）模型输入：将预处理后的问题和上下文输入模型，模型会自动学习其中的语言规律和上下文关系。

（3）生成答案：模型根据输入的上下文和问题，生成一个答案。模型会根据先前的上下文和当前的问题，预测出下一个单词的概率分布，然后根据这个概率分布随机生成一个单词，并把生成的单词作为下一个单词的输入部分，逐步生成答案，直到生成停止符号。

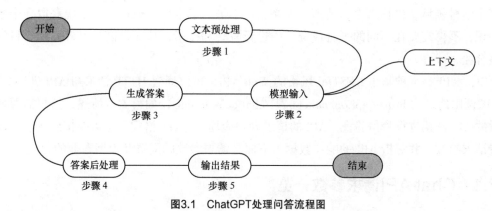

图3.1 ChatGPT处理问答流程图

（4）答案后处理：生成的答案可能包含一些语法和语义上的错误，需要进行后处理，例如去除重复的答案、纠正拼写错误等。

（5）输出结果：经过上述处理后，将最终的答案返回给用户。

注意：ChatGPT3.5的生成答案会根据先前的上下文来生成，因此在处理智能问答时需要考虑问题的上下文，从而提高模型的准确性。

智能问答系统有着非常广泛的应用场景，在智能客服、智能助手、语音识别等领域都有广泛应用。例如，智能问答系统可以用于客户服务中心，帮助用户解决常见问题，节省客服人员的时间和精力；也可以用于教育领域，帮助学生快速获取知识点的答案；还可以用于智能家居领域，帮助用户控制家庭设备，实现更加便捷的生活体验。

例如，一个学生利用智能问答学习历史知识，系统可以根据学生提出的问题，利用ChatGPT模型生成具体的历史知识答案，包括历史事件、历史人物、历史背景等；学生可以通过提问的方式询问关于历史的问题，例如"古希腊的民主制是什么样的？"或者"法国大革命发生在哪一年？"系统可以对历史知识答案进行详细解释，以帮助学生更好地理解历史事件的背景、原因和影响；系统可以根据需要，提供相关的历史资料、书籍或者文章的链接，供学生深入学习和查阅。

3.2 基于智能问答的参数分析及示例

下面我们利用OpenAI的Chat API来快速实现一个智能问答系统。

该系统提供便捷的知识获取途径。学生在学习历史、地理、天文、数学等学科时，常常需要查找大量的信息。传统的学习方式可能需要学生翻阅大量的书籍、资料或者上网搜索，但这样的方式耗时费力。而智能问答系统可以通过语音识别或者文字输入，迅速地回答学生的问题，提供便捷的知识获取途径，节省学生的学习时间和精力。智能问答系统可以涵盖多个学科领域，包括历史、地理、天文、数学等。学生可以通过一个系统获取多个学科的知识，不再需要在不同的平台或资源中进行跳转和搜索，从而提高学习效率和学科知识的整合性。

Chat API 是一种基于 RESTful 风格的 Web API，可以通过 HTTP 请求与 API 进行交互。API 的调用地址为 https://api.openai.com/v1/chat/completions，如第一章所述，这里需要使用有效的 API 密钥进行身份验证。API 的请求和响应均为 JSON 格式，也需要按照 API 的规范构造请求参数，并解析 API 的响应数据。下面是请求参数的配置及返回参数的含义。

3.2.1 Chat API请求参数一览

与前面的章节一样，这里使用 curl 来进行请求，利用 Chat API 获取世界杯相关信息，具体如下：

```
curl -X POST https://api.openai.com/v1/chat/completions \
-H "Authorization: Bearer YOUR_API_KEY" \
-H "Content-Type: application/json" \
-d '{
  "messages": [
    {"role": "system", "content": "你是一个智能问答小助手."},
    {"role": "user", "content": "请问谁获得了2018年足球世界杯比赛的冠军? "},
    {"role": "assistant", "content": "法国获得了2018年足球世界杯比赛的冠军。"},
    {"role": "user", "content": "在哪里举行的? "}
  ],
  "model": "gpt-3.5-turbo",
  "temperature": 0.8,
  "max_tokens": 100,
  "stop": ["assistant:"],
  "n": 1,
  "presence_penalty": 0.6,
  "frequency_penalty": 0.8,
  "logit_bias": {
  "user": 2.0
  }
}'
```

与 completions 的 API 一样，这里的请求也需要两个同样的 Header 参数：Authorization，Content-Type。

·Authorization：OpenAI 中所申请的 API key。格式为 Bearer + 一个半角的空格 +key。

·Content-Type：表示请求的数据格式，这里固定为"application/json"。

Chat API 请求体"-d"中的参数，如表 3.1 所示。

表 3.1　Chat API 的请求参数

参数名	说明	数据类型	例子
messages	对话消息	JSON 数组，每个消息包含 role 和 content 属性	[　{"role": "system", "content": "你是一个智能问答小助手 ."}, 　{"role": "user", "content": "请问谁获得了 2018 年足球世界杯比赛的冠军？ "}, 　{"role": "assistant", "content": " 法国获得了 2018 年足球世界杯比赛的冠军。"}, 　{"role": "user", "content": "在哪里举行的？ "}]
model	使用的模型	String	"gpt–3.5–turbo"
temperature	温度参数	Float，控制生成文本的多样性，越大越随机	0.8
max_tokens	最大生成长度	Integer，限制生成文本的最大长度	100
stop	停止词	String 数组，生成文本遇到停止词时停止	["assistant:"]
logprobs	控制是否返回生成文本的日志概率	Integer，通常为 0 或 1	1
top_p	控制生成文本的采样概率	Float，通常为 0 到 1 之间	0.5
n	生成文本数量	Integer，表示生成多少个回复	1
presence_penalty	存在性惩罚	Float，控制生成文本的多样性，越大越倾向于避免重复	0.6
frequency_penalty	频率惩罚	Float，控制生成文本的多样性，越大越倾向于避免频繁使用相同的词语	0.8
logit_bias	预测偏置	Dictionary，用于控制生成文本的倾向性	{"user": 2.0}

3.2.2　Message参数详解

下面首先详细说明最重要的请求参数 message 的作用。

messages：用于构建对话上下文的消息列表，每个消息对象包含 role（角色）和 content（内容）两个属性。role 可以是 "system" "user" 或 "assistant"，分别表示系统消息、用户消息和助理消息。content 包含实际的文本内容。通过设置不同的消息对象和顺序，可以构建对话的上下文。

·user：用户角色，用于表示用户输入的消息或指令。例如，用户可以通过用户角色的消息向模型提出问题、发出请求或者表达意愿。

·assistant：助手角色，表示模型针对 user 的问题进行回答或生成的文本。例如，模型通过助手角色的消息回应用户输入的问题，或者生成文本作为回复。

• system：系统角色，用于发送系统级别的指令或提示，可以控制模型的行为系统角色的消息对模型的生成文本具有全局的影响，通常放置在列表的开头。

例如，当 system 的 content 没有赋值的时候，请求 JSON 参数如下：

```
{
  "model": "gpt-3.5-turbo",
  "messages": [
    {"role": "user", "content": "请问谁获得了2019年男子足球世界杯比赛的冠军？"}
  ],
  "temperature": 0.2,
  "max_tokens": 1000,
  "top_p": 1,
  "frequency_penalty": 0.0,
  "presence_penalty": 0.0
}
```

返回结果：

```
{
    "id": "chatcmpl-76giJ2WLUyi6DsHDuA7aqE2J9dsLU",
    "object": "chat.completion",
    "created": 1681828515,
    "model": "gpt-3.5-turbo-0301",
    "usage": {
        "prompt_tokens": 51,
        "completion_tokens": 55,
        "total_tokens": 106
    },
    "choices": [
        {
            "message": {
                "role": "assistant",
                "content": "2019年没有足球世界杯比赛举办，最近一次举办的是2018年的俄罗斯世界杯，冠军是法国队。"
            },
            "finish_reason": "stop",
            "index": 0
        }
    ]
}
```

注意：由于 ChatGPT3.5 模型的知识截至 2021 年 9 月，最后的世界杯记录是 2018 年。

将这里 system 的 content 进行修改，更改为"你是历史发明家"，会得出截然不同的结果。

请求 JSON 参数如下：

```
{
  "model": "gpt-3.5-turbo",
```

```
"messages": [
    {"role": "system", "content": "你是历史发明家."},
    {"role": "user", "content": "请问谁获得了2019年男子足球世界杯比赛的冠军? "}

],
"temperature":  0.2,
"max_tokens": 1000,
"top_p": 1,
"frequency_penalty": 0.0,
"presence_penalty": 0.0

}
```

返回结果：

```
{
    "id": "chatcmpl-76gq7clAieGvf2exYFwhzwtQbueIi",
    "object": "chat.completion",
    "created": 1681828999,
    "model": "gpt-3.5-turbo-0301",
    "usage": {
        "prompt_tokens": 53,
        "completion_tokens": 26,
        "total_tokens": 79
    },
    "choices": [
        {
            "message": {
                "role": "assistant",
                "content": "2019年男子足球世界杯比赛的冠军是法国队。"
            },
            "finish_reason": "stop",
            "index": 0
        }
    ]
}
```

由此可见，为了提高答案的准确率，对 system 的 content 这个参数来说，最优选择是不进行赋值。因此，作为一个智能问答系统，为了减少回答失误，这里的 system 的 content 通常不进行设置。

3.2.3　其他请求参数解析及示例

（1）model：指定用于生成文本的模型名称或 ID。在此 API 中 model 智能填 "gpt-3.5-turbo"，这是一个 ChatGPT3.5 专用的模型名称，适用于多种对话式生成任务。

（2）temperature：控制生成文本的随机性。取值范围为大于 0 的实数，较高的值会使生成文本更加随机，较低的值会使生成文本更加一致。其取值范围为 0.1 到 2.0。下面根据实际例子，选择最优的取值范围。

当 temperature 设置为 0.2 时，请求的 JSON 参数如下：

```
{
  "model": "gpt-3.5-turbo",
  "messages": [
    {"role": "user", "content": "请问谁获得了2019年男子足球世界杯比赛的冠军？"}
  ],
  "temperature": 0.2,
  "max_tokens": 1000,
  "top_p": 1
}
```

无论请求多少次，返回结果都是一致的：

```
{
    "id": "chatcmpl-76hAIw1PVh9LyErwpQqYxghLgV7EX",
    "object": "chat.completion",
    "created": 1681830250,
    "model": "gpt-3.5-turbo-0301",
    "usage": {
        "prompt_tokens": 39,
        "completion_tokens": 52,
        "total_tokens": 91
    },
    "choices": [
        {
            "message": {
                "role": "assistant",
                "content": "2019年没有男子足球世界杯比赛，最近一次男子足球世界杯比赛是在2018年，法国队获得冠军。"
            },
            "finish_reason": "stop",
            "index": 0
        }
    ]
}
```

当 temperature 设置为 1.8 时，请求的 JSON 参数如下：

```
{
  "model": "gpt-3.5-turbo",
  "messages": [
    {"role": "user", "content": "请问谁获得了2019年男子足球世界杯比赛的冠军？"}
  ],
  "temperature": 1.8,
  "max_tokens": 1000,
  "top_p": 1
}
```

这里使用同一参数请求了三次，返回的结果分别是：

·2019 年没有举办男子足球世界杯比赛。世界杯是四年一届。

·2019 年没有男子足球世界杯比赛。女子足球世界杯在法国举办，冠军是美国女子足球队。

·法国队获得了 2019 年男子足球世界杯比赛的冠军。

从上面的结果可以看到，由于 temperature 设置值过高，返回的结果不稳定，甚至还有错误的结果返回，因此智能问答作为一个需要有准确答案返回的应用，应该减少随机性，将 temperature 设置为 0.2。

（3）max_tokens：设置生成文本的最大长度，以令牌（token）的数量为单位。取值范围为正整数，通常用于限制生成的文本长度，防止生成过长的文本。需要注意，较小的值可能导致生成的文本不完整或不合理，较大的值可能导致生成的文本过长。此处可根据具体需求来选择，通常设置为 1 000。

（4）stop：指定生成文本终止条件，当生成文本包含指定的字符串时，模型会停止生成。作为一个智能问答的应用，通常不需要进行设置，让 API 返回全部答案即可。

（5）logprobs：获取生成文本的概率分布信息，设置为 1 可以获得模型生成词汇的概率信息。取值为整型（1 或 0），默认为 0。因为此参数不影响返回的答案结果，通常取默认值 0 即可。

（6）top_p：限制模型选择词汇的概率分布的上限，从而控制生成文本的多样性。取值范围为 0 到 1 之间的实数，较小的值会使生成文本更加一致，较大的值会使生成文本更加多样化。典型的取值范围为 0.1 到 0.9，默认值为 1，为了保证智能问答的一致性，这个值和 temperature 不同时更改，因此，这里取默认值为 1 即可，具体如下：

```
{
  "model": "gpt-3.5-turbo",
  "messages": [
    {"role": "user", "content": "请问谁获得了2018年男子足球世界杯比赛的冠军? "}
  ],
  "temperature": 0.2,
  "max_tokens": 1000,
  "top_p": 1
}
```

（7）n：生成多个文本样本的数量，可以用于比较多个候选文本或增加生成文本的多样性。取值范围为正整数，默认为 1。作为智能问答应用，通常只需要返回一个最精确的答案，因此这里设置为 1，具体如下：

```
{
  "model": "gpt-3.5-turbo",
  "messages": [
    {"role": "user", "content": "请问谁获得了2018年男子足球世界杯比赛的冠军? "}
  ],
  "temperature": 0.2,
```

```
    "max_tokens": 1000,
    "top_p": 1,
    "n": 1
}
```

（8）presence_penalty：控制生成文本中重复词汇的惩罚力度，取值范围为大于等于0的浮点数，较大的值会使生成文本尽量避免重复，默认值为0。作为智能问答，此值取默认值0即可。

（9）frequency_penalty：控制生成文本中频繁词汇的惩罚力度，取值范围为大于等于0的浮点数，较大的值会使生成文本尽量避免使用频繁出现的词汇。典型的取值范围为0到1，默认值为0。作为智能问答，此处取默认值0即可。

（10）logit_bias：设置用于调整词汇选择偏好的偏置值，可以通过为特定词汇设置偏置值来引导模型生成更加符合预期的文本。这是一个字典类型的参数，可以包含多个词汇和对应的偏置值。作为智能回答，不必设置此值。

3.2.4　返回参数说明

OpenAI 的 Chat API 返回参数如表 3.2 所示。

表 3.2　Chat API 的返回参数说明

参数名	说明	取值范围	例子
id	API 请求的 ID	字符串	"chatcmpl-6p9XYPYSTTRi0x EviKjjilqrWU2Ve"
object	返回的对象类型	字符串	"chat.completion"
created	API 请求的创建时间	整数	1677649420
model	使用的模型 ID	字符串	"gpt-3.5-turbo"
choices	模型生成的选择列表	列表	详见例子
id	API 请求的 ID	字符串	"chatcmpl-6p9XYPYSTTRi0x EviKjjilqrWU2Ve"
object	返回的对象类型	字符串	"chat.completion"
created	API 请求的创建时间	整数	1677649420
model	使用的模型 ID	字符串	"gpt-3.5-turbo"
choices	模型生成的选择列表	列表	详见例子
id	API 请求的 ID	字符串	"chatcmpl-6p9XYPYSTTRi0x EviKjjilqrWU2Ve"
usage	API 请求的资源使用情况	字典	详见例子

表 3.2 中 choices 参数的每个元素包含以下参数，如表 3.3 所示。

表 3.3 choices 列表参数

参数名	说明	取值范围	例子
message	消息对象	字典	详见例子
finish_reason	模型生成文本的结束原因	字符串	"stop"
index	生成文本在消息列表中的索引	整数	0
model	使用的模型 ID	字符串	"gpt-3.5-turbo"
text	模型生成的文本	字符串	"Hello, how are you?"

choices 列表中 message 的参数如表 3.4 所示。

表 3.4 choices 中的 message 列表参数

参数名	说明	取值范围	例子
role	消息的角色	字符串	"system", "user", "assistant"
content	消息的内容	字符串	"You are a helpful assistant."

其返回参数表中 usage 参数的每个元素包含以下参数，如表 3.5 所示。

表 3.5 choices 中的 usage 列表参数

参数名	说明	取值范围	例子
prompt_tokens	使用的 prompt 文本的令牌数量	整数	56
completion_tokens	生成的 completion 文本的令牌数量	整数	31
total_tokens	总共使用的令牌数量	整数	87

3.2.5 调用Chat API生成智能问答的最优参数验证

根据上述章节的调试，得出一个调用 Chat API 生成智能问答的最优请求参数，具体如下：

```
{
  "model": "gpt-3.5-turbo",
  "messages": [
    {"role": "user", "content": "请评价一下第二次世界大战对世界格局的影响"}
  ],
  "temperature": 0.2,
  "max_tokens": 1000,
  "top_p": 1,
  "n": 1
}
```

返回结果如下：

```
{
  "id": "chatcmpl-7748aHuyHrZwEVEoPZOoIhevoVS5n",
  "object": "chat.completion",
```

```
    "created": 1681918556,
    "model": "gpt-3.5-turbo-0301",
    "usage": {
        "prompt_tokens": 32,
        "completion_tokens": 435,
        "total_tokens": 467
    },
    "choices": [
        {
            "message": {
                "role": "assistant",
                "content": "第二次世界大战对世界格局的影响是深远的，它改变了世界政治、经济、文化和军
事格局，对世界产生了长期的影响。\n\n首先，第二次世界大战结束了欧洲的霸权地位，美国和苏联成了两个超级大
国。这导致冷战爆发，世界分为两个阵营，东西方对峙，直到苏联解体。\n\n其次，第二次世界大战结束了殖民主
义的时代，许多国家获得了独立。这导致了世界政治格局的变化，新兴国家开始在国际事务中发挥更加重要的作用。
\n\n再次，第二次世界大战加速了科技和工业的发展，推动了全球化的进程。这导致了世界经济格局的变化，国际贸
易和投资的规模和速度都大大增加。\n\n最后，第二次世界大战对文化和社会的影响也是深远的。它导致了许多社会
和文化的变革，包括女性权利、种族平等和人权等方面的进步。\n\n总之，第二次世界大战对世界格局的影响是多方
面的，它改变了世界的政治、经济、文化和军事格局，对世界产生了长期的影响。"
            },
            "finish_reason": "stop",
            "index": 0
        }
    ]
}
```

从结果来看，准确性是非常高的，因此这些参数将作为最优配置，去调用 Chat API，完成智能问答功能。

3.3　使用node.js完成智能问答示例

下面我们利用 3.2 节调试出的参数，使用 node.js 来调用 Chat API 实现智能问答的功能。

为了使读者更清晰地了解怎么调用 Chat API 生成一个智能问答系统，这里采用了基于 node.js 的 Visual Studio Code 的极简代码的方式进行示例。

使用 Visual Studio Code 来对接 Chat API 的具体流程如图 3.2 所示。

序列图解释如下：

（1）输入问题：用户在 UI 界面输入其需要回答的问题。

（2）调用 Chat API：前端直接传入参数，调用 Chat API 服务。

（3）用户身份校验：OpenAI 服务器利用调用者提供的 key，校验用户身份。

（4）获取问题的答案：OpenAI 服务器生成问题的答案。

（5）返回答案：前端 UI 获取 Chat API 的相应结果。

（6）处理答案：前端 UI 根据需要对答案进行处理。

（7）展示答案：前端 UI 将处理后的答案展示给用户。

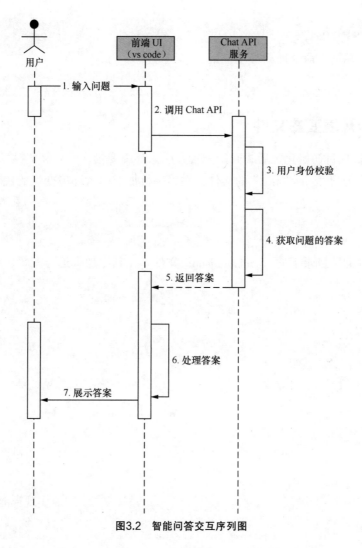

图3.2　智能问答交互序列图

下面是利用 Visual Studio Code 调用 Chat API 实现智能问答的步骤。

3.3.1　初始化node.js项目

首先，打开 VS Code，新建项目。项目建好后，在主菜单选择 "Terminal"，打开终端，输入命令：

```
npm init -y
```

注意：此命令会将项目初始化，生成项目所需的文件夹和模块。

然后，在项目初始化后，新建 ".evn" 文件，作为环境变量文件，evn 文件里输入申请 OpenAI API 时获得的 key，如下：

```
API_KEY=sk-XWre0xkvyusgJHqODU8LQIE5bkFJxrlT1A9zR3276FRSH0WA
```

最后，在终端输入命令加载环境变量：

```
npm i dotenv openai
```

3.3.2 引入环境变量文件

完成 node.js 项目初始化之后，开始配置并引入环境变量。

首先，新建名为"question.js"的文件，在第一行加上引入环境变量的代码，具体如下：

```
import { config } from "dotenv"      //引入配置环境变量组件
config()                             //进行环境变量配置
console.log(process.env.API_KEY)
```

然后，打开同一目录下的"package.json"文件，在其中加入运行配置，代码结果如下：

```
{
  "name": "vs",
  "version": "1.0.0",
  "description": "",
  "type": "module",
  "main": "index.js",
  "scripts": {
    "dev": "node question.js"
  },
  "keywords": [],
  "author": "",
  "license": "ISC",
  "dependencies": {
    "dotenv": "^16.0.3",
    "openai": "^3.2.1"
  }
}
```

最后，在完成上面的配置修改后，打开终端，输入 npm run dev 并回车，可以看到引入环境变量成功，输出结果如下：

```
sk-XWre0xkvyusgJHqODU8LQIE5bkFJxrlT1A9zR3276FRSH0WA
```

3.3.3 调用Chat API接口

由于 node.js 的 OpenAI 组件可以直接调用 Chat API 的接口，因此引入 OpenAI 组件即可省去很多步骤。

首先，在代码中加上引入 OpenAI 组件中的 Configuration、OpenAIApi 两个类，具体如下：

```
import { Configuration, OpenAIApi } from "openai"
```

　　然后，引入上述两个类之后，在其后定义接口及接口配置，其中的请求参数具体赋值按照上一节所述写入，代码如下：

```
const res = await openai
    .createChatCompletion({
        //请求参数
        model: "gpt-3.5-turbo",
        messages: [{ role: "user", content: input }],
        temperature: 0.2,
        max_tokens: 1000,
        top_p: 1,
        n: 1,
    }
    )
```

3.3.4　增加输入输出命令行

　　在完成了接口及其配置的代码之后，需要对问题的输入与答案输出进行处理。这是一个轻量级代码的极简示例，因而我们使用简洁的 readline 组件作为输入输出介质。

　　首先，定义输入输出的代码如下：

```
import readline from "readline"    //引入readline组件的readline类
//定义输入输出界面
const userInterface = readline.createInterface({
    input: process.stdin,
    output: process.stdout
})
```

　　然后，对调用 OpenAI 的类的方法进行改造，使其将问题内容作为输入，Chat API 返回的答案作为输出，具体代码如下：

```
//调用openai组件，发送请求
userInterface.on("line", async input => {
    const res = await openai
        .createChatCompletion({
            //请求参数
            model: "gpt-3.5-turbo",
            messages: [{ role: "user", content: input }],
            temperature: 0.2,
            max_tokens: 1000,
            top_p: 1,
            n: 1,
        }
        )
    console.log(res.data.choices[0].message.content)
    userInterface.prompt()
})
```

3.3.5　完整代码

至此，我们的极简智能问答功能已经完成。总代码清单包括以下文件。

·.env 文件：该文件通常用于存储应用程序的环境变量，这些变量可以包含敏感的配置信息，如数据库连接字符串、API 密钥、密码等。环境变量可以在应用程序的不同部分之间共享，并且可以在运行时根据不同的环境进行配置，这个例子里存储了 key 的值。

·package-lock.json 文件：该文件是项目中的一个自动生成的文件，用于管理项目的依赖关系和版本信息。它主要用于锁定依赖版本、提高项目的构建速度、确保依赖的完整性、版本控制中的共享和协作。文件通常由npm在安装依赖时自动生成和更新，无须手动编辑。

·package.json 文件：该文件在项目中起着非常重要的作用，它用于管理项目的元数据、依赖关系、脚本和其他配置信息，帮助开发者更好地组织和管理项目，并与其他开发者共享和协作。

·question.js 文件：主要代码执行的 js 文件，此系统的功能性代码在这里实现。

·workspace.code-workspace 文件：该文件在 node.js 中用于定义工作区的配置信息，包括项目管理、编辑器布局、首选项设置等，帮助开发者更好地组织和管理项目，并在团队协作中提供一致的开发环境。

·node_modules 文件夹：此文件夹是在 node.js 项目中用于存储第三方依赖模块的文件夹。当你在 node.js 项目中使用npm或者yarn等包管理工具安装依赖时，这些依赖模块会被下载并存放在 node_modules 文件夹中。通常来说，此文件夹由项目自动产生及维护，无须人工干预。

这里需要手动添加或修改的代码有三个文件：question.js、package.json、.evn，其余文件均使用初始化（前面输入的"npm init –y"命令）后生成的文件即可。

question.js 代码如下：

```
import { config } from "dotenv"
import { Configuration, OpenAIApi } from "openai"
import readline from "readline"
//读取配置文件中的key
const openai = new OpenAIApi(
    new Configuration({
        apiKey: process.env.API_KEY,
    })
)

//定义输入输出界面
const userInterface = readline.createInterface({
    input: process.stdin,
    output: process.stdout
})
```

```
userInterface.prompt()

//调用openai组件，发送请求
userInterface.on("line", async input => {
    const res = await openai
        .createChatCompletion({
            //请求参数
            model: "gpt-3.5-turbo",
            messages: [{ role: "user", content: input }],
            temperature: 0.2,
            max_tokens: 1000,
            top_p: 1,
            n: 1,
        }
        )
    console.log(res.data.choices[0].message.content)
    userInterface.prompt()
})
```

package.json 代码如下：

```
{
  "name": "vs",
  "version": "1.0.0",
  "description": "",
  "type": "module",
  "main": "index.js",
  "scripts": {
    "dev": "node question.js"   //手动修改此行
  },
  "keywords": [],
  "author": "",
  "license": "ISC",
  "dependencies": {
    "dotenv": "^16.0.3",
    "openai": "^3.2.1"
  }
}
```

.evn 文件内容如下：

```
API_KEY=sk-XWre0xkvyusgJHqODU8LQIE5bkFJxrlT1A9zR3276FRSH0WA
```

3.3.6　功能展示

单击 Terminal 菜单，选择"New Terminal"子菜单，输入命令运行代码，命令如下：

```
npm run dev
```

命令运行成功后，在其光标处输入用户所要提的问题，按下回车，则返回所提问题的
回答，具体返回的时间根据问题的难易程度有所不同，通常在 2 秒到 30 秒之间。

下面通过几个问题来展示智能问答的功能。

1. 简单问题

> 请问第一次世界大战的导火线是什么?

系统展示的答案如下:

> 第一次世界大战的导火线是1914年6月28日,奥匈帝国的继承人弗朗茨·费迪南德在波黑首都萨拉热窝遭到塞尔维亚民族主义者刺杀。这一事件引发了一系列外交危机和军事行动,最终导致了全面战争爆发。

2. 开放性问题

请简单论述一下火星探索的意义。

系统展示的答案如下:

火星探索的意义主要包括以下几个方面:
科学研究:火星是地球之外最接近的类地行星,通过对火星的探测可以深入了解行星的形成、演化、气候变化等科学问题,从而增加对行星科学的认识,推动行星科学的发展。
搜索生命:火星可能曾经有液态水,探测火星有助于寻找外星生命的证据,从而回答人类关于生命起源和存在的问题,对生命学和宇宙生物学研究具有重要意义。
技术创新:火星探测需要先进的航天技术和装备,推动了航天技术的发展和应用,带动了相关领域的技术创新,促进科技进步。
资源利用:火星可能蕴藏着丰富的资源,如水、气体、土壤和矿物等。探测和利用这些资源有望减轻对地球资源的依赖,推动人类向外层空间扩展和未来经济活动的发展。
人类定居外层空间:探索火星为人类在外层空间定居和生存提供了基础数据,有助于实现人类多星球居住的梦想,提高人类的生存可持续性和发展空间。
国际合作与文化交流:火星探测是一个涉及多国合作的全球性科学项目,促进了不同国家之间的合作与交流,推动了科技领域的国际合作,促进了人类文明的进步与交流。
总的来说,火星探索对于推动科学研究、技术创新、资源利用、人类定居外层空间等方面具有重要意义,对人类文明和未来的发展具有深远的影响。

3. 数学问题解答

农场里有一共有36个头、94只脚的鸡兔共同生活在同一个笼子里。请问,这个笼子里分别有多少只鸡和兔?

系统展示的答案如下:

设鸡的数量为x只,兔的数量为y只。
根据题目中的条件,总头数为36个,总脚数为94只。
由于每只鸡有1个头和2只脚,每只兔有1个头和4只脚,可以得到以下两个方程:
x + y = 36(总头数为36个)
2x + 4y = 94(总脚数为94只)
现在可以解这个方程组,求得鸡和兔的数量。
通过第一个方程x + y = 36,可以得到x = 36 − y。
将x = 36 − y代入第二个方程2x + 4y = 94,得到2(36 − y) + 4y = 94。
化简得72 − 2y + 4y = 94,合并同类项得2y = 22,解得y = 11。
再将y = 11代入x = 36 − y,得到x = 36 − 11 = 25。
所以,这个笼子里有25只鸡和11只兔。

第4章   在线客服

在线客服是一种通过互联网平台提供客户支持和服务的方式。它可以通过多种渠道进行，如网站、社交媒体、电子邮件或专用应用。

使用 ChatGPT 实现在线客服主要涉及将 GPT 模型集成到客户服务平台上，自动处理常见的客户问题或请求。我们可以通过 OpenAI 的 GPT API 来实现，API 能够接收用户问题并生成相应的回答或操作指导。这样，企业可以提供更快速、更高效的客户服务，同时减少人工客服的工作负担。

4.1   ChatGPT在在线客户服务中的应用

ChatGPT 是一款强大的人工智能聊天模型，能理解和生成接近人类级别的文本，这使得它在线客户服务中具有巨大的应用潜力。

ChatGPT 的一大优点在于它能理解和回应大量不同的用户查询。无论是简单的产品查询，还是更复杂的技术问题，ChatGPT 都能通过生成自然且准确的文本进行处理。这种处理能力使 ChatGPT 成为一个理想的在线客户服务工具，它能够提供实时的反馈，有效解答用户的问题，同时节省人力资源。

在实践中，ChatGPT 的运用方式极其灵活。你可以将其设置为纯粹的信息查询工具，用户可以询问相关的产品或服务信息，如产品特性、价格、促销活动等，ChatGPT 可以为他们提供准确的信息。此外，你也可以将 ChatGPT 设置为一种问题解决工具，当用户遇到关于产品或服务的问题时，ChatGPT 可以提供相应的解决方案或者引导用户进行问题排查。这种情况下，ChatGPT 的作用可以延伸到一线技术支持，它能够提供一些基础的故障排查步骤，帮助用户解决一些常见的技术问题。

此外，ChatGPT 也可以在客户关系管理中发挥作用。例如，它可以根据客户的购买历史和偏好为客户推荐产品或服务，提供个性化的购物体验。同时，ChatGPT 可以作为一个反馈收集工具，帮助企业收集客户的反馈和建议，以便企业不断改进产品和服务。

要让 ChatGPT 发挥出这些功能，关键在于正确设置模型的参数，特别是"system"消息和 API 请求的参数。"system"消息允许你为 ChatGPT 设定角色和任务，以便让模型知道如何响应用户的输入。例如，你可以设置"system"消息让 ChatGPT 扮演一个产品专家的角色，为用户提供详尽的产品信息。同时，通过调整 API 请求的参数，你可以进一步定制 ChatGPT 的行为，例如控制回复的长度、调整回复的随机性等。

ChatGPT 的在线客户服务应用是多元化且强大的。通过充分利用和优化 ChatGPT，企业可以提供高质量且高效率的在线客户服务，无论是处理客户查询、提供技术支持，还是进行客户关系管理，ChatGPT 都能够提供卓越的支持。

4.2 基于在线客户服务的优化

为了更好地进行在线客户服务并满足用户的实际需求，我们需要对客户的提问内容进行细致的优化。这种优化不仅可以提高客户的满意度，还可以使我们的服务更加高效和准确。具体的优化措施包括：设定 system 消息，对 ChatGPT 的 system 消息进行更准确的描述；调整用户输入，对用户的输入进行智能提示或自动纠正；调整 API 参数，优化查询速度、增加新的功能参数、调整数据返回格式等。

4.2.1 设定system消息

system 消息是对 ChatGPT 的一种指示，它告诉 ChatGPT 需要在某个特定的角色或环境下运行。这个消息不仅设置了模型的角色，而且还可以影响其生成的响应。

例如，我们希望 ChatGPT 扮演一个知识渊博的营销助手。为了实现这一点，我们首先设定 system 消息如下：

```
{
  "role": "system",
  "content": "你是一个知识渊博的营销助手。"
}
```

然后，我们可以通过用户角色向 ChatGPT 提出一个问题，比如询问如何优化营销策略：

```
{
  "role": "user",
  "content": "我应该如何优化我的营销策略？"
}
```

我们将这两个消息一起作为请求体发送给 OpenAI API。完整的 JSON 请求体如下：

```
{
  "messages": [
    {
      "role": "system",
```

```
      "content": "你是一个知识渊博的营销助手。"
    },
    {
      "role": "user",
      "content": "我应该如何优化我的营销策略？"
    }
  ]
}
```

提交这个请求后，我们可以得到一个 API 响应。假设响应是这样的：

```
{
  "id": "cmpl-3pskW3H05zNkjz7uXEfF6XbwRvWvt",
  "object": "chat.completion",
  "created": 1677649420,
  "model": "gpt-3.5-turbo",
  "usage": {
    "prompt_tokens": 18,
    "completion_tokens": 78,
    "total_tokens": 96
  },
  "choices": [
    {
      "message": {
        "role": "assistant",
        "content": "首先，您需要明确您的目标受众，并了解他们的需求和喜好。其次，您应优化产品或服务以
满足这些需求。最后，通过有效的营销渠道，如社交媒体和电子邮件，传达您的品牌价值。同时，定期检查和调整您
的营销策略也是必要的。"
      },
      "finish_reason": "stop",
      "index": 0
    }
  ]
}
```

为了让 ChatGPT 的回答更具专业性和针对性，我们可以尝试优化 system 消息，将其改为：

```
{
  "role": "system",
  "content": "你是一个知识渊博的营销助手，专门提供关于市场营销策略的专业建议。"
}
```

最后，我们再次向 ChatGPT 提出同样的问题，提交给 OpenAI API。这次，假设我们收到的 API 响应如下：

```
{
  "id": "cmpl-3pslTWHC3TG4WcX6HV6DZz3EZvpOs",
  "object": "chat.completion",
  "created": 1677649550,
  "model": "gpt-3.5-turbo",
  "usage": {
    "prompt_tokens": 18,
```

```
    "completion_tokens": 134,
    "total_tokens": 152
  },
  "choices": [
    {
      "message": {
        "role": "assistant",
        "content": "优化营销策略首先需要明确您的目标受众和他们的需求。通过市场调查和用户反馈，了解他们的消费习惯和喜好。根据这些信息，确定产品定位和品牌信息。其次，制定一套全面的营销策略，包括产品促销、公关活动、社交媒体营销、内容营销、SEO优化等。每种策略都应根据目标受众进行定制。最后，定期检查和调整您的营销策略。根据销售数据和用户反馈，持续优化您的策略，确保它们与市场变化同步。"
      },
      "finish_reason": "stop",
      "index": 0
    }
  ]
}
```

从上述两个例子可以看出，通过调整 system 消息，我们可以影响 ChatGPT 的回答，使其更能满足需求。

4.2.2 调整用户输入

在设定用户输入的过程中，我们将探索两个不同的用户输入例子，然后通过 Postman 进行 API 调用，从返回结果中我们可以发现 ChatGPT 如何对不同的用户输入有不同的反应。

1. 例子 1：基本的营销问题

在第一个例子中，我们假设 ChatGPT 扮演一个知识渊博的营销助手的角色，用户需要其提供一些关于市场营销策略的专业建议。我们首先设定系统的消息如下：

```
{
  "role": "system",
  "content": "你是一个知识渊博的营销助手，专门提供关于市场营销策略的专业建议。"
}
```

其次，我们设定用户的问题为一个比较基础的市场营销问题：

```
{
  "role": "user",
  "content": "我想提高我的产品销售量，你有什么好的市场营销策略建议吗？"
}
```

我们进行 API 调用后，返回的结果可能如下：

```
{
  "id": "cmpl-3c0hT1Q5Vg6pe3Sh5tVKgGKUHhl9y",
  "object": "chat.completion",
  "created": 1649393289,
  "model": "gpt-4",
  "usage": {
```

```
    "prompt_tokens": 36,
    "completion_tokens": 103,
    "total_tokens": 139
  },
  "choices": [
    {
      "message": {
        "role": "assistant",
        "content": "有几种方法可以帮助提高产品的销售量。首先，了解你的目标客户是谁，他们的需求和期望是什么，可以帮助你更准确地推广你的产品。其次，提高产品质量和服务质量，确保你的产品满足客户的需求。你也可以考虑使用各种营销策略，如价格策略、促销活动、广告和公关等。同时，了解竞争对手的策略和产品也非常重要，这可以帮助你找到市场的空白点，进一步提高销售。"
      },
      "finish_reason": "stop",
      "index": 0
    }
  ]
}
```

在这个例子中，用户的问题虽然是一个有效的问题，但是由于缺乏具体的上下文信息，ChatGPT 只能给出一些基本且通用的市场营销建议，如提高产品质量、进行市场研究等。

2. 例子 2：具有上下文信息的营销问题

我们再以市场营销助手的角色为例，做第二个更具有上下文信息的用户输入。在这个例子中，我们假设用户正在运营一家面向中小企业的 SaaS(Software as a Service，软件即服务)公司，想要了解如何通过 SEO(Search Engine Optimization，搜索引擎优化)策略提升其产品的在线可见度。

我们设定的系统消息与第一个例子相同，而用户输入如下：

```
{
  "role": "user",
  "content": "我正在运营一家面向中小企业的SaaS公司，我们的产品主要是帮助企业更有效地管理和分析他们的销售数据。我想了解一下，如何通过SEO策略来提升我们产品的在线可见度？"
}
```

我们进行 API 调用后，返回的结果可能如下：

```
{
  "id": "cmpl-3c0hT1Q5Vg6pe3Sh5tVKgGKUHhl9y",
  "object": "chat.completion",
  "created": 1649393289,
  "model": "gpt-4",
  "usage": {
    "prompt_tokens": 53,
    "completion_tokens": 163,
    "total_tokens": 216
  },
  "choices": [
    {
```

```
    "message": {
      "role": "assistant",
      "content": "搜索引擎优化（SEO）是提高你的产品在线可见度的重要方式。为了让你的产品在搜索引擎
中获得更好的排名，你可以采取以下一些策略：\n1. 优化你的网站结构和内容，使其更符合搜索引擎的优化要
求。\n2. 使用关键词研究工具，找出与你的产品和服务相关的关键词，然后将这些关键词合理地分布在你的网站内
容中。\n3. 建立高质量的反向链接。这可以通过创建吸引人的内容，参与行业论坛和博客，或者与相关网站建立合
作关系来实现。\n4. 提供高质量的用户体验。这包括提供快速的页面加载速度，易于导航的网站结构，和对手机友
好的网页设计。\n5. 保持内容定期更新。搜索引擎通常会优先考虑那些定期更新和提供新内容的网站。\n\n这些只
是基本的SEO策略，对于具体实施，你可能需要进行更深入的研究或者寻找专业的SEO服务提供商来帮助你。"
    },
    "finish_reason": "stop",
    "index": 0
  }
 ]
}
```

在这个例子中，用户的问题不仅明确了要求（提升产品的在线可见度），还提供了充足的上下文信息（运营一家面向中小企业的 SaaS 公司，产品的具体功能）。这样的用户输入设定能够有效地引导模型，使其能够提供具有实用性和可操作性的建议，从而最大限度地提升在线客户服务的效果。从返回的结果来看，ChatGPT 能够提供非常有针对性且实用的 SEO 策略建议。

通过比较这两个例子，我们可以看出，虽然在两个例子中 ChatGPT 都扮演着同样的角色（知识渊博的营销助手），但是由于用户输入的问题不同，ChatGPT 给出的回答也会有所不同。在例子 1 中，由于用户输入的问题较为宽泛，缺乏具体的上下文信息，因此 ChatGPT 只能给出一些较为通用的策略建议。而在例子 2 中，由于用户输入的问题更具体，包含了更多的上下文信息，ChatGPT 则能够给出更具有针对性和深度的策略建议。

这些例子显示，我们可以通过优化用户输入来改善 ChatGPT 的输出，使其更适合在在线客户服务中使用。更具体的问题和更充足的上下文信息能够使 ChatGPT 提供更具针对性和深度的建议，从而提升在线客户服务的效果。

4.2.3　调整API参数

在调用 OpenAI 的 API 时，我们可以通过调整 API 参数来优化 ChatGPT 的行为。这些参数包括但不限于：temperature、max_tokens 等。

temperature 参数是一个介于 0 和 1 之间的值，它影响了模型的输出随机性。较高的温度值（接近 1）会使模型的回答更加多样化，但可能带来一些无法预知的回答。而较低的温度值（接近 0）则会使模型的回答更加一致，但可能缺乏创造性。所以，我们需要根据特定的应用需求来调整这个参数。

max_tokens 参数可以用来限制模型输出的最大长度。这是一个整数，表示模型生成的文本中的最大令牌数。在某些情况下，我们可能希望限制模型的输出长度，以避免生成过长的文本。

接下来，我们以调整 temperature 参数为例，看看如何优化 ChatGPT 的行为。假设我们在之前的 system 消息的基础上，向 ChatGPT 提出了如下的问题：

```
{
  "role": "user",
  "content": "你知道如何提升网站的SEO吗？"
}
```

为了让模型的回答更加一致，我们把 temperature 参数设为 0.2，并将这个参数添加到我们的 API 请求中：

```
{
  "messages": [
    {
      "role": "system",
      "content": "你是一个知识渊博的营销助手，专门提供关于市场营销策略的专业建议。"
    },
    {
      "role": "user",
      "content": "你知道如何提升网站的SEO吗？"
    }
  ],
  "temperature": 0.2
}
```

提交这个请求后，我们可以得到一个 API 响应。假设响应是这样的：

```
{
  "id": "cmpl-3psmLWHC5vG6WcX6LZ5DZv3fZvpUs",
  "object": "chat.completion",
  "created": 1677649680,
  "model": "gpt-3.5-turbo",
  "usage": {
    "prompt_tokens": 20,
    "completion_tokens": 78,
    "total_tokens": 98
  },
  "choices": [
    {
      "message": {
        "role": "assistant",
        "content": "提升网站的SEO主要有以下几个方法：1. 优化页面标题和描述，使其包含关键词。2. 提供高质量的内容，定期更新。3. 确保网站的加载速度快，用户体验好。4. 使用结构化数据帮助搜索引擎理解您的网页。5. 建立内链和外链，提高网站的权威性。6. 适配移动设备，提高移动用户的访问体验。"
      },
      "finish_reason": "stop",
      "index": 0
    }
  ]
}
```

通过调整 API 参数，我们可以看到 ChatGPT 的回答变得更加一致和准确。

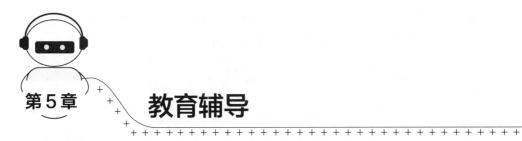

第5章　　教育辅导

教育辅导是一种教育支持服务，旨在通过个性化的指导和资源来帮助学生提高学术表现或解决特定的学习难题。

使用 ChatGPT 的 API 实现教育辅导通常涉及将该模型集成到教育平台或应用中。通过 API，ChatGPT 可以自动回答学生的问题、提供学习建议或者批改作业。这样，教育机构或教师可以提供更个性化、更高效的辅导服务，同时也能更好地扩展他们的教育资源和覆盖面。

5.1　ChatGPT在教育辅导中的应用

ChatGPT 是一款强大的语言处理工具，具备理解和生成语言的能力，这使得它在教育辅导中的应用广泛且深入。

学术问题解答：学生在学习过程中常常会遇到难以理解的问题。这时，他们可以向 ChatGPT 提问，得到详细的、易于理解的答案。无论是数学问题的求解、科学概念的解释，还是文学作品的分析，ChatGPT 都能提供专业且深入的回答。

模拟面试：对于准备面试的学生来说，ChatGPT 能够模拟面试场景，提供有益的实践。它可以扮演面试官的角色，提出各种面试问题，甚至根据学生的回答提供反馈和建议，帮助他们改善面试技巧。

写作辅导：ChatGPT 可以帮助学生提高他们的写作技巧。比如，学生可以提交一篇文章草稿，ChatGPT 能提供改进的建议，检查语法和拼写错误，甚至提供结构优化的建议。此外，对于缺乏灵感的学生，ChatGPT 也可以提供创作提示，帮助他们激发创新思维。

课堂辅导：对于教师来说，ChatGPT 也是一个有用的工具。它可以帮助教师设计和评估作业，为学生提供个性化的学习资源，甚至可以用于模拟讨论，增强课堂的互动性。

自我学习：学生可以使用 ChatGPT 进行自我学习，通过向模型提问来探索新知识，或者利用模型来复习和巩固已学知识。ChatGPT 凭借其强大的知识库，为学生提供了一个随时可用的学习伙伴。

ChatGPT 在教育辅导中的应用不仅提升了学习的效率和质量,而且开辟了一种新颖和有趣的学习方式。通过与 ChatGPT 的交互,学生可以更深入地理解学习内容,同时也能提升他们的批判性思维和创新能力。

5.2 基于教育辅导的优化

为了提升教育辅导的品质,我们将会深入优化请求接口的内容。这样的调整不仅有助于增强客户的满足感,还能确保我们的服务更为迅速和精确。我们需要对 ChatGPT 的 system 消息进行更为精确的描述,同时为用户的输入提供智能化的建议或进行自动修正,并对 API 进行相关调整,如提升查询速度、引入新的功能参数,以及优化返回数据的格式。

5.2.1 设定system消息

通过设定恰当的 system 消息,我们可以让 ChatGPT 表现出更具指导性的辅导能力。

1. 示例1:数学导师

首先,如果我们想让 ChatGPT 模型扮演一位专业的数学导师,解答关于解决二次方程的问题,我们可以设定一个 system 消息,如下:

```
{
  "role": "system",
  "content": "你是一位专业的数学导师,专门解答关于解决二次方程的问题。"
}
```

其次,我们可以通过"用户"角色向 ChatGPT 提出问题,如:"我应该如何解决 $2x^2 - 5x + 3 = 0$ 这个二次方程?"

```
{
  "role": "user",
  "content": "我应该如何解决2x^2 - 5x + 3 = 0这个二次方程? "
}
```

将这两个消息一起作为请求体发送给 OpenAI API:

```
{
  "model": "gpt-4.0-turbo",
  "messages": [
    {
      "role": "system",
      "content": "你是一位专业的数学导师,专门解答关于解决二次方程的问题。"
    },
    {
      "role": "user",
      "content": "我应该如何解决2x^2 - 5x + 3 = 0这个二次方程? "
    }
```

```
  ]
}
```

接收这个请求后，模型会以数学导师的身份生成一个响应。例如，可能会做出以下的回应：

```
{
  "id": "cmpl-4wxfFJD3Q9Wpq7djLmxC8iXVJRVGd",
  "object": "chat.completion",
  "created": 1677649950,
  "model": "gpt-4.0-turbo",
  "usage": {
    "prompt_tokens": 26,
    "completion_tokens": 95,
    "total_tokens": 121
  },
  "choices": [
    {
      "message": {
        "role": "assistant",
        "content": "解决2x^2 - 5x + 3 = 0这个二次方程，我们可以使用二次公式。二次公式是：x = [
-b±sqrt(b^2 - 4ac)] / 2a。\n首先，在这个例子中，a=2, b=-5, c=3。首先，我们计算b^2 - 4ac = (-5)^2 -
4*2*3 = 25 - 24 = 1。\n然后，我们计算sqrt(b^2 - 4ac) = sqrt(1) = 1。\n最后，我们代入二次公式，
得到x = [ -(-5) ±1 ] / 2*2 = [5±1] / 4。\n所以，这个方程的解是x1 = 6 / 4 = 1.5和x2 = 4 / 4 = 1。"
      },
      "finish_reason": "stop",
      "index": 0
    }
  ]
}
```

2. 示例2：英语老师

此外，我们还可以让 ChatGPT 模型扮演一位英语老师，帮助用户改正他们的作文。例如，首先，我们可以设定以下 system 消息：

```
{
  "role": "system",
  "content": "你是一位英语教师，专门帮助学生修改他们的英语作文。"
}
```

然后，我们可以通过"用户"角色向 ChatGPT 提交一段需要修改的英语作文：

```
{
  "role": "user",
  "content": "I doesn't likes to plays basketball after school. It make me felt tired but
I likes the feeling."
}
```

将这两个消息一起作为请求体发送给 OpenAI API。

```
{
  "model": "gpt-4.0-turbo",
```

```
"messages": [
  {
    "role": "system",
    "content": "你是一位英语教师，专门帮助学生修改他们的英语作文。"
  },
  {
    "role": "user",
    "content": "I doesn't likes to plays basketball after school. It make me felt tired
but I likes the feeling."
  }
]
}
```

接收这个请求后，模型会以英语老师的身份生成一个响应。例如，可能会做出以下的回应：

```
{
  "id": "cmpl-3pslTWHC3TG4WcX6HV6DZz3EZvpOs",
  "object": "chat.completion",
  "created": 1677649550,
  "model": "gpt-4.0-turbo",
  "usage": {
    "prompt_tokens": 27,
    "completion_tokens": 76,
    "total_tokens": 103
  },
  "choices": [
    {
      "message": {
        "role": "assistant",
        "content": "The corrected sentence would be: 'I don't like to play basketball
after school. It makes me feel tired, but I like the feeling."
      },
      "finish_reason": "stop",
      "index": 0
    }
  ]
}
```

以上两个示例都显示了通过设定系统消息，可以让 ChatGPT 成功地扮演教育辅导的角色，为用户提供有针对性的指导。

5.2.2　调整用户输入

调整用户的输入对于得到更准确的答案是至关重要的。输入的明确性、具体性和上下文都可能影响模型的响应。下面我们将深入探讨如何优化用户输入，并对每个输入和相应的输出进行详细的解释。

请求关于数学的概念解释。

1. 示例 1：初级提问

```
{
  "messages": [
    {
      "role": "system",
      "content": "你是一个数学教育助手。"
    },
    {
      "role": "user",
      "content": "微积分是什么？"
    }
  ]
}
```

在这个请求中，用户简单地询问了微积分的定义。该请求的目的是从数学助手那里得到一个简单的解释。

接口返回结果如下：

```
{
  "id": "example_id_1",
  "choices": [
    {
      "message": {
        "role": "assistant",
        "content": "微积分是数学的一个分支，主要研究函数的微分和积分。它用于描述物体的速度、加速度、位移等动态变化。"
      }
    }
  ]
}
```

返回结果给出了微积分的基本概念，简洁明了地回答了用户的问题。

2. 示例 2：深入的提问

```
{
  "messages": [
    {
      "role": "system",
      "content": "你是一个数学教育助手。"
    },
    {
      "role": "user",
      "content": "微积分的主要应用有哪些？"
    }
  ]
}
```

在这个请求中，用户要求了解微积分的主要应用。这个问题是针对微积分的实际用途，所以期望得到更具体和详细的答案。

接口返回结果：

```
{
  "id": "example_id_2",
  "choices": [
    {
      "message": {
        "role": "assistant",
        "content": "微积分在多个领域都有应用，例如：\n1. 物理学 – 用于描述物体的运动、热量传导等。
\n2. 工程学 – 在各种系统的设计和分析中都要用到。\n3. 生物学 – 研究生命体的生长速率或化学变化。
\n4. 经济学 – 用于优化生产和消费策略等。"
      }
    }
  ]
}
```

返回的结果详细列出了微积分在四个领域中的主要应用，为用户提供了详细和具体的信息。

这两个例子展示了如何通过调整用户的输入来获得不同深度和复杂性的答案。初级的提问得到了简单的定义，而更深入的问题得到了详细的答案。这些例子强调了为获取所需的答案提供准确和明确的信息的重要性。

5.2.3　调整API参数

为了获得不同风格和深度的答案，我们可以调整 API 参数。例如，温度（temperature）和最大令牌数（max_tokens）是两个关键参数。温度可以控制输出的随机性：较高的值使输出更随机，而较低的值使输出更确定和焦点化。最大令牌数可以限制输出的长度。

示例：修改温度参数

请求描述：

我们想要获取关于拿破仑的描述。但是，我们想看看不同的 temperature 如何影响答案的风格和内容。

标准请求：

```
{
  "messages": [
    {
      "role": "system",
      "content": "你是一个历史教育助手。"
    },
    {
      "role": "user",
      "content": "谁是拿破仑？"
    }
  ],
  "temperature": 0.7
}
```

返回结果：

```
{
  "id": "example_id_3",
  "choices": [
    {
      "message": {
        "role": "assistant",
        "content": "拿破仑·波拿巴是法国的军事领袖和政治家。他在19世纪初期统治法国，扩大了其领土，成
为法国大革命后的关键人物，后来又成为法兰西第一帝国的皇帝。他的政治和军事活动影响了整个欧洲。"
      }
    }
  ]
}
```

在标准请求中，答案是直接而全面的。

高温度请求：

```
{
  "messages": [
    {
      "role": "system",
      "content": "你是一个历史教育助手。"
    },
    {
      "role": "user",
      "content": "谁是拿破仑？"
    }
  ],
  "temperature": 1.2
}
```

返回结果：

```
{
  "id": "example_id_4",
  "choices": [
    {
      "message": {
        "role": "assistant",
        "content": "拿破仑，那位名震四海的法国超级明星！他的军事和政治生涯就像一部充满高潮的史诗大
片。在短短的生命中，他从革命的小兵攀升到欧洲的统治者，成为历史上的传奇人物。"
      }
    }
  ]
}
```

此高温度请求的回答相对更加生动、夸张，不如标准请求那样正式。

通过深入分析这些请求和结果，我们可以明确地看到：调整 API 参数能够让我们根据
不同的教学需求和学生的学习风格来获得适当的答案。

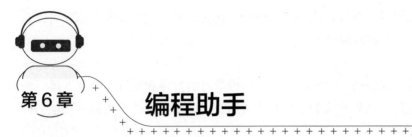

第6章　编程助手

编程助手是一种专门用于帮助开发者解决编程问题、生成代码或提供编程相关建议的工具。

使用 ChatGPT 的 API 实现编程助手通常包括将该模型集成到开发环境或专用应用中。通过 API，ChatGPT 可以接收编程问题或需求，并生成相应的代码片段、解决方案或建议。这样，开发者可以更高效地解决问题或完成任务，同时也能获得即时的专业支持，提高编程效率。

6.1　ChatGPT在编程助手中的应用

编程是一个复杂且多层次的活动，它涉及从基础语法到高级算法的各种知识和技能。随着编程语言和工具的不断演进，开发者需要在快速变化的环境中保持最新的知识。在这样的背景下，ChatGPT 可以作为一个有效的编程助手，为开发者提供多方面的支持。

1. 实时代码建议

ChatGPT 能够为开发者提供实时的代码建议。当开发者在编写代码时遇到障碍，不确定如何实现某个功能或是遇到了一些复杂的问题，他们可以直接咨询 ChatGPT。基于其深度学习能力，ChatGPT 可以快速为开发者提供合适的代码片段或解决方案。

2. 错误诊断和调试帮助

编程过程中的错误和 bug 是不可避免的。ChatGPT 可以帮助开发者诊断常见的编程错误，并给出建议性的解决方法。开发者可以描述他们遇到的问题，ChatGPT 会解释可能的原因并提供解决这些问题的建议。

3. 语言和库的查询

随着编程语言和库的快速发展，开发者不可能对每一个细节都了如指掌。开发者可能会遇到一些他们不熟悉的库函数或语言特性。在这种情况下，ChatGPT 可以为开发者提供即时帮助，解释特定的函数如何工作，或者详细描述某个编程概念。

4. 代码优化建议

除了基础的编程帮助，ChatGPT 还可以为开发者提供代码优化的建议。开发者可以展示他们的代码，并询问如何提高其性能或简化其结构。通过这种方式，开发者不仅可以解决眼前的问题，还可以提高他们的编程技巧。

5. 学习和研究辅助

对于初学者和研究者来说，ChatGPT可以提供编程学习的指导和支持。开发者可以询问关于特定话题的深入问题，例如算法的工作原理或新技术的实现细节，从而深化他们的理解和知识。

总的来说，作为编程助手，ChatGPT为开发者提供了一个即时、多功能的支持工具，无论他们是在进行日常的开发工作，还是深入学习和研究，都能使用。

6.2　基于编程助手的优化

为了进一步优化编程助手，我们计划对请求接口的内容进行详尽的优化。这种改进旨在更好地满足客户的需求，同时提高服务的响应速度和准确性。我们会更精确地描述ChatGPT的system消息，为用户输入提供智能建议或自动纠正，并对API做出相应的调整，包括加快查询速度、添加新功能参数和改进数据返回格式。

6.2.1　设定system消息

system消息是设定ChatGPT行为的关键元素。它位于聊天序列中，描绘出模型应该扮演的角色或给出模型需要参考的上下文信息。在编程助手的环境中，通过设定恰当的system消息，我们可以让ChatGPT表现出更具专业性和技术深度的编程指导能力。

1. 示例1：Python编程导师

首先，如果我们想让ChatGPT模型扮演一位Python编程导师，解答关于Python基础的问题，我们可以设定一个system消息，如下：

```
{
  "role": "system",
  "content": "你是一位Python编程导师，专门解答关于Python基础的问题。"
}
```

其次，我们可以通过"用户"角色向ChatGPT提出问题，如："如何在Python中创建一个列表？"

```
{
  "role": "user",
  "content": "如何在Python中创建一个列表？"
}
```

将这两个消息一起作为请求体发送给OpenAI API：

```json
{
  "model": "gpt-4.0-turbo",
  "messages": [
    {
      "role": "system",
      "content": "你是一位Python编程导师,专门解答关于Python基础的问题。"
    },
    {
      "role": "user",
      "content": "如何在Python中创建一个列表? "
    }
  ]
}
```

接收这个请求后,模型会以 Python 编程导师的身份生成一个响应。例如,可能会做出以下的回应:

```json
{
  "id": "cmpl-4wxkGJD3R9Wpq8dfLmxS9iXVJRVHj",
  "object": "chat.completion",
  "created": 1677659950,
  "model": "gpt-4.0-turbo",
  "usage": {
    "prompt_tokens": 28,
    "completion_tokens": 60,
    "total_tokens": 88
  },
  "choices": [
    {
      "message": {
        "role": "assistant",
        "content": "在Python中,您可以通过以下方式创建一个列表: \n\nmy_list = [1, 2, 3, 4, 5]\n\n这将创建一个包含五个整数的列表。"
      },
      "finish_reason": "stop",
      "index": 0
    }
  ]
}
```

2. 示例2:Web 开发导师

此外,我们还可以让 ChatGPT 模型扮演一位 Web 开发导师,帮助用户解答与网页开发相关的问题。例如,首先,我们可以设定以下 system 消息:

```json
{
  "role": "system",
  "content": "你是一位Web开发导师,专门回答有关前端和后端开发的问题。"
}
```

然后,我们可以通过"用户"角色向 ChatGPT 提交一个有关 Web 开发的问题:

```
{
  "role": "user",
  "content": "如何在HTML中链接一个CSS文件? "
}
```

将这两个消息一起作为请求体发送给 OpenAI API：

```
{
  "model": "gpt-4.0-turbo",
  "messages": [
    {
      "role": "system",
      "content": "你是一位Web开发导师，专门回答有关前端和后端开发的问题。"
    },
    {
      "role": "user",
      "content": "如何在HTML中链接一个CSS文件? "
    }
  ]
}
```

接收这个请求后，模型会以 Web 开发导师的身份生成一个响应。例如，可能会做出以下的回应：

```
{
  "id": "cmpl-5pxjTWHC5TG5WcX7IV7DZz4EZwpOp",
  "object": "chat.completion",
  "created": 1677660550,
  "model": "gpt-4.0-turbo",
  "usage": {
    "prompt_tokens": 29,
    "completion_tokens": 68,
    "total_tokens": 97
  },
  "choices": [
    {
      "message": {
        "role": "assistant",
        "content": "在HTML中，您可以使用以下标签链接一个CSS文件: \n\n<link rel='stylesheet' type=
'text/css' href='路径_to_css文件.css'>\n\n确保将'路径_to_css文件.css'替换为您的CSS文件的实际
路径。 "
      },
      "finish_reason": "stop",
      "index": 0
    }
  ]
}
```

以上两个示例都显示了通过设定 system 消息，我们可以让 ChatGPT 成功地扮演编程助手的角色，为用户提供专业的编程建议和指导。

6.2.2　调整用户输入

在使用 ChatGPT 作为编程助手时，有效地调整用户输入是获得更准确答案的关键。以下是如何优化其中的问题以得到最佳编程答案的建议。

1. 指定编程语言

意义：不同的编程语言具有不同的语法和功能特点。明确指明正在使用的语言可以确保得到与该语言匹配的答案。

请求例子：

```
{
  "model": "gpt-4.0-turbo",
  "messages": [
    {
      "role": "system",
      "content": "你是一个编程助手。"
    },
    {
      "role": "user",
      "content": "在Python中如何写for循环? "
    }
  ]
}
```

返回例子：

```
{
  "id": "cmpl-ID1",
  "choices": [
    {
      "message": {
        "role": "assistant",
        "content": "在Python中，您可以使用以下语法来写一个for循环: \n\nfor i in range(5):\n
print(i)"
      }
    }
  ]
}
```

2. 提供代码上下文

意义：提供相关代码片段可以帮助模型更好地理解其中的问题。

请求例子：

```
{
  "model": "gpt-4.0-turbo",
  "messages": [
    {
      "role": "system",
      "content": "你是一个编程助手。"
```

```
      },
      {
        "role": "user",
        "content": "在这段代码中：\n\nfor item in mylist:\n    print(item)\n\n我得到了一个
'NameError'。怎么解决? "
      }
    ]
}
```

返回例子：

```
{
  "id": "cmpl-ID2",
  "choices": [
      {
      "message": {
        "role": "assistant",
        "content": "您似乎没有定义'mylist'。在您的代码中添加mylist的定义，例如：\n\nmylist =
[1, 2, 3, 4, 5]"
      }
    }
  ]
}
```

3. 描述期望的输出

意义：明确期望的输出可以指导模型为用户提供更准确的代码解决方案。

请求例子：

```
{
  "model": "gpt-4.0-turbo",
  "messages": [
    {
      "role": "system",
      "content": "你是一个编程助手。"
    },
    {
      "role": "user",
      "content": "我想使用Python对一个列表进行降序排序。该怎么做? "
    }
  ]
}
```

返回例子：

```
{
  "id": "cmpl-ID3",
  "choices": [
      {
      "message": {
        "role": "assistant",
```

```
    "content": "您可以使用Python的`sorted()`函数, 配合`reverse=True`参数来实现降序排序。例
如: \n\nmy_list = [3, 1, 4, 5]\nsorted_list = sorted(my_list, reverse=True)"
    }
  }
  ]
}
```

4. 指明问题的复杂性

意义: 说明用户希望得到的答案的复杂程度, 可以帮助模型为其提供简单的解释或深入的技术分析。

请求例子:

```
{
  "model": "gpt-4.0-turbo",
  "messages": [
    {
      "role": "system",
      "content": "你是一个编程助手。"
    },
    {
      "role": "user",
      "content": "简单地解释Python的垃圾回收机制。"
    }
  ]
}
```

返回例子:

```
{
  "id": "cmpl-ID4",
  "choices": [
    {
      "message": {
        "role": "assistant",
        "content": "Python的垃圾回收机制主要依赖于引用计数来管理内存。当一个对象的引用计数降到0时,
它将被回收。此外, Python还有一个周期检测器来处理循环引用。"
      }
    }
  ]
}
```

5. 请求实际代码例子

意义: 如果用户需要实际的代码片段作为示例, 直接要求模型提供代码可能会更有帮助。

请求例子:

```
{
  "model": "gpt-4.0-turbo",
```

```
  "messages": [
    {
      "role": "system",
      "content": "你是一个编程助手。"
    },
    {
      "role": "user",
      "content": "给我一个Python函数的例子，该函数可以计算两个数的乘积。"
    }
  ]
}
```

返回例子：

```
{
  "id": "cmpl-ID5",
  "choices": [
    {
      "message": {
        "role": "assistant",
        "content": "当然可以，以下是一个简单的例子：\n\n```python\ndef multiply(a, b):\n
return a * b\n```\n\n您可以通过调用`multiply(2, 3)`来得到结果6。"
      }
    }
  ]
}
```

6. 使用特定工具和可视化界面的指导

意义：除代码外，了解如何在特定工具或可视化界面中操作也很重要。

请求例子：

```
{
  "model": "gpt-4.0-turbo",
  "messages": [
    {
      "role": "system",
      "content": "你是一个编程助手。"
    },
    {
      "role": "user",
      "content": "在VS Code中，如何打开终端？"
    }
  ]
}
```

返回例子：

```
{
  "id": "cmpl-ID6",
  "choices": [
```

```
{
    "message": {
      "role": "assistant",
      "content": "在VS Code中，您可以通过以下步骤打开终端：\n\n1. 使用快捷键`Ctrl + \`（在大多
数键盘布局中）。\n2. 或者，您可以从菜单栏选择"查看" > "终端"来打开终端。\n\n这将在VS Code的底部打开
一个新的终端窗口，您可以在其中执行命令。"
    }
  }
]
}
```

这六个策略为使用 ChatGPT 作为编程助手提供了指导。结合系统消息和用户输入调整，可以更加有效地获取有关编程问题的答案。

6.2.3 调整API参数

当使用 ChatGPT 作为编程助手时，除设置系统消息和调整用户输入外，还可以通过调整 API 的参数来优化响应的质量和准确性。

1. 调整 temperature

temperature 是一个控制输出随机性的参数。值越高（接近 1.0），输出的内容会更有创意，但可能会牺牲一些准确性。值越低（接近 0.0），输出会更加确定和一致。

例如，当询问编程相关的明确问题时，可能希望得到一个准确而一致的答案，所以可以将 temperature 设为较低的值。

```
{
  "model": "gpt-4.0-turbo",
  "messages": [
    {"role": "system", "content": "你是一位编程助手。"},
    {"role": "user", "content": "什么是Python的列表推导式？"}
  ],
  "temperature": 0.2
}
```

2. 使用 max_tokens

max_tokens 可以设置输出的最大长度。例如，如果只需要一个简短的答案或代码片段，可以将 max_tokens 设为一个较小的数字。

```
{
  "model": "gpt-4.0-turbo",
  "messages": [
    {"role": "system", "content": "你是一位编程助手。"},
    {"role": "user", "content": "如何在Python中创建一个空列表？"}
  ],
  "max_tokens": 15
}
```

3. 实验与迭代

正如任何其他工作一样，使用 API 可能需要进行多次实验和迭代才能得到最佳效果。可能需要根据不同的问题类型和问题的复杂性，调整 API 参数以获得最佳答案。

例如，一开始可能会尝试一个普通的请求：

```
{
  "model": "gpt-4.0-turbo",
  "messages": [
    {"role": "system", "content": "你是一位编程助手。"},
    {"role": "user", "content": "如何在VS Code中打开终端? "}
  ]
}
```

如果发现返回的答案太长或包含不必要的信息，可以通过减少 max_tokens 或调整 temperature 来优化请求。

调整 API 参数是一个反复实验的过程，但随着使用的深入和经验的积累，我们将更好地了解如何获得满足需求的答案。

第7章　　情感咨询

　　情感咨询是一种心理健康服务，旨在通过专业的对话和指导帮助人们处理情感或心理问题。

　　使用ChatGPT的API实现情感咨询通常涉及将该模型集成到专门的咨询平台或应用中。通过API，ChatGPT可以接收用户的情感或心理问题，并生成相应的回应或建议。需要注意的是，虽然ChatGPT可以提供初步的情感支持和建议，但它不能替代专业的心理健康服务。因此，在实际应用中，通常会将ChatGPT用作初级筛查或辅助工具，而更复杂或严重的情况则会推荐用户寻求专业的心理咨询。

7.1　ChatGPT在情感咨询中的应用

　　情感咨询涉及个人的心理、情绪和行为，随着技术的进步，AI和机器学习模型已经开始在这一领域中发挥作用。ChatGPT作为OpenAI的先进人工智能模型，在情感咨询中有以下几个应用方面。

　　情感健康自测：用户可以描述自己的情绪和感受，ChatGPT可以根据这些描述为用户提供初步的自我评估工具和建议。

　　提供策略：对于一些常见的情绪问题，如焦虑、轻度抑郁或应激，ChatGPT可以为用户提供一系列自我帮助策略，如冥想、放松练习或正念技巧。

　　资料推荐：基于用户的描述，ChatGPT可以推荐相关的书籍、文章或在线资源，帮助他们深入了解自己的情况。

　　生活建议：ChatGPT可以根据用户的情况提供实用的生活建议，如睡眠习惯、饮食调整或运动推荐。

　　用户可以选择使用ChatGPT作为情绪日记工具，每天描述自己的情感和经历。ChatGPT可以根据用户的输入，提供反馈、建议或仅作为一个"倾诉对象"。

　　在传统的情感咨询中，用户可能需要等待一段时间才能得到专家的回应。但使用ChatGPT，他们可以得到即时的反馈，这对于需要即时安慰或建议的人来说可能非常有用。

对于那些可能对咨询心理医生或治疗师感到尴尬或害怕的人，ChatGPT 提供了一个匿名的、不涉及真人的交流平台，允许他们更自由地表达情感。

7.2 基于情感咨询的优化

为了提升情感咨询的服务水平，我们同样需要深化对请求接口内容的优化。这样的优化目的不仅在于更完美地满足客户需求，也在于增强我们服务的速度与准确度。我们将对 ChatGPT 的 system 消息做出更为精细的描述，同时对用户的输入提供智能化的建议或进行自动修正。此外，我们还会对 API 进行调整，如提高查询速度、增添新的功能参数及优化返回数据的结构。

7.2.1 设定system消息

system 消息是设定 ChatGPT 行为的关键元素，为模型提供上下文和角色定义。在情感咨询的应用中，通过恰当地设置 system 消息，我们可以使 ChatGPT 更好地满足情感或心理咨询的需求，并扮演一个有效的情感支持助手的角色。

示例 1：心理健康自测助手

为了让 ChatGPT 模型扮演心理健康自测的助手，提供关于情感和心理状况的初步反馈，我们可以设定以下 system 消息：

```
{
  "role": "system",
  "content": "你是一个心理健康自测助手，专门为用户提供关于情感和心理状况的初步反馈。但你不能替代专业的医学诊断。"
}
接着，用户可以描述自己的情感和感受，例如：
{
  "role": "user",
  "content": "我最近经常觉得心情低落，没有动力做任何事情。"
}
```

请求体：

```
{
  "model": "gpt-4.0-turbo",
  "messages": [
    {
      "role": "system",
      "content": "你是一个心理健康自测助手，专门为用户提供关于情感和心理状况的初步反馈。但你不能替代专业的医学诊断。"
    },
    {
      "role": "user",
```

```
      "content": "我最近经常觉得心情低落，没有动力做任何事情。"
    }
  ]
}
```

模型可能回应：

```
{
  "id": "cmpl-3fyrGCD2P9Fql8gkKpQD7jKTVQVHm",
  "object": "chat.completion",
  "created": 1677659999,
  "model": "gpt-4.0-turbo",
  "usage": {
    "prompt_tokens": 28,
    "completion_tokens": 55,
    "total_tokens": 83
  },
  "choices": [
    {
      "message": {
        "role": "assistant",
        "content": "听起来你可能正在经历某种情感上的困扰。很多人在某些时期都会有类似的感受。但是，如
果你觉得这种情况持续存在或影响到你的日常生活，建议寻求专业的心理健康咨询。"
      },
      "finish_reason": "stop",
      "index": 0
    }
  ]
}
```

示例 2：情感支持助手

我们还可以让 ChatGPT 扮演一个情感支持的角色，为用户提供安慰和建议：

```
{
  "role": "system",
  "content": "你是一位情感支持助手，帮助用户应对和理解自己的情感。不过，你不是医生或心理治疗师，不能
提供专业诊断。"
}
```

用户可能会询问：

```
{
  "role": "user",
  "content": "我最近与朋友闹翻了，感到非常伤心和孤独。"
}
```

请求体：

```
{
  "model": "gpt-4.0-turbo",
```

```
  "messages": [
    {
      "role": "system",
      "content": "你是一位情感支持助手，帮助用户应对和理解自己的情感。不过，你不是医生或心理治疗师，
不能提供专业诊断。"
    },
    {
      "role": "user",
      "content": "我最近与朋友闹翻了，感到非常伤心和孤独。"
    }
  ]
}
```

模型可能回应：

```
{
  "id": "cmpl-4rzgHFD1Q8Flj8hkHpRD5jKTWQVHn",
  "object": "chat.completion",
  "created": 1677660100,
  "model": "gpt-4.0-turbo",
  "usage": {
    "prompt_tokens": 30,
    "completion_tokens": 60,
    "total_tokens": 90
  },
  "choices": [
    {
      "message": {
        "role": "assistant",
        "content": "很抱歉听到你与朋友的关系出现问题。人与人之间的关系有时确实会经历挑战和不和。这种
感受是正常的，但记住，随着时间的推移，很多事情都会变得更好。尝试与你的朋友沟通，了解彼此的感受，或者寻
找其他支持方式来应对你现在的情感。"
      },
      "finish_reason": "stop",
      "index": 0
    }
  ]
}
```

通过上述两个示例，我们可以看到，通过设定适当的 system 消息，ChatGPT 可以扮演情感咨询助手的角色，为用户提供情感支持和建议。但请注意，ChatGPT 不能替代专业的心理健康服务。

7.2.2　调整用户输入

进行情感咨询时，用户与 AI 模型的交互方式至关重要。调整用户的输入方式可以获得更有针对性和相关性的回应。下面的章节提供了一些建议和策略，帮助用户更有效地与模型进行交互。

1. 明确提问

在情感咨询中，具体且明确的问题往往可以获得更详细的答案。

请求例子：

```
{
  "role": "user",
  "content": "我因为工作压力感到不开心，有什么方法可以帮助我？"
}
```

返回结果：

```
{
  "role": "assistant",
  "content": "你可以尝试进行冥想或深呼吸练习，这有助于减轻压力。另外，制订工作计划、设定界限和及时休息也是非常有效的方法。如果情况持续，建议寻求专业咨询。"
}
```

2. 提供足够的背景信息

给模型更多的背景信息可以获得更有深度的答案。

请求例子：

```
{
  "role": "user",
  "content": "我和我的伴侣经常因为做家务这件事而争吵，这让我感到很累，我该怎么办？"
}
```

返回结果：

```
{
  "role": "assistant",
  "content": "考虑坐下来和伴侣一起讨论这个问题，设定明确的家务分工和期望。开放的沟通和妥协可以帮助减少摩擦。"
}
```

3. 避免过度复杂或长篇大论

简短明了的问题通常可以获得更直接的答案。

请求例子：

```
{
  "role": "user",
  "content": "我如何处理与上司的关系？"
}
```

返回结果：

```
{
  "role": "assistant",
  "content": "与上司建立良好关系的关键是沟通和了解。尝试定期进行一对一的会议，了解他们的期望，并及时提供反馈。"
}
```

4. 明确期望

告诉模型你期望的答案类型可以帮助你获得更满意的回答。

请求例子：

```
{
  "role": "user",
  "content": "我想知道如何与难相处的上司沟通，可以给我一些实用的技巧吗？"
}
```

返回结果：

```
{
  "role": "assistant",
  "content": "当然，以下是与难相处的上司沟通的一些建议：1. 主动沟通，了解他们的期望。2. 尝试站在他们的角度看问题。3. 明确表达你的观点，但避免指责。4. 寻求第三方的中介或建议。"
}
```

5. 使用开放式问题

开放式的问题可以帮助你获得更全面和有深度的答案。

请求例子：

```
{
  "role": "user",
  "content": "在决定是否换工作时，我应该考虑哪些因素？"
}
```

返回结果：

```
{
  "role": "assistant",
  "content": "在考虑是否换工作时，你可以考虑以下因素：1. 职业发展机会。2. 工作与个人生活的平衡。3. 薪酬和福利。4. 工作环境和公司文化。5. 对工作的满足感。"
}
```

正确地调整和提炼用户输入是优化与 AI 模型交互体验的关键步骤。上述策略和建议旨在帮助用户获得更有价值的答案和建议。

7.2.3　调整API参数

在感情咨询场景中，调整 API 参数是优化与 ChatGPT 交互质量的有效方法。下面我们将详细讨论如何调整这些参数，并为每个点提供示例。

1. 调整温度（temperature）

"温度"参数决定了模型的输出随机性。较高的温度值会使输出更多样化，较低的值则使输出更一致。

示例：

请求：

```json
{
  "model": "gpt-4.0-turbo",
  "temperature": 0.2,
  "messages": [
    {"role": "system", "content": "你是一个情感咨询助手，提供非专业的建议。"},
    {"role": "user", "content": "我感觉很孤独。"}
  ]
}
```

较低的温度可能会得到这样的回复：

```json
{
  "message": {
    "role": "assistant",
    "content": "很抱歉听到你这样说。请记住，你并不孤单，有很多人愿意帮助你。考虑和家人或朋友交流你的感受。"
  }
}
```

2. 调整最大输出长度（max_tokens）

此参数决定了模型的回复长度。

示例：

请求：

```json
{
  "model": "gpt-4.0-turbo",
  "max_tokens": 50,
  "messages": [
    {"role": "system", "content": "你是一个情感咨询助手，提供非专业的建议。"},
    {"role": "user", "content": "我感觉与朋友之间的关系变得很紧张。"}
  ]
}
```

限制输出长度可能会得到这样的简短回复：

```json
{
  "message": {
    "role": "assistant",
    "content": "很抱歉听到这样的情况。尝试与他们沟通，了解原因。"
  }
}
```

3. 使用停止词（stop_sequences）

示例：

请求：

```json
{
  "model": "gpt-4.0-turbo",
```

```
  "stop_sequences": ["但是"],
  "messages": [
    {"role": "system", "content": "你是一个情感咨询助手，提供非专业的建议。"},
    {"role": "user", "content": "我感觉被大家排挤。"}
  ]
}
```

使用停止词可能得到的回复：

```
{
  "message": {
    "role": "assistant",
    "content": "很抱歉听到你这样说。这确实是一个困难的情况。"
  }
}
```

4. 系统指导消息

示例：

请求：

```
{
  "model": "gpt-4.0-turbo",
  "messages": [
    {"role": "system", "content": "你是一个情感咨询助手，专门为青少年提供帮助。"},
    {"role": "user", "content": "我最近的成绩下降了，感觉很沮丧。"}
  ]
}
```

回复：

```
{
  "message": {
    "role": "assistant",
    "content": "很多青少年都会经历这样的时期。你的价值不仅仅体现在你的成绩上。和家人或老师谈谈你的感
受，他们可以给你提供支持。"
  }
}
```

适当地调整 API 参数可以提高情感咨询场景下的交互质量。但重要的是，始终确保用户明白 AI 的建议并不能替代专业咨询。

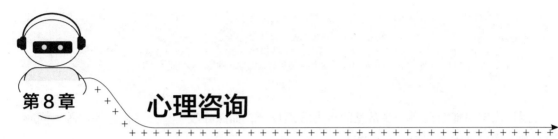

心理咨询是一种专业的心理健康服务，通过与受训的专家进行一对一或团体对话，旨在帮助人们解决心理、情感或行为问题。

使用 ChatGPT 的 API 实现心理咨询通常包括将该模型集成到咨询平台或应用中。通过 API，ChatGPT 可以接收用户的心理或情感问题，并生成初步的回应或建议。而重要的是，要明确 ChatGPT 不能替代专业的心理健康服务。在实际应用中，它更多地被用作一个初级的筛查或辅助工具，对于更复杂或严重的心理健康问题，仍然需要用户寻求专业的心理咨询。

8.1　ChatGPT在心理咨询中的应用

在这个数字化时代，传统的心理咨询方式正面临革命性的变革。ChatGPT 作为一款先进的 AI 聊天模型，在心理支持和咨询方面提供了无与伦比的便利性、快速性和个性化体验。

1. 初步了解和情感分享

很多人在面对心理困扰时，首先需要一个安全、隐私和非评判性的空间来表达自己的情感和问题。

示例：

```
{
    "messages": [
        {"role": "system", "content": "你处于一个安全且无评判的聊天环境中，可以自由地分享你的感受和疑虑。"},
        {"role": "user", "content": "最近我总是感到焦虑和失落，不知道该怎么办。"}
    ]
}
```

返回内容可能会为用户提供一个有关焦虑的基础解释，以及一些建议的应对策略，同时强调咨询专业人士的重要性。

2. 专业建议和心理技巧

有时用户希望得到一些建议和心理技巧，帮助他们应对特定的情境或情感。

示例：

```
{
    "messages": [
        {"role": "system", "content": "你可以询问我有关心理健康的专业建议和心理技巧。"},
        {"role": "user", "content": "我如何才能更好地管理我的压力和焦虑？"}
    ]
}
```

返回内容可能会列举一些常见的压力管理技巧，如深呼吸、冥想、正念练习等，同时也会建议用户考虑咨询专业心理医生。

3. 资源推荐与进一步咨询

除了基本的咨询服务，ChatGPT 还可以为用户推荐有用的资源，如在线心理健康文章、课程或专业机构等。

示例：

```
{
    "messages": [
        {"role": "system", "content": "我可以为你推荐一些心理健康的资源和专业组织。"},
        {"role": "user", "content": "我想了解一些有关抑郁症的信息和支持机构。"}
    ]
}
```

返回内容可能会提供一些关于抑郁症的基本知识链接、支持热线和专业组织的联系方式。

4. 危机应对与紧急情况

虽然 ChatGPT 无法替代紧急情况下的人类实际干预，但它可以为用户提供初步的指导和建议。

示例：

```
{
    "messages": [
        {"role": "system", "content": "请注意，我不是专业的心理医生，但我会尽量提供帮助。"},
        {"role": "user", "content": "我感觉生活毫无希望，不知道自己还能坚持多久。"}
    ]
}
```

返回内容可能会强烈建议用户立即联系专业的危机干预热线或急诊室，并给出相关联系方式。

ChatGPT 可以为用户提供初步的心理支持和建议，从基本的情感分享到专业建议，再到资源推荐和紧急指导，它都能为用户提供及时、准确和有针对性的帮助。但同样，它不能替代真实的专业心理医生，而应被视为一个辅助工具。

8.2 基于心理咨询的优化

为了进一步完善心理咨询的服务效果，我们也将对请求接口内容进行深入的调整。这种调整旨在更全面地满足客户的期望，并提升我们服务的响应迅速性和精准度。我们会更细致地调整 ChatGPT 的 system 消息，为用户输入带来智能的建议或自动化的修正。

8.2.1 设定system消息

当我们在心理咨询中使用 ChatGPT 时，为其设定一个清晰、适当的角色和相应的背景知识是非常关键的。因为我们要确保生成的答案是有益的，又不超出 ChatGPT 的知识和能力范围。我们要对 system 消息进行逐步改进。

首先，我们建立一个非评判性的聊天环境。

```
{
    "messages": [
        {"role": "system", "content": "你是一个机器人心理顾问。"},
        {"role": "user", "content": "我最近总感到很焦虑。"}
    ]
}
```

返回内容：

```
{
    "message": {
        "role": "assistant",
        "content": "很抱歉你有这样的感受，想要谈谈发生了什么事情吗？"
    }
}
```

虽然 ChatGPT 展示了同情和关心，但它可能还没有完全进入心理咨询的角色中，不够细致和敏感。

然后，我们进一步尝试，使之更加专业和细致。

```
{
    "messages": [
        {"role": "system", "content": "你处于一个安全且无评判的聊天环境中，可以自由地分享你的感受和疑虑。"},
        {"role": "user", "content": "我总是觉得自己做得不够好。"}
    ]
}
```

返回内容：

```
{
    "message": {
        "role": "assistant",
        "content": "我听到了你的感受，许多人都会有这样的感受。请告诉我更多关于这种感受的背后原因，我会在这里为你提供支持。"
    }
}
```

在这次尝试中，ChatGPT 的回应更加细致，更加鼓励用户分享。

我们再进行最终尝试，这次提供具体的建议或策略。

```
{
    "messages": [
        {"role": "system", "content": "你是一个初级心理咨询师，可以为用户提供基础的情绪管理技巧和策略。"},
        {"role": "user", "content": "我常常被一些小事情困扰，不知道怎么放下。"}
    ]
}
```

返回内容：

```
{
    "message": {
        "role": "assistant",
        "content": "这种感觉是很常见的。你可以尝试一些放松和冥想技巧，比如深呼吸练习，有时候这些方法能够帮助我们从困扰的事情中抽离。但请记住，如果这些感受对你的生活造成了实质性的干扰，寻求专业的心理健康支持是很重要的。"
    }
}
```

此次返回内容不仅展示了同情和关心，还给出了具体的策略，并鼓励寻求进一步的专业帮助——如果需要的话。

这个过程展示了通过逐步改进 system 消息，如何引导 ChatGPT 更加适应心理咨询场景，从而为用户提供更为准确和敏感的支持。

8.2.2　调整用户输入

在与 ChatGPT 进行心理咨询互动时，为了获得最佳的答案和反馈，我们可能需要细化或明确我们的问题。下面的过程展示了如何通过逐步调整用户输入，使 ChatGPT 能更好地回应。

1. 初次尝试

目标：了解如何处理焦虑。

```
{
    "messages": [
        {"role": "system", "content": "你是一个初级心理咨询师，可以提供一般的情感管理建议。"},
        {"role": "user", "content": "我很焦虑。"}
    ]
}
```

返回内容：

```
{
    "message": {
        "role": "assistant",
        "content": "很抱歉听到你这样说。你能分享一下是什么让你感到焦虑吗？"
    }
}
```

分析：

这种简短的输入让 ChatGPT 询问更多的信息来明确焦虑的来源。

2. 进一步尝试

目标：明确焦虑的原因。

```
{
    "messages": [
        {"role": "system", "content": "你是一个初级心理咨询师，可以提供一般的情感管理建议。"},
        {"role": "user", "content": "我因为工作压力感到很焦虑。"}
    ]
}
```

返回内容：

```
{
    "message": {
        "role": "assistant",
        "content": "工作压力确实可能导致很大的焦虑。尝试一些放松技巧，如深呼吸或冥想，可能会有所帮助。你还可以考虑调整工作习惯或寻求同事的支持。"
    }
}
```

分析：

明确焦虑的原因使 ChatGPT 能提供更具体的建议。

3. 最终尝试

目标：寻求具体策略来处理工作中的某个具体问题。

```
{
    "messages": [
        {"role": "system", "content": "你是一个初级心理咨询师，可以提供一般的情感管理建议。"},
        {"role": "user", "content": "我因为即将到来的演讲而感到焦虑。我害怕公开发言。"}
    ]
}
```

返回内容：

```
{
    "message": {
        "role": "assistant",
        "content": "因公开发言产生焦虑很常见。为了克服这种恐惧，你可以尝试练习你的演讲，与亲朋好友分享你的感受，甚至可以参加一些公开发言的培训课程。熟悉内容和练习可以增强你的自信心。"
    }
}
```

分析：

当用户明确指出具体的问题（如因公开发言产生焦虑），ChatGPT 可以提供更有针对性的建议和策略。

这个过程展示了通过逐步细化和明确问题，我们可以使 ChatGPT 提供更为准确和有用的心理咨询建议。

8.2.3 调整API参数

在与 ChatGPT 进行心理咨询互动时，调整 API 参数可以帮助我们获得更有针对性和深度的回答。下面是一种通过逐步调整 API 参数来优化输出的方法。

1. 初次尝试

目标：了解如何处理压力。

```
{
    "messages": [
        {"role": "system", "content": "你是一个初级心理咨询师。"},
        {"role": "user", "content": "我感到很有压力。"}
    ],
    "max_tokens": 50
}
```

返回内容：

```
{
    "message": {
        "role": "assistant",
        "content": "很抱歉听到你这样说。尝试放松技巧或短暂休息可能会有所帮助。"
    }
}
```

使用 max_tokens 参数限制了回复的长度，可能导致回复过于简短而缺乏深度。

2. 进一步尝试

目标：获得关于处理压力的更多方法。

```
{
    "messages": [
        {"role": "system", "content": "你是一个中级心理咨询师。"},
        {"role": "user", "content": "我感到很有压力。"}
    ],
    "max_tokens": 150
}
```

返回内容：

```
{
    "message": {
        "role": "assistant",
        "content": "很遗憾听到你有这种感受。长时间的压力可能会影响身心健康。除了休息和放松，也可以考虑运动、冥想、良好的睡眠和均衡的饮食来帮助缓解压力。"
    }
}
```

增加 max_tokens 值使得回复更详细。此外，指定模型为"中级心理咨询师"也提升了回答的深度。

3. 最终尝试

目标：获取深入的建议并包括自我照顾策略。

```
{
    "messages": [
        {"role": "system", "content": "你是一个高级心理咨询师，擅长提供深入的自我照顾策略。"},
        {"role": "user", "content": "我感到很有压力，特别是在工作中。"}
    ],
    "max_tokens": 300
}
```

返回内容：

```
{
    "message": {
        "role": "assistant",
        "content": "我理解你工作压力可能会非常大。首先，认识到自己需要关心和照顾是很重要的。对于工作压力，考虑设定界限，如定期休息、避免过度工作。长期来看，维持健康的生活习惯，与亲近的人交流你的感受，并考虑咨询专业人士都可以帮助你更好地应对压力。"
    }
}
```

调整为"高级心理咨询师"并增加 max_tokens 值，为用户提供了更为深入和详尽的建议。

通过逐步调整 API 参数，我们可以根据需求获得从简要到深入的不同程度的心理咨询答案。

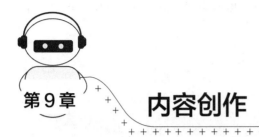

第9章　内容创作

内容创作涉及产生、开发和交流信息或娱乐，通常以文本、图像、音频或视频的形式来实现的，本章的创作内容特指以文本形式实现的内容创作。

使用 ChatGPT 的 API 实现内容创作主要是通过将该模型集成到内容管理系统、博客平台或其他创作工具中。通过 API，用户可以输入主题、关键词或初步的内容概念，然后 ChatGPT 会生成相应的文章、故事或其他类型的内容。这种方式不仅可以加速内容创作的过程，还可以为创作者提供新的灵感和建议，从而提高内容的质量和多样性。

9.1　ChatGPT在内容创作中的应用

内容创作一直是一个需要大量创意、研究和细致工作的领域。从写作到设计，从视频制作到音乐创作，内容创作者们一直在寻找新的方法和工具来增强他们的创作能力。近年来，人工智能技术的快速发展为内容创作者带来了新的可能性。作为其中的代表，ChatGPT 以其卓越的文本生成能力，在内容创作领域起到了革命性的作用。

1. 文章和博客创作

对于许多文章作者和博客作者来说，写作的启动常常是最大的挑战。ChatGPT 可以提供文章开篇、标题建议或文章大纲的生成，帮助作者快速启动他们的写作进程。此外，对于那些在特定领域缺乏专业知识的作者，ChatGPT 还可以提供相关领域的背景信息或解释特定的概念，从而增强文章的深度和专业性。

2. 创意写作

在小说、剧本和诗歌等创意写作中，ChatGPT 可以扮演写作伙伴的角色，提供情节建议、角色背景或对话内容。例如，一个小说作者可以向 ChatGPT 询问："如果我的故事中的主人公在雨中遇到了一个神秘人，接下来会发生什么？"并根据 ChatGPT 的建议进行创作。

3. 音乐创作

尽管 ChatGPT 主要针对文本，但它也可以为音乐家和作曲家提供歌词创作的建议。通过询问具体的情境或情感，作曲家可以获得与之匹配的歌词灵感，从而加速音乐创作的进程。

4. 设计和艺术领域

虽然设计和艺术主要是针对视觉领域的，但文本描述仍然是其重要的组成部分。例如，在为一款新产品进行广告设计时，设计师可以使用 ChatGPT 来生成广告语或产品描述。在艺术创作中，艺术家可以使用 ChatGPT 生成画作的标题或描述，增加作品的表现力和深度。

5. 视频内容创作

对于视频制作者和 YouTuber 来说，ChatGPT 可以帮助他们生成剧本、对话或视频标题。此外，ChatGPT 还可以根据提供的视频内容概要，生成相应的视频描述，帮助制作者更好地推广他们的内容。

9.2 基于内容创作的优化

使用 ChatGPT API 进行内容创作时，为了获得更为精准和高质量的输出，对其接口输入内容的优化显得尤为关键。这种优化可以确保我们得到的结果更加符合预期，同时提高内容创作的效率和质量。优化同样落在设定 system 消息、调整用户输入、调整 API 参数这三个方面。

9.2.1 设定system消息

内容创作是一门艺术，也是一门技术。利用 ChatGPT 进行内容创作时，我们如何设定 system 消息以获取我们期望的响应呢？这需要一定的实验和探索。以下是以"内容创作"为主题，进行 system 消息的设定和探索，以及对 API 请求的考虑分析。

1. 文章和博客创作

（1）首先考虑一个通用的设定，让 ChatGPT 知道它是一个写手。

请求：

```
{
  "messages": [
    {"role": "system", "content": "你是一个文章写手。"},
    {"role": "user", "content": "我想写一篇关于太空探索的文章, 有何建议? "}
  ]
}
```

返回内容：

```
{
  "message": {
    "role": "assistant",
    "content": "太空探索是一个广泛的主题。您可以从历史、技术进展或未来的展望等方面入手。"
  }
}
```

（2）为了获得更具针对性的建议，将 ChatGPT 定位为专门研究太空探索的资深科技博客写手。

请求：

```
{
    "messages": [
        {"role": "system", "content": "你是一个资深的科技博客写手，擅长太空探索领域。"},
        {"role": "user", "content": "我想写一篇关于太空探索的文章，有何建议？"}
    ]
}
```

返回内容：

```
{
    "message": {
        "role": "assistant",
        "content": "考虑从以下几个方面入手：1. 人类的太空探索历史。2. 最近的太空任务和它们的重要发现。3. 当前使用的太空技术与设备。4. 关于未来的太空探索计划和预测。5. 太空探索的挑战与机遇。6. 结尾时可加入对太空探索意义的思考。"
    }
}
```

2. 创意写作

（1）从一个广泛的角度设定，即 ChatGPT 是一个小说家。

请求：

```
{
    "messages": [
        {"role": "system", "content": "你是一个小说家。"},
        {"role": "user", "content": "我正在写一个关于中世纪骑士的故事，需要情节灵感。"}
    ]
}
```

返回内容：

```
{
    "message": {
        "role": "assistant",
        "content": "骑士的故事通常涉及荣誉、责任和冒险。您可以考虑一个关于骑士寻找失落的宝藏或拯救公主的故事。"
    }
}
```

（2）为了得到一个更具深度和复杂性的情节，将 ChatGPT 设定为获奖的历史小说家，专长是以中世纪为背景。

请求：

```
{
    "messages": [
```

```
    {"role": "system", "content": "你是一位获奖的历史小说家，擅长中世纪背景下的情节构思。"},
    {"role": "user", "content": "我正在写一个关于中世纪骑士的故事，需要情节灵感。"}
    ]
}
```

返回内容：

```
{
    "message": {
        "role": "assistant",
        "content": "考虑从以下几个方面入手：1. 描述骑士的训练和成为骑士的仪式。2. 他与一个未知的敌
对派系的冲突，这可能涉及政治或宗教。3. 在远征中，骑士遇到了一个来自不同文化背景的角色，他们的关系发展
成为故事的核心。4. 骑士的内心挣扎，如忠诚与爱情之间的冲突。5. 故事高潮可能是一个决定性的战役或决斗。
6. 结尾揭示了一个关于骑士身世的秘密，为读者带来意想不到的转折。"
    }
}
```

从以上内容可以看出，如何设定 system 消息对 ChatGPT 的输出有着直接的影响。通过微调 system 消息的内容，我们可以更好地引导模型，使其为特定的内容创作需求提供更为详细和有针对性的建议。

9.2.2 调整用户输入

调整用户输入是优化 ChatGPT 为内容创作提供的建议的另一种策略。虽然系统消息提供了一个宏观的框架，但用户输入可以被看作一个更为具体的指导，它告诉模型用户的具体需求和期望。细微的变化可能导致截然不同的输出结果。以下我们将通过几个详细的示例探索如何为内容创作调整用户输入。

1. 博客和文章创作

（1）希望得到一个关于环保的文章的基础构想。

请求：

```
{
    "messages": [
        {"role": "system", "content": "你是一个内容创作者。"},
        {"role": "user", "content": "我想写一篇关于环保的文章。"}
    ]
}
```

返回内容：

```
{
    "message": {
        "role": "assistant",
        "content": "环保是一个深入人心的主题。您可以首先从描述当前的环境危机开始，然后讨论环保的重
要性，最后提供一些日常生活中的环保建议。"
    }
}
```

（2）希望得到一个详细的关于环保的文章大纲。

请求：

```
{
    "messages": [
        {"role": "system", "content": "你是一个内容创作者。"},
        {"role": "user", "content": "为我提供一个关于环保的文章大纲。"}
    ]
}
```

返回内容：

```
{
    "message": {
        "role": "assistant",
        "content": "1．引言：当前的环境危机概述。\n2．为什么环保如此重要。\n3．主要的环境问题：塑料污染、气候变化、物种灭绝。\n4．解决方案：循环经济、可再生能源、持续性生活方式。\n5．个人如何参与：减少浪费、植树、支持绿色组织。\n6．结束语：对一个可持续的未来的期望。"
    }
}
```

2．创意写作

（1）希望得到一个冒险小说的情节建议。

请求：

```
{
    "messages": [
        {"role": "system", "content": "你是一个小说家。"},
        {"role": "user", "content": "我正在写一个关于冒险的小说，有什么建议？"}
    ]
}
```

返回内容：

```
{
    "message": {
        "role": "assistant",
        "content": "您可以考虑写一个关于一群朋友在一个未被发现的岛上的冒险。他们在岛上发现了古老的文明、隐藏的宝藏，但也面临着许多未知的危险。这个冒险不仅是外部的，也是内部的，因为他们的友情和信念都将受到考验。"
    }
}
```

（2）想要一个情节转折，使主人公的过去与他原先的认知大相径庭。

请求：

```
{
    "messages": [
        {"role": "system", "content": "你是一个小说家。"},
        {"role": "user", "content": "我需要一个情节转折，主人公发现他的过去不是他以为的样子。"}
    ]
}
```

返回内容：

```
{
    "message": {
        "role": "assistant",
        "content": "主人公在参加家族聚会时偶然发现了一个家族的秘密日记，里面提到了他的出生之谜。原来
他并不是家族的亲生孩子，而是从一个神秘组织那里被"借来"的。这份发现使他开始质疑自己的身份，并踏上了寻找
自己真正起源的旅程，逐渐揭示了一个超乎想象的秘密。"
    }
}
```

综上所述，通过微调用户的输入，可以引导 ChatGPT 提供不同的内容建议，满足不同的内容创作需求。根据期望的输出深度和具体性，调整输入可以为内容创作者提供更具针对性的帮助。

9.2.3　调整API参数

在内容创作的过程中，对 OpenAI API 参数的微调可以大大影响模型返回的输出质量和风格。这些参数为我们提供了深入、细致的控制手段，从而使输出更加符合我们的期望和需求。下面，我们将详细探讨如何为内容创作调整 API 参数，特别是 max_tokens 和 temperature 两个核心参数。

1. max_tokens：控制输出长度

max_tokens 参数允许我们限制模型返回的输出长度，以令其符合特定的内容需求。

·需要关于宇宙的简短摘要。

请求：

```
{
    "messages": [
        {"role": "system", "content": "你是一个内容创作者。"},
        {"role": "user", "content": "为我写一个关于宇宙的短摘要。"}
    ],
    "max_tokens": 50
}
```

返回内容：

```
{
    "message": {
        "role": "assistant",
        "content": "宇宙是所有存在的总和，包括星系、恒星、行星、物质、能量和空间时间本身。其起源、结
构和未来仍在研究中。"
    }
}
```

解释：通过设置 max_tokens 为 50，我们限制了模型的回复长度，从而获得了简短的摘要。

2. temperature：控制输出随机性

temperature 参数决定了模型输出的随机性。较高的值会增加输出的随机性和创意性，而较低的值则使输出更加一致和具有确定性。

·想要一个新颖和创意的故事情节。

请求：

```
{
    "messages": [
        {"role": "system", "content": "你是一个小说家。"},
        {"role": "user", "content": "为我想一个创意十足的故事情节。"}
    ],
    "temperature": 0.8
}
```

返回内容：

```
{
    "message": {
        "role": "assistant",
        "content": "在一个世界里，人们的记忆可以被储存、交换或销售。主人公为了挽救濒临破产的家族事业，决定卖掉自己最宝贵的记忆。但在这过程中，他发现了一个关于记忆市场的深层次阴谋。"
    }
}
```

高温度值（0.8）鼓励模型走出常规，从而生成了一个新颖的故事情节。若温度值设置得低，输出的故事情节可能更趋向于传统和能够被普遍接受的情节。

为了得到符合期望的内容创作结果，理解和调整 API 参数至关重要。通过结合不同的参数设置，内容创作者可以更好地控制和指导模型的输出，从而更好地满足他们的创作需求。

第10章 旅行规划

旅行规划是一个过程，涉及为即将进行的旅行确定目的地、行程、住宿、交通和其他相关活动，以确保旅行的顺利进行和满足旅行者的预期。

使用ChatGPT的API实现旅行规划，通常包括将该模型集成到旅行规划应用或网站中。通过API，用户可以输入旅行的需求、偏好或目的地，然后ChatGPT会生成相应的旅行建议、行程和活动推荐。此外，它还可以提供关于当地文化、食物和旅行提示的信息。这种方式不仅可以为旅行者提供个性化的旅行建议，还可以帮助他们更高效地规划和组织旅行。

10.1 ChatGPT在旅行规划中的应用

在数字化时代，传统的旅行规划和咨询方式正面临革命性的变革。ChatGPT作为一款先进的AI聊天模型，在旅行规划方面提供了无与伦比的便利性、快速性和个性化体验。

1. 初始规划和信息收集

开始旅行的规划通常涉及对目的地的基本了解。用户可能希望获取关于目的地的气候、货币、语言、文化习惯、节假日、交通工具等信息。

示例：

```
{
    "messages": [
        {"role": "system", "content": "你是一个知识渊博的旅行顾问。"},
        {"role": "user", "content": "我计划12月去加拿大滑雪，需要注意些什么？"}
    ]
}
```

返回内容可能会详细介绍加拿大12月的气候情况、滑雪度假胜地、必备的装备、当地的文化和风俗等。

2. 行程建议与景点推荐

旅行者常常需要具体的景点推荐和行程建议，尤其是针对他们的个性化需求。

示例：

```
{
    "messages": [
        {"role": "system", "content": "你是一个专业的旅行规划师, 擅长为游客提供个性化的建议。"},
        {"role": "user", "content": "我对法国的艺术和历史非常感兴趣, 你能为我规划一个为期7天的行
程吗? "}
    ]
}
```

返回内容可能会建议游客从巴黎开始，参观卢浮宫、奥赛博物馆、巴黎圣母院，然后游览凡尔赛宫，之后前往南部的普罗旺斯地区探索当地的艺术和历史遗迹。

3. 住宿、餐饮和体验活动建议

住宿和餐饮是旅行中的重要组成部分。此外，体验活动也为旅行者提供了深入了解当地文化的机会。

示例：

```
{
    "messages": [
        {"role": "system", "content": "你是一个餐饮和住宿专家, 同时也对当地的特色体验活动了如指
掌。"},
        {"role": "user", "content": "我将在曼谷逗留3天, 寻找中高端酒店和地道的泰国美食。另外, 我
还希望参与一些文化体验活动。"}
    ]
}
```

返回的内容可能会推荐曼谷的一些五星级酒店、著名的泰国料理餐厅，并建议参加泰式烹饪课程或当地的庙会活动。

4. 问题解答与应对突发状况

旅行中难免会遇到一些突发情况或问题，ChatGPT 可以为游客提供实时的咨询和建议。

示例：

```
{
    "messages": [
        {"role": "system", "content": "你是一个旅行问题解答专家, 擅长为游客提供应对策略。"},
        {"role": "user", "content": "我在柏林丢了护照, 我应该怎么办? "}
    ]
}
```

返回的内容可能会指导游客首先报警，并联系所在国家的大使馆或领事馆以获取进一步的帮助。

10.2 基于旅行规划的优化

使用 ChatGPT 进行旅行规划时，为了获得更精准的建议，我们必须对其输入接口进行优化。这样的优化可以确保旅行建议更符合旅行者的实际需求。设定 system 消息能为

ChatGPT 提供明确的旅行目标和期望。调整用户输入是为了确保旅行者的需求被准确传达。系统可以为模糊的输入提供智能提示,帮助旅行者明确他们的需求。调整 API 参数可以使建议更全面。

10.2.1　设定system消息

在旅行规划中,为了确保 ChatGPT 为用户提供的信息和建议与实际需求相匹配,设定正确的 system 消息显得尤为重要。接下来,我们将通过具体的例子,深入探索如何设定并优化 system 消息,并分析每一次尝试的原因与结果。

1.　信息收集——泰国之旅

（1）初步尝试

目的:了解泰国的基本信息。

尝试的 system 消息:"你是一个旅行规划专家。"

```
{
  "messages": [
    {"role": "system", "content": "你是一个旅行规划专家。"},
    {"role": "user", "content": "我打算下个月去泰国旅行,请告诉我一些基本信息。"}
  ]
}
```

返回内容:

```
{
  "message": {
    "role": "assistant",
    "content": "泰国是东南亚的一个国家,以其美丽的海滩、古老的寺庙和美食而著称。因为下个月是雨季的开始,所以请携带雨具。泰国的官方语言是泰语,而泰铢是其官方货币。"
  }
}
```

分析:

此次尝试给出了关于泰国的基本信息,但可能还不够具体或详细。为了得到更有针对性的建议或更深入的信息,我们需要进一步调整 system 消息。

（2）进一步优化

目的:获得具体的关于泰国的旅行建议。

优化后的 system 消息:"你是一个对泰国非常了解的旅行顾问。"

```
{
  "messages": [
    {"role": "system", "content": "你是一个对泰国非常了解的旅行顾问。"},
    {"role": "user", "content": "我打算下个月去泰国旅行,有什么推荐吗? "}
  ]
}
```

优化后的返回内容：

```
{
    "message": {
        "role": "assistant",
        "content": "考虑到您下个月的行程，我建议您访问曼谷的大皇宫和沙通寺，体验当地的夜市，然后前往
普吉岛或苏梅岛放松。不要错过尝试泰国的街头小吃，如Pad Thai和Mango Sticky Rice。"
    }
}
```

分析：通过调整 system 消息，使模型更具针对性地认为自己是一个泰国专家，从而提供了更具体的旅行建议，这能帮助模型更深入地理解用户的需求。

2. 行程建议——10 天欧洲之旅

（1）初步尝试

目的：了解 10 天内在欧洲的行程建议。

尝试的 system 消息："你是一个旅行规划师。"

```
{
    "messages": [
        {"role": "system", "content": "你是一个旅行规划师。"},
        {"role": "user", "content": "我有10天的时间，想在欧洲游玩，应该如何规划？"}
    ]
}
```

返回内容：

```
{
    "message": {
        "role": "assistant",
        "content": "对于10天的欧洲之旅，您可以选择3到4个城市。例如，首先访问伦敦（3天），其次去巴黎
（3天），再次去阿姆斯特丹（2天），最后在柏林结束（2天）。"
    }
}
```

分析：

虽然提供了一个基本的行程建议，但可能缺乏一些特色和深度。为了获得更具特色和有代表性的行程建议，我们需要进一步优化 system 消息。

（2）进一步优化

目的：获得更有代表性和特色的欧洲旅行建议。

优化后的 system 消息："你是一个专门规划欧洲行程的专家，擅长为短途旅行制定高效行程。"

```
{
    "messages": [
        {"role": "system", "content": "你是一个专门规划欧洲行程的专家，擅长为短途旅行制定高效行程。"},
        {"role": "user", "content": "我在欧洲只有10天，想看到最有代表性的景点，怎么办？"}
    ]
}
```

优化后的返回内容：

```
{
  "message": {
    "role": "assistant",
    "content": "只有10天，您应该专注于欧洲的几个主要城市。首先开始于伦敦的塔桥和大本钟。其次乘坐
欧洲之星前往巴黎，游览埃菲尔铁塔和卢浮宫。再次可以飞往罗马参观古罗马竞技场和梵蒂冈。最后前往布拉格，欣
赏查理大桥和布拉格城堡。"
  }
}
```

分析：

细化的 system 消息使模型能够提供更加详细和具有代表性的旅行建议，更好地满足用户的需求。

结论：

通过对 system 消息的细化和优化，可以使 ChatGPT 提供更符合用户期望的回复。根据不同的情境和需求，合理调整 system 消息可以使交互更加高效和有针对性。

10.2.2　调整用户输入

用户输入："我要去冰岛，有什么推荐？"

```
{
  "messages": [
    {"role": "user", "content": "我要去冰岛，有什么推荐？"}
  ]
}
```

返回内容：

```
{
  "message": {
    "role": "assistant",
    "content": "冰岛是自然奇观的宝库，您可以参观蓝湖温泉、金环路线和黑沙滩。"
  }
}
```

提供了一些基本的活动和景点，但对于冒险旅行者来说可能不够刺激。

进一步优化：

目的：寻求冰岛的冒险活动。

优化后的用户输入："我是个冒险爱好者，想在冰岛体验一些刺激的活动，有什么建议吗？"

```
{
  "messages": [
    {"role": "user", "content": "我是个冒险爱好者，想在冰岛体验一些刺激的活动，有什么建议吗？"}
  ]
}
```

优化后的返回内容：

```
{
  "message": {
    "role": "assistant",
    "content": "冒险爱好者可以考虑在冰岛进行冰川徒步，在Silfra裂缝中潜水，在火山洞窟探险，或者在
冬季观赏极光。"
  }
}
```

用户现在得到了一系列与冒险相关的活动建议，这些活动更能激发冒险旅行者的兴趣。

调整用户输入是获取有针对性答案的关键。其中的问题越具体和明确，得到的答案就越可能满足需求。此外，对于旅行规划这种场景，考虑自己的兴趣和偏好来调整问题，能帮助用户获得更个性化的建议。

10.2.3 调整API参数

OpenAI API 提供了一系列参数，允许开发者更细致地控制 ChatGPT 的回答。在旅行规划中，我们可以通过调整 API 参数，得到更精确、详尽或有创意的建议。以下将以实际场景为例，介绍如何调整 API 参数，并探讨调整的原因与结果。

1. 调整答案长度——为欧洲之行规划行程

（1）初步尝试

目的：获取欧洲旅行的简短建议。

API 参数：max_tokens: 50

```
{
  "messages": [
    {"role": "user", "content": "欧洲有哪些值得一游的地方？"}
  ],
  "max_tokens": 50
}
```

返回内容：

```
{
  "message": {
    "role": "assistant",
    "content": "欧洲有很多美丽的地方，如巴黎的埃菲尔铁塔、罗马的斗兽场、伦敦的大本钟等。"
  }
}
```

返回了一些欧洲的标志性景点，但是因为限制了答案的长度，信息可能不够完整。

（2）进一步优化

目的：获取详细的欧洲旅行建议。

API 参数：max_tokens: 200

```
{
    "messages": [
        {"role": "user", "content": "我计划在欧洲旅行20天，如何规划？"}
    ],
    "max_tokens": 200
}
```

优化后的返回内容：

```
{
    "message": {
        "role": "assistant",
        "content": "20天的欧洲之行，建议首先从巴黎开始，探访埃菲尔铁塔、卢浮宫，再前往阿姆斯特丹参观
风车和郁金香花园。其次，去德国的柏林、慕尼黑，然后到意大利的罗马、威尼斯。最后，您可以去瑞士的苏黎世、
日内瓦欣赏阿尔卑斯山，最后在伦敦结束您的旅行。"
    }
}
```

通过调整 max_tokens，用户得到了更加详尽的旅行建议，包括了多个国家和主要景点。

2. 调整温度参数——寻找非主流旅行地

（1）初步尝试

目的：获取非主流的欧洲旅行建议。

API 参数：temperature: 0.5

```
{
    "messages": [
        {"role": "user", "content": "我想探索欧洲一些鲜为人知的地方，有什么建议？"}
    ],
    "temperature": 0.5
}
```

返回内容：

```
{
    "message": {
        "role": "assistant",
        "content": "欧洲有一些较少为人知的宝藏地点，如塞尔维亚的贝尔格莱德、波兰的托伦、罗马尼亚的锡
比乌等。"
    }
}
```

返回了一些非主流的旅行地，但是可能仍然偏向常见的选择。

（2）进一步优化

目的：获取更有创意的欧洲旅行建议。

API 参数：temperature: 0.9

```
{
    "messages": [
        {"role": "user", "content": "欧洲有哪些秘密旅行地? "}
    ],
    "temperature": 0.9
}
```

优化后的返回内容:

```
{
    "message": {
        "role": "assistant",
        "content": "欧洲的秘密旅行地包括法国的阿尔萨斯酒乡、冰岛的遗失瀑布、希腊的塞萨洛尼基、拉脱维
亚的古尔贝内古城和挪威的洛弗敦群岛。这些地方美丽而鲜为人知,绝对值得一游。"
    }
}
```

提高 temperature 值后,返回了更有创意和独特性的旅行地建议。

通过调整 API 参数,如 max_tokens 和 temperature,可以根据不同的需求得到合适的旅行建议。对于想要详细建议的用户,增加答案长度很有用。而对于寻找独特、非主流旅行地的用户,提高温度值可以获得更有创意的答案。

第 11 章

法律咨询

法律咨询是指向法律专家寻求关于法律问题或事务的建议和指导的过程。

使用 ChatGPT 的 API 实现法律咨询,可以将该模型集成到法律咨询平台或应用中。用户输入他们的法律问题或情境,然后 ChatGPT 会生成初步的法律建议或解释。但由于法律的复杂性和重要性,ChatGPT 提供的答案应被视为初步的法律信息,而不是正式的法律建议。对于具体的法律问题或决策,用户仍然需要咨询专业的律师或法律顾问。

11.1 ChatGPT在法律咨询中的应用

当涉及法律咨询时,ChatGPT 可以在以下方面提供帮助,但重要的是要始终记住,ChatGPT 不能替代真正的法律专家的意见。

基础法律常识:对于那些仅需要基本的法律概念和定义的用户,ChatGPT 可以为他们提供初步的解释和指导。例如,用户可能要了解什么是版权,或者民事与刑事案件的区别是什么。

法律文献搜索:ChatGPT 可以协助用户搜索相关的法律条文、案例和解释,以便他们进一步研究。

初步的合同审查:尽管不能代替律师,但 ChatGPT 可以帮助用户识别某些合同中的模糊或不清晰的条款,并建议他们寻求专家的进一步审查。

案例模拟:用户可以通过描述特定的场景或情境,询问 ChatGPT 相关的法律观点或可能的法律后果。但这种反馈应当仅作为一种初步的指导。

法律程序概述:对于那些不熟悉特定法律流程的人,如申请专利、注册商标或进行遗嘱认证,ChatGPT 可以提供一个流程概述。

国际法概念:对于涉及多国法律的情况,ChatGPT 可以为用户提供一个初步的国际法律背景和概念。

法律资源推荐:根据用户的需求,ChatGPT 可以推荐相关的法律书籍、在线资源或法律研究工具。

法律职业介绍：对于那些对法律职业感兴趣的人，ChatGPT可以提供关于律师、法官、公证人等职业的介绍。

法律学习与考试准备：法学学生可以使用ChatGPT帮助复习课程内容或为法律考试做准备。

需要特别注意的是，尽管ChatGPT可以提供关于法律的一般信息和建议，但它不应被视为或用作正式的法律咨询或代表。在涉及具体的法律问题或决策时，用户应当咨询有资格认证的法律专家或律师。

11.2 基于法律咨询的优化

使用ChatGPT进行法律咨询时，为了确保得到的法律建议更加准确和专业，我们必须对其输入接口进行细致的优化。这样的优化可以确保法律建议更符合咨询者的实际需求，同时提高咨询的效率和质量。优化内容包括：设定system消息，给chatGPT提供一个明确的法律背景和范围；调整用户输入，确保咨询者的问题被准确传达；法律领域涉及的术语和概念可能很复杂，因此系统可以为不太明确或模糊的输入提供智能提示，帮助咨询者更准确地描述他们的问题；调整API参数，使得法律建议更加全面和深入。

11.2.1 设定system消息

法律咨询可能涉及多个方面，从基础的法律常识到复杂的法律案例分析。使用system消息可以指导ChatGPT模型提供合适的法律建议和信息。

首先，我们设置内容为：了解关于租房合同的基础信息。

```
{
    "messages": [
        {"role": "system", "content": "你是一个初级法律助理。"},
        {"role": "user", "content": "我想了解租房合同的基本要素。"}
    ]
}
```

返回内容：

```
{
    "message": {
        "role": "assistant",
        "content": "租赁合同的基本要素包括：1) 租赁双方的信息；2) 租金金额和支付方式；3) 租赁期限；
4) 物业的具体位置和描述；5) 维修和押金条款等。"
    }
}
```

作为初级法律助理，模型提供了关于租房合同基本要素的简单解释。

　　然后，我们进行进一步尝试，修改内容为：了解关于租房合同的详细条款。

```
{
    "messages": [
        {"role": "system", "content": "你是一个中级法律顾问。"},
        {"role": "user", "content": "我想深入了解租房合同中的押金条款。"}
    ]
}
返回内容：
{
    "message": {
        "role": "assistant",
        "content": "押金条款通常设计为保护房东免受潜在损害。这些条款通常规定：1）押金金额；2）押金
的退还条件；3）扣除押金的情况，如损坏物业、违约等；4）押金退还的时间框架。确保合同明确列出所有相关条
款，以避免将来的纠纷。"
    }
}
```

　　作为中级法律顾问，模型提供了关于租房合同中押金条款的详细解释，包括其目的和
主要条款。

　　最后，我们将 system 的内容修改为：获得法律专家对于租房合同争议的建议。

```
{
    "messages": [
        {"role": "system", "content": "你是一个高级法律专家，专注于合同法。"},
        {"role": "user", "content": "如果我和我的房东在合同条款上产生争议，我应该怎么办？"}
    ]
}
返回内容：
{
    "message": {
        "role": "assistant",
        "content": "在合同争议中，首先重看合同以确保你了解所有条款。建议与房东进行沟通，寻求友好解决。
如果争议持续，可以考虑调解。如果这些方法都不可行，可能需要寻求法律援助。在采取任何法律行动之前，最好先
咨询律师以确保你的权益得到维护。"
    }
}
```

　　作为高级法律专家，模型提供了更具策略性的建议，从沟通到采取法律行动的各个
阶段。

　　通过逐步调整 system 消息，可以指导模型从不同角度提供法律建议，从基础的信息提
供到深入的法律策略分析。

11.2.2　调整用户输入

　　有时，用户可能不知道如何准确地表述他们的问题或需要。在这种情况下，调整用户
输入可以帮助模型更准确地理解并回答用户的问题。

　　首先，我们输入内容：了解合同的基本内容。

```
{
    "messages": [
        {"role": "system", "content": "你是一个法律专家。"},
        {"role": "user", "content": "合同是什么？"}
    ]
}
```

返回内容：

```
{
    "message": {
        "role": "assistant",
        "content": "合同是两个或多个当事人之间达成的法律协议，约定双方的权利和义务。通常需要有明确的
要约、接受和对价。"
    }
}
```

对于这种基本的问题，模型给出了简单的定义。

然后，我们输入进一步的内容：了解合同中的细节。

```
{
    "messages": [
        {"role": "system", "content": "你是一个法律专家。"},
        {"role": "user", "content": "能详细介绍一下合同中的要约、接受和对价吗？"}
    ]
}
```

返回内容：

```
{
    "message": {
        "role": "assistant",
        "content": "当然可以。要约是一方提出的与对方达成合同的明确意向。接受是对方对要约表示同意的回
应。对价是合同中一方承诺给予另一方的回报，例如货物、服务或金钱。所有这些元素都是形成有效合同的基本条件。"
    }
}
```

调整用户的问题后，模型提供了对合同主要元素的详细解释。

最后，我们再次调整输入：了解合同的违约后果。

```
{
    "messages": [
        {"role": "system", "content": "你是一个法律专家。"},
        {"role": "user", "content": "如果一方违反合同条款，通常会有什么法律后果？"}
    ]
}
```

返回内容：

```
{
    "message": {
        "role": "assistant",
```

```
        "content"：" 违约通常会导致违约方承担一定的法律后果。这些后果可能包括：1）赔偿损失；2）执行合
同；3）终止合同；4）支付违约金。具体的法律后果取决于合同条款和相关法律规定。在某些情况下，双方也可以
通过协商来解决违约问题。"
    }
}
```

进一步调整后的问题使模型提供了关于违约后果的详细答案，包括可能的法律行动和
解决方式。

通过逐步调整用户输入，我们可以从模型中获得更深入、具体和详细的法律信息和
建议。

11.2.3 调整API参数

调整 API 参数是优化输出的一个重要方面。为了获得更具针对性、详细或格式化的答
案，我们可以对 API 的参数进行调整。

1. 初始参数设置

目标：获取关于"版权"的基础知识。

```
{
    "messages": [
        {"role": "system", "content": "你是一个法律专家。"},
        {"role": "user", "content": "什么是版权？"}
    ],
    "max_tokens": 100
}
```

返回内容：

```
{
    "message": {
        "role": "assistant",
        "content": "版权是一种知识产权，它赋予创作者对其作品的独家使用权。这包括复制、分发、展示和修
改作品的权利。"
    }
}
```

限制输出为 100 个令牌，因而得到一个简短的答案。

2. 调整后的参数设置

目标：获取更详细的信息。

```
{
    "messages": [
        {"role": "system", "content": "你是一个法律专家。"},
        {"role": "user", "content": "什么是版权？"}
    ],
    "max_tokens": 300
}
```

返回内容：

```
{
    "message": {
        "role": "assistant",
        "content": "版权是一种知识产权，它赋予创作者对其创作的独家使用和分配权。这些作品可以是文学、绘画、音乐、软件等形式。版权保护的目的是鼓励创新和创意，为创作者提供经济奖励。它通常持续一定的时间，之后作品进入公有领域。"
    }
}
```

由于增加了 max_tokens 参数，我们得到了关于版权的更详细的答案。

3．再次调整的参数设置

目标：得到有关版权侵权的后果的信息。

```
{
    "messages": [
        {"role": "system", "content": "你是一个法律专家，专注于版权法。"},
        {"role": "user", "content": "如果有人侵犯了我的版权，我可以采取什么法律行动？"}
    ],
    "max_tokens": 300,
    "temperature": 0.5
}
```

返回内容：

```
{
    "message": {
        "role": "assistant",
        "content": "如果有人侵犯了您的版权，您可以：1）提起民事诉讼要求赔偿损失；2）请求法院颁发禁止令，阻止继续侵权；3）在某些情况下，侵权者可能面临刑事处罚。最好先咨询律师，以确定最佳的法律策略和行动。"
    }
}
```

temperature 设置为 0.5 使得输出更加确定和结构化，能够提供具体的建议和策略。

通过逐步调整 API 参数，可以根据需要从模型中获得更准确、详细或结构化的法律咨询答案。

第12章　多语言翻译

多语言翻译是将一种语言的文本或话语转换为另一种或多种语言的过程。

使用 ChatGPT 的 API 实现多语言翻译，可以将该模型集成到翻译工具或平台中。用户输入他们想要翻译的文本和目标语言，然后 ChatGPT 会生成相应的翻译结果。GPT 模型在多语言处理上的能力，使得它可以为用户提供准确且自然的翻译，但对于专业或特定领域的翻译，可能还需要人工校对或专业翻译工具的辅助。

12.1　ChatGPT在多语言翻译中的应用

ChatGPT 在多语言翻译中的应用体现在其强大的语言处理能力之上，可以支持多种语言的文本翻译。以下是其在多语言翻译中的一些应用方向和潜在价值。

（1）即时翻译：用户可以输入一段文本，并请求 ChatGPT 将其翻译成其他语言。这对于基础的日常沟通、旅行或简单的文档翻译非常有帮助。

（2）文化和语境解释：与常规翻译软件不同，ChatGPT 可以为某些特定的词汇、成语或习惯用语提供文化和语境上的解释，帮助用户更好地理解其背后的意义。

（3）语言学习：学习新语言的用户可以使用 ChatGPT 来检查他们的句子结构和语法，或者获取单词和短语的例句。

（4）双语对照：对于那些希望同时查看源语言和目标语言的用户，ChatGPT 可以提供双语对照，使他们更容易对比和学习。

（5）多语言内容生成：企业或内容创作者可以使用 ChatGPT 为他们的文章、广告或其他材料生成多种语言的版本。

（6）口语模拟：ChatGPT 可以模拟真实的对话场景，帮助用户练习和提高他们的口语技能。

（7）手写文或方言翻译：对于某些特定的手写文或方言，ChatGPT 可以尝试提供更标准的语言翻译。

（8）翻译优化与校对：如果用户不确定他们的翻译是否准确，他们可以将其提交给

ChatGPT进行优化或校对。

（9）历史语言和文化背景：对于古老的、不再广泛使用的语言或文化背景，ChatGPT可以为用户提供基本的翻译和解释。

虽然ChatGPT在多语言翻译中显示出了强大的能力，但还是要注意：在涉及正式、专业或法律文档的翻译时，依然建议用户咨询专业的翻译服务或专家。这是因为语言的细微差异和文化语境可能导致误解或不准确的翻译。

12.2　基于多语言翻译的优化

使用ChatGPT进行多语言翻译时，为了确保翻译的准确性和流畅性，我们必须对其输入接口进行深入的优化。这样的优化旨在提高翻译的质量，确保翻译内容更符合用户的期望。具体包括：设定system消息可以为ChatGPT提供明确的翻译背景和要求。例如，如果用户需要将一段文本从英语翻译成法语，并希望翻译的风格为正式风格，我们可以通过system消息为ChatGPT提供这些具体信息，确保其提供的翻译结果既准确又符合所需的风格；调整用户输入是为了确保原始文本的信息被准确传达。由于不同语言之间的语法和表达方式可能存在差异，系统可以为模糊或不清晰的输入提供智能提示，帮助用户更准确地提供他们想要翻译的内容；调整API参数可以进一步提高翻译的质量。

因此，通过对ChatGPT的输入接口进行细致的优化，我们可以确保用户在进行多语言翻译时获得更加准确、流畅和满意的结果。

12.2.1　设定system消息

设定system消息是为了引导模型的回答，使其更符合用户的需求。在多语言翻译的应用中，我们希望模型能准确、快速地将源语言翻译成目标语言。

首先，我们填入简单内容：简单地将英文翻译成中文。

```
{
    "messages": [
        {"role": "system", "content": "你是一个翻译器。"},
        {"role": "user", "content": "How are you?"}
    ]
}
```

返回内容：

```
{
    "message": {
        "role": "assistant",
```

```
        "content": "你好吗? "
    }
}
```

基本的 system 设定使得模型能够进行简单的翻译。

然后，我们填入改进后的设定：要求模型提供正式的翻译。

```
{
    "messages": [
        {"role": "system", "content": "你是一个专业的英中翻译器，提供正式翻译。"},
        {"role": "user", "content": "How are you?"}
    ]
}
```

再次，返回内容：

```
{
    "message": {
        "role": "assistant",
        "content": "您好吗? "
    }
}
```

分析：

指明"专业"和"正式"导致模型使用了更正式的措辞。

再次改进设定。

目标：获得带有文化背景的翻译。

```
{
    "messages": [
        {"role": "system", "content": "你是一个具有深厚中文文化背景知识的翻译器。"},
        {"role": "user", "content": "Break a leg."}
    ]
}
```

最后，返回内容：

```
{
    "message": {
        "role": "assistant",
        "content": "祝你好运。"
    }
}
```

"Break a leg"在英语中是祝愿别人好运的说法，模型正确地将其翻译为中文。

通过逐步改进 system 消息的设定，我们可以根据不同的情境和需求得到更为准确和符合期望的翻译结果。

12.2.2 调整用户输入

用户输入的调整是为了使得模型更精确地理解用户的需求。在多语言翻译的应用中，确切的用户输入可以帮助模型提供更加贴近期望的翻译。

首次用户输入：将一个简单的英文句子翻译成中文。

```
{
    "messages": [
        {"role": "system", "content": "你是一个翻译器。"},
        {"role": "user", "content": "Hello, world!"}
    ]
}
```

返回内容：

```
{
    "message": {
        "role": "assistant",
        "content": "你好，世界！"
    }
}
```

对于基本的英文句子，模型给出了预期的中文翻译。

进行改进：要求模型将一句英文歌词翻译成中文。

```
{
    "messages": [
        {"role": "system", "content": "你是一个翻译器。"},
        {"role": "user", "content": "Translate the English lyrics 'What is love? Baby
don't hurt me' into Chinese."}
    ]
}
```

返回内容：

```
{
    "message": {
        "role": "assistant",
        "content": "什么是爱？宝贝不要伤害我。"
    }
}
```

明确指出这是一句歌词并直接询问翻译，使得模型更准确地完成了翻译任务。

再次改进的输入：要求模型将英文俚语翻译成中文，并保留其原始的意味。

```
{
    "messages": [
        {"role": "system", "content": "你是一个翻译器。"},
        {"role": "user", "content": "Translate the English slang 'Spill the tea' into
```

```
Chinese, but keep its original meaning."}
    ]
}
```

返回内容：

```
{
    "message": {
        "role": "assistant",
        "content": "告诉我内幕（直译为'泼出茶'，意为分享八卦或秘密）。"
    }
}
```

用户明确指出了需要保留原始意味，模型因此给出了直译并附带解释，帮助理解。

通过明确和细化用户输入，我们可以更好地指导模型，使其提供更为精确和贴近用户需求的翻译结果。

12.2.3　调整API参数

API 参数的调整可以影响模型的输出，使其更符合特定的需求。在多语言翻译场景中，调整 API 参数可以帮助我们获得更准确的翻译结果。

初始设定：将简单的英文句子翻译成中文。

```
{
    "messages": [
        {"role": "system", "content": "你是一个翻译器。"},
        {"role": "user", "content": "I love you."}
    ],
    "options": {
        "temperature": 1.0
    }
}
```

返回内容：

```
{
    "message": {
        "role": "assistant",
        "content": "我爱你。"
    }
}
```

这是一个简单的英文句子，模型在默认的参数下给出了预期的中文翻译。

参数调整：获取更为文学的翻译。

```
{
    "messages": [
        {"role": "system", "content": "你是一个翻译器。"},
        {"role": "user", "content": "The stars shine bright in the night sky."}
```

```
    ],
    "options": {
        "temperature": 0.5
    }
}
```

返回内容:

```
{
    "message": {
        "role": "assistant",
        "content": "夜空中的星星闪烁着明亮的光芒。"
    }
}
```

通过降低温度参数,使得翻译结果更为确定和标准。

进一步进行参数调整。

目标:获得更为自由和创意的翻译。

```
{
    "messages": [
        {"role": "system", "content": "你是一个翻译器。"},
        {"role": "user", "content": "The world is a canvas to our imagination."}
    ],
    "options": {
        "temperature": 1.5
    }
}
```

返回内容:

```
{
    "message": {
        "role": "assistant",
        "content": "这个世界是我们想象力的画布,任意挥洒。"
    }
}
```

增加温度参数引入了更多的随机性,使得翻译更具创意和自由度。

通过适当调整 API 参数,我们可以根据不同的场景和需求,指导模型生成更为符合预期的翻译输出。

第13章　市场分析

市场分析是对特定市场的大小、趋势、增长、竞争者及潜在客户的系统研究和评估。

使用 ChatGPT 的 API 实现市场分析，可以将该模型集成到市场研究工具或平台中。用户可以输入与特定市场、产品或趋势相关的问题，然后 ChatGPT 会基于其训练数据生成分析结果、建议或见解。虽然 ChatGPT 可以提供初步的市场洞察，但对于深入的市场分析，结合其他数据源和专业市场研究工具会更为有效。

13.1　ChatGPT在市场分析中的应用

ChatGPT 在市场分析中的应用与法律法规咨询可能会交叉，尤其在那些涉及法律合规性、商业活动规定和其他法律事务的领域。以下是关于法律法规的咨询中，ChatGPT 在市场分析中应用的一些方面。

（1）合规性检查：在进入一个新市场或推出新产品之前，企业需要确保它们不违反当地的法律和法规。ChatGPT 可以为用户提供初步的合规性检查，指导他们了解某个市场的基本法律要求。

（2）竞争对手法律风险评估：ChatGPT 可以帮助分析竞争对手的公开记录，如法律纠纷或监管问题，以更好地了解市场上的法律风险。

（3）市场准入条件：在某些行业和市场，特定的法律和法规可能会限制新公司的进入。ChatGPT 可以帮助用户识别和理解这些准入障碍。

（4）合同和协议分析：对于那些涉及合作伙伴、供应商或分销商的市场分析，ChatGPT 可以协助用户审查和理解相关的合同和协议内容。

（5）知识产权概况：在考虑进入新市场或推出新产品时，了解知识产权（如专利、商标、版权）的情况至关重要。ChatGPT 可以为用户提供一个关于特定市场或领域的知识产权概况。

（6）监管趋势分析：通过分析公开的法规和政策变动，ChatGPT 可以为用户提供关于某个市场监管趋势的初步见解。

（7）税务和关税咨询：在全球市场中，税务和关税是公司必须考虑的重要因素。ChatGPT 可以为用户提供关于不同市场税务和关税规定的基本信息。

（8）消费者权益与产品标准：在某些市场中，特定的产品标准或消费者权益法可能会影响产品的设计和营销策略。ChatGPT 可以帮助用户理解这些要求。

（9）环境和社会责任法规：随着企业社会责任的重要性日益增加，ChatGPT 可以为用户提供关于特定市场环境和社会责任法规的信息。

（10）风险管理与应急准备：在面对潜在的法律风险时，ChatGPT 可以为用户提供初步的风险管理建议和应急准备策略。

尽管 ChatGPT 在法律与市场分析方面都显示出了强大的能力，但仍然需要强调，它不能替代真正的法律或市场专家。在做出重要决策时，建议用户咨询专业的律师、市场分析师或其他相关专家。

13.2　基于市场分析的优化

使用 ChatGPT 进行市场分析时，为了确保得到的分析结果更加深入和准确，我们必须对其输入接口进行专业的优化。这样的优化可以帮助 ChatGPT 更好地理解市场的复杂性和用户的具体需求，从而提供更有价值的市场洞察。设定 system 消息是为了给 ChatGPT 提供明确的市场背景和分析目标；调整用户输入是为了确保用户的问题和需求被准确传达。市场分析涉及的数据和概念可能很复杂，因此系统可以为不太明确或模糊的输入提供智能提示，帮助用户更准确地描述他们的分析需求；调整 API 参数是为了使得分析结果更加全面和细致。

总之，通过对 ChatGPT 的输入接口进行全面的优化，我们可以确保用户在进行市场分析时获得更加深入、专业和有价值的洞察。

13.2.1　设定system消息

system 消息用于为模型设定一个特定的情境或角色。在市场分析场景中，通过精准的 system 消息，我们可以指导模型为用户提供更具深度和针对性的市场分析。

首先，初始设定 system 消息：获取关于智能手机市场的基本信息。

```
{
    "messages": [
        {"role": "system", "content": "你是一个市场分析师。"},
        {"role": "user", "content": "告诉我关于智能手机市场的最新趋势。"}
    ]
}
```

返回内容：

```
{
    "message": {
```

```
    "role": "assistant",
    "content": "智能手机市场目前正经历5G技术的广泛应用、摄像头技术的创新及折叠屏手机的兴起。同
时，可持续性和环保设计也正在成为一个新的市场趋势。"
    }
}
```

该指导使模型提供了智能手机市场的基本趋势，但信息较为简略，可能不足以满足专业分析的需求。

然后，细化消息：获取关于智能手机市场在欧洲的详细分析。

```
{
    "messages": [
        {"role": "system", "content": "你是一个专注于欧洲市场的分析师。"},
        {"role": "user", "content": "欧洲的智能手机市场有哪些特点和挑战？"}
    ]
}
```

返回内容：

```
{
    "message": {
        "role": "assistant",
        "content": "欧洲的智能手机市场特点为多元化的品牌竞争，强调数据隐私和安全，以及对环保认证和可
持续性的重视。挑战包括面对亚洲品牌的竞争、高价位带来的销售压力，以及满足多国家法规和标准的要求。"
    }
}
```

通过更加明确的角色指定，模型提供了更为具体且针对欧洲市场的分析内容。

最后，进一步设定细化消息：对欧洲智能手机市场的未来发展趋势进行预测。

```
{
    "messages": [
        {"role": "system", "content": "你是一个市场研究机构的首席分析师，擅长预测。"},
        {"role": "user", "content": "接下来五年，欧洲智能手机市场的预期走势如何？"}
    ]
}
```

返回内容：

```
{
    "message": {
        "role": "assistant",
        "content": "预计接下来五年，在欧洲智能手机市场将看到以下趋势：1）5G网络的普及推动新设备销售；
2）持续的亚洲品牌竞争，特别是中低端市场；3）环保和可回收设计成为决策重要因素；4）AR和VR技术带动新的
硬件需求；5）数据安全和隐私问题持续受到关注，可能影响某些品牌的市场份额。"
    }
}
```

进一步明确的角色设定让模型提供了更为深入的预测分析，涵盖了多个方面的市场趋势。

总的来说，通过逐步优化和明确 system 消息的设定，可以更好地引导模型生成符合用户需求和期望的市场分析。

13.2.2 调整用户输入

市场分析通常要求具体的和深入的见解。通过微调用户的输入，我们可以更好地引导模型提供所需的答案。

初始用户输入：了解食品市场的大致概况。

```
{
    "messages": [
        {"role": "system", "content": "你是一个市场分析师。"},
        {"role": "user", "content": "告诉我食品市场的一般情况。"}
    ]
}
```

返回内容：

```
{
    "message": {
        "role": "assistant",
        "content": "食品市场是一个广泛的行业，涵盖从基础农产品到加工食品的各种领域。消费者的需求和偏好在不断变化，推动行业的创新和变革。例如，健康和有机食品呈现增长趋势，而方便食品和快餐也仍然受到许多消费者的欢迎。"
    }
}
```

这是一个非常宽泛的回答，为了得到更具体的信息，我们需要进一步细化查询。

用户输入细化：专注于有机食品的市场趋势。

```
{
    "messages": [
        {"role": "system", "content": "你是一个市场分析师。"},
        {"role": "user", "content": "我想了解有机食品的市场趋势。"}
    ]
}
```

返回内容：

```
{
    "message": {
        "role": "assistant",
        "content": "有机食品市场正在经历持续的增长，主要受到消费者对健康和环境问题日益增长的关注的推动。随着更多的农场获得有机认证，有机食品的供应量也在增加，价格逐渐变得更加亲民。大型超市和零售商也在增加有机产品的货架空间，满足消费者的需求。"
    }
}
```

分析：

我们得到了关于有机食品市场趋势的更具体的答案，但如果想要获取更深入的见解或数据，我们需要进一步明确我们的查询。

进一步细化用户输入：了解有机食品市场的主要参与者。

```
{
    "messages": [
        {"role": "system", "content": "你是一个市场分析师。"},
        {"role": "user", "content": "谁是有机食品市场的主要品牌和参与者？"}
    ]
}
```

返回内容：

```
{
    "message": {
        "role": "assistant",
        "content": "在有机食品市场，有几个知名的品牌和参与者占据了主导地位，包括Whole Foods Market、
Organic Valley、Amy's Kitchen、Horizon Organic和Nature's Path。此外，主流超市品牌，如Walmart
和Target，也在其产品线中加入了大量的有机选项，进一步推动了该行业的增长。"
    }
}
```

此次查询得到了更为明确的品牌和市场参与者的列表，为用户提供了更深入的情况。

逐步细化用户输入可以帮助模型提供更具体、有针对性的答案，并让用户更好地了解市场分析的各个方面。

13.2.3　调整API参数

通过细化 API 参数，我们可以针对市场分析的特定需求进一步优化模型输出。以下是一个示范性的过程。

进行初始 API 参数设置，使之达到目标：获取食品市场的概况。

API 参数：

```
{
    "messages": [
        {"role": "system", "content": "你是一个市场分析师。"},
        {"role": "user", "content": "告诉我食品市场的概况。"}
    ],
    "max_tokens": 150
}
```

返回内容：

```
{
    "message": {
        "role": "assistant",
        "content": "食品市场是一个广泛的行业，包括农产品、加工食品等多个领域。当前，健康和有机食品趋
势正席卷全球，方便食品也广受欢迎。"
    }
}
```

max_tokens 设置为 150 可能限制了答案的长度和深度。为了获取更详细的答案，我们需要增加输出的字数限制。

调整 API 参数，使之达到目标：获取更详细的食品市场概况。

API 参数为

```
{
    "messages": [
        {"role": "system", "content": "你是一个市场分析师。"},
        {"role": "user", "content": "告诉我食品市场的概况。"}
    ],
    "max_tokens": 300
}
```

返回内容：

```
{
    "message": {
        "role": "assistant",
        "content": "食品市场是一个广泛的行业，包括从基础农产品到精细加工食品的各个环节。当前，健康和有机食品的需求正急速增长，主要受到消费者对健康和环境日益关注的影响。同时，快餐和方便食品仍然是大众市场的热门，特别是在城市化进程加快的国家。随着技术的发展，线上食品购买也成为新的增长点，例如，即时配送服务、智能农场等新型业态正在改变市场格局。"
    }
}
```

通过增加 max_tokens，我们得到了一个更为详细的市场概况。

进一步调整 API 参数，使之达到目标：特别关注健康和有机食品市场。

API 参数为

```
{
    "messages": [
        {"role": "system", "content": "你是一个专门研究健康和有机食品市场的分析师。"},
        {"role": "user", "content": "详细描述健康和有机食品的市场趋势。"}
    ],
    "max_tokens": 500
}
```

返回内容：

```
{
    "message": {
        "role": "assistant",
        "content": "健康和有机食品市场近年来持续增长。首先，消费者对健康饮食的关注度提高，加上环境保护意识的觉醒，使得有机食品受到追捧。其次，政府和相关组织对于有机农业的政策支持也为市场增长提供了动力。此外，大型超市和连锁店积极扩大有机产品线，配合有效的市场营销策略，进一步提高了消费者对有机食品的认知和接受度。而随着技术的进步，追溯技术使得有机食品的真实性得以验证，增强了消费者的信心。未来，预计这一市场仍将保持增长态势，特别是在发展中国家，有机市场仍有巨大的潜力待挖掘。"
    }
}
```

通过指定 system 消息的内容和增加 max_tokens，我们得到了一个关于健康和有机食品市场趋势的深入分析。

在市场分析中，调整 API 参数可以帮助我们根据特定的需求优化模型输出，从而获取更具针对性和深入的答案。

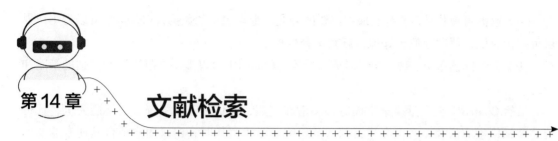

第14章 文献检索

文献检索是一个系统地搜索和获取特定主题或领域相关文献和资料的过程。

使用 ChatGPT 的 API 实现文献检索，可以将该模型集成到文献搜索工具或数据库平台中。用户输入他们的研究问题或关键词，然后 ChatGPT 根据其训练数据和知识库生成相关的文献或资料推荐。此外，ChatGPT 还可以用于摘要文献、提供文献的核心观点或进行初步的文献评估。但为了确保文献的完整性和准确性，结合传统的文献数据库和检索工具仍然很重要。

14.1 ChatGPT在文献检索中的应用

ChatGPT 在文献检索中的应用可以极大地辅助研究人员、学生、专家和其他需要大量文献资料的用户。以下是 ChatGPT 在文献检索应用的几个方面。

（1）关键词推荐：基于用户给定的主题或问题，ChatGPT 可以推荐相关的关键词，帮助用户更精准地进行文献检索。

（2）文献概览：对于某个特定领域或主题，ChatGPT 可以为用户提供重要文献的简短摘要或概览。

（3）引文管理：ChatGPT 可以帮助用户整理和管理他们引用的文献，提供正确的引用格式，并根据不同的引文标准（如 APA、MLA、Chicago 等）自动格式化引文。

（4）文献间的关联识别：对于给定的一篇文章或文献，ChatGPT 可以推荐与之相关或有相似主题的其他文献。

（5）文献评估：ChatGPT 可以帮助用户评估文献的质量，指出可能的偏见、方法论缺陷或其他潜在问题。

（6）实时 Q&A：在文献检索过程中，用户可能会遇到与检索工具或数据库相关的技术问题。ChatGPT 可以为用户提供即时的答案和建议。

（7）多语言文献搜索：ChatGPT 可以帮助用户查找非英语的文献，并提供初步的翻译或概要。

（8）数据可视化建议：对于那些需要图表或图形来表示的数据，ChatGPT可以为用户提供可视化建议，帮助他们更好地理解和解释数据。

（9）文献阅读策略：对于初学者或非专家，ChatGPT可以提供文献阅读和评估的策略和技巧。

虽然ChatGPT在文献检索方面有很多潜在应用，但仍然需要强调，它不能完全替代传统的文献检索方法和工具。在进行深入的研究或学术写作时，建议用户结合其他专业的检索工具和数据库，以确保结果的准确性和完整性。

14.2　基于文献检索的优化

使用ChatGPT进行文献检索时，为了确保搜索结果的相关性和准确性，我们必须对其输入接口进行细致的优化。这样的优化可以确保ChatGPT更有效地捕捉到用户的检索需求，从而提供更为精确的文献推荐。具体如下：设定system消息是为了给ChatGPT提供明确的检索背景和目标；调整用户输入是为了确保用户的检索需求被准确传达。文献检索往往需要精确的关键词和短语，因此系统可以为不太明确或模糊的输入提供智能提示，帮助用户更准确地描述他们的检索关键词；调整API参数是为了使得检索结果更加全面和相关。

通过对ChatGPT的输入接口进行全面的优化，我们可以确保用户在进行文献检索时获得更加相关、准确和高效的结果。

14.2.1　设定system消息

文献检索中的system消息设定

（1）基础设定：为用户提供关于其查询主题的基础文献建议。

```
{
    "messages": [
        {"role": "system", "content": "你是一个学术文献检索助理，帮助用户查找相关研究文章。"},
        {"role": "user", "content": "我正在研究气候变化对海平面上升的影响。"}
    ]
}
```

返回内容：

```
{
    "messages": [
        {"role": "assistant", "content": "气候变化对海平面上升的影响是一个广泛关注的话题。您可以查看以下期刊：《气候动力学》《海洋科学》以及《全球变化生物学》，以找到相关文献。"}
    ]
}
```

这是一个基本的设定，主要目标是根据用户提供的大致方向，为其提供一个基础的、宏观的建议。返回的建议集中于较为广泛的期刊名称，为用户提供了一个初步的文献检索方向。这种方式适合对于该领域的了解尚浅，需要一个大致的方向或起点的用户。

（2）高级设定：为用户提供关于其查询主题的深度和具体的文献建议。

```
{
    "messages": [
        {"role": "system", "content": "你是一个专门研究气候变化的学者，对于气候变化对海洋的影响有深入的研究和文献知识。"},
        {"role": "user", "content": "我需要关于北极海冰融化对全球海平面上升的影响的详细文献。"}
    ]
}
```

返回内容：

```
{
    "messages": [
        {"role": "assistant", "content": "北极海冰融化对全球海平面上升的影响是一个关键的研究方向。以下是一些核心文献推荐：《北极海冰减少与全球海平面上升的关联性研究》《北极气温上升导致的海冰融化与海平面变化》。您可以在如《气候变化研究》《海洋与大气科学》《北极研究》等期刊中查找这些论文。此外，建议您在Google Scholar、JSTOR和Web of Science上进行详细的搜索。"}
    ]
}
```

在这个高级设定中，模型被定义为一个深入研究气候变化的学者，所以返回的建议不仅具体和详尽，而且可能涉及该领域的最新研究和最权威的文献。给出了具体的文章标题、期刊名称及其他研究平台的建议，这种方式适合用户已经深入研究了某个领域，需要权威性和深度的文献资料来进一步加深自己的研究。

14.2.2　调整用户输入

文献检索中的用户输入调整。

首先，设定初始目的：对于较为模糊的用户查询，提供一个较为宽泛的文献检索建议。

```
{
    "messages": [
        {"role": "system", "content": "你是一个学术文献检索助理。"},
        {"role": "user", "content": "我想了解气候变化。"}
    ]
}
```

返回内容：

```
{
    "messages": [
        {"role": "assistant", "content": "气候变化是一个非常广泛的话题。您可以从以下几个方面入手：气候变化的原因、气候变化的影响、如何应对气候变化等。建议您查阅《气候变化研究》这类期刊以获取更多信息。"}
    ]
}
```

用户的查询相对模糊，因此助理提供了一些建议方向和对应的期刊名称。

这种方式适合对某个领域感兴趣，但尚未确定具体研究方向的用户。

然后，设定进阶目的：对于较为具体的用户查询，提供更针对性的文献建议。

```
{
    "messages": [
        {"role": "system", "content": "你是一个学术文献检索助理。"},
        {"role": "user", "content": "我想研究气候变化对北极生态的影响。"}
    ]
}
```

返回内容：

```
{
    "messages": [
        {"role": "assistant", "content": "气候变化对北极生态的影响是一个重要研究方向。您可能对以
下文献感兴趣：《气候变化与北极生态系统的关联性》《北极生物多样性与气候变化的相互作用》。这些文献在《北
极生态研究》和《全球生态变化》等期刊上发表过。"}
    ]
}
```

用户的查询已经有了明确的方向，所以模型提供了更具体的文献标题和期刊名称。

这种方式适合已经有了研究方向，但需要相关文献进行进一步研究的用户。

最后，设定最终目的：对于非常具体的用户查询，提供最相关和深入的文献建议。

```
{
    "messages": [
        {"role": "system", "content": "你是一个学术文献检索助理。"},
        {"role": "user", "content": "我需要找到关于近十年气候变化对北极熊食物链影响的文献。"}
    ]
}
```

返回内容：

```
{
    "messages": [
        {"role": "assistant", "content": "近十年气候变化对北极熊食物链的影响是一个具体的研究领域。
以下是一些建议文献：《北极熊食物链变化与气候变化的关联性研究》《气候变化对北极熊食物来源的影响》。这些
文献主要在《北极生物研究》和《气候生态影响》等期刊上发表。建议您在学术搜索引擎如Google Scholar进行深
入搜索。"}
    ]
}
```

用户提供了非常具体的查询需求，所以模型返回了深入和具体的文献标题、期刊名称，以及其他搜索建议。

这种方式适合已经深入某个领域研究，需要特定文献来进一步支持自己研究的用户。

14.2.3　调整API参数

文献检索中的 API 参数调整。

1. 基础调整

设定目的：获取广泛的文献结果，我们可以设置 API 参数以返回更多的结果。

```
{
    "messages": [
        {"role": "system", "content": "你是一个学术文献检索助理，并使用API来检索文献。"},
        {"role": "user", "content": "我想了解气候变化。"}
    ]
}
```

API 参数调整：

```
keywords: "气候变化"
return_count: 100
sort_order: "relevance"
```

返回内容：

```
{
    "messages": [
        {"role": "assistant", "content": "气候变化是一个非常广泛的话题。我为您找到了100篇与气候
变化相关的文献。建议您可以从这些文献中进一步筛选您的研究方向。"}
    ]
}
```

使用的 return_count 参数设置为 100，我们尽可能获取更多的相关文献。

sort_order 设置为 "relevance" 确保返回的结果与关键词 " 气候变化 " 高度相关。

2. 中级调整

设定目的：为了获取更具体的文献，我们可以调整 API 参数来缩小检索范围。

```
{
    "messages": [
        {"role": "system", "content": "你是一个学术文献检索助理，并使用API来检索文献。"},
        {"role": "user", "content": "我想研究气候变化对北极生态的影响。"}
    ]
}
```

API 参数调整：

```
keywords: "气候变化 北极 生态"
return_count: 50
sort_order: "recent"
date_range: "last_5_years"
```

返回内容：

```
{
    "messages": [
        {"role": "assistant", "content": "关于气候变化对北极生态的影响，我为您找到了过去5年内的
50篇相关文献。您可以从这些文献中找到最新的研究进展和趋势。"}
    ]
}
```

效果分析:

使用 keywords 参数结合"气候变化""北极"和"生态"三个关键词,我们可以得到更具体的搜索结果。

sort_order 设置为 "recent",date_range 设置为 "last_5_years",确保我们得到近年来的研究文献。

3. 高级调整

设定目的:为了找到深入的研究文献,我们可以进一步细化 API 参数。

```
{
    "messages": [
        {"role": "system", "content": "你是一个学术文献检索助理,并使用API来检索文献。"},
        {"role": "user", "content": "我需要找到关于近十年气候变化对北极熊食物链影响的文献。"}
    ]
}
```

API 参数调整:

```
keywords: "气候变化 北极熊 食物链"
return_count: 20
sort_order: "citation_count"
date_range: "last_10_years"
journal_name: "Climate Ecology"
```

返回内容:

```
{
    "messages": [
        {"role": "assistant", "content": "针对您的需求,我为您检索了《Climate Ecology》期刊近
10年内关于气候变化对北极熊食物链影响的文献。根据引用次数,我找到了20篇最受关注的文献。"}
    ]
}
```

结合了 keywords 参数中的"气候变化""北极熊"和"食物链"这几个关键词,使得返回的文献非常相关。

sort_order 设置为 "citation_count",确保返回的文献在学术界有较高的关注度和影响力。

通过限制 journal_name 为 "Climate Ecology",我们聚焦于专业的生态领域,从而获取深入的研究内容。

第 3 篇

OpenAI API 实战

在上一篇中，我们详细列举了智能问答等十多个场景的应用，并深入探讨了如何优化参数输入以获得更佳的效果。鉴于读者对实际应用的浓厚兴趣，本篇我们将进一步深化讨论，为大家带来 OpenAI API 的实战讲解。

我们挑选了三个常用的场景，并计划使用三种不同的 API 来展示如何在实际中应用 OpenAI 的技术。首先，我们将探索如何构建一个聊天机器人，使其能够与用户进行流畅的对话，并提供有价值的信息。其次，我们会进入 AI 绘画领域，展示如何利用 API 将文本描述转化为生动的图像。最后，我们将深入 AI 文本审核，解析如何使用 API 自动检测和过滤不恰当或有害的内容。

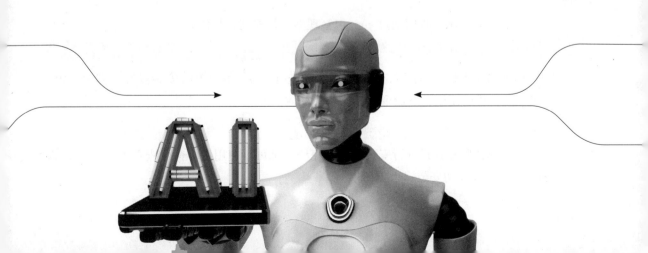

第15章 开发准备工作

开发准备工作是在正式开始软件或项目开发之前进行的一系列活动，包括需求分析、技术选型、工具和环境的配置、项目计划和时间线的制订等。

其必要性体现在以下几点。

· 明确目标：确保团队对项目的目标和预期有清晰的理解。

· 风险降低：通过早期的技术验证和选型，减少开发过程中的不确定性和风险。

· 资源分配：确保有足够的资源（如人员、时间、资金）来支持项目的开发。

· 效率提高：通过预先配置好的开发环境和工具，加速开发过程。

· 质量保证：通过早期的需求分析和设计，确保最终产品的质量和用户满意度。

15.1 搭建服务端环境

本书中我们使用Java语言作为后端服务开发语言，下面我们先介绍如何搭建服务端环境。

15.1.1 安装Java

（1）首先需要下载一个Java的JDK（Java Development Kit）。可以从Oracle的官网上下载，或者选择使用开源的OpenJDK。Oracle JDK需要接受许可协议，而OpenJDK则较为开放。

（2）对于OpenJDK，我们通过yum包管理器进行安装，具体如下：

```
sudo yum install java-1.8.0-openjdk-devel
```

（3）如果选择从Oracle下载，那么需要手动进行安装。假设JDK安装包名为jdk-8u291-linux-x64.rpm，可以使用以下命令进行安装，具体如下：

```
sudo rpm -ivh jdk-8u291-linux-x64.rpm
```

（4）无论选择何种方式进行安装，安装完毕后都可以使用以下命令查看Java版本，以验证Java是否已经成功安装：

```
java -version
```

当此命令返回 Java 版本信息，则安装成功。

（5）配置 Java 环境变量，编辑 /etc/profile 文件，在最后添加如下内容：

```
export JAVA_HOME=/path/to/your/javaexport PATH=$JAVA_HOME/bin:$PATHexport CLASSPATH=
.:$JAVA_HOME/lib/dt.jar:$JAVA_HOME/lib/tools.jar
```

（6）保存退出后，使环境变量生效，具体如下：

```
source /etc/profile
```

Java 安装中可能会遇到一些问题，下面是一些常见的需要注意的事项。

·选择适合的 Java 版本：Java 有多个版本，例如 Java 8、Java 11 等。不同的 Java 版本有不同的功能特性，也有不同的支持和更新策略。需要根据项目需求选择适合的 Java 版本。

·选择 JDK 或 JRE：Java Development Kit (JDK) 包含了 Java 运行环境（Java Runtime Environment，JRE）和一些开发工具。如果只是想运行 Java 程序，那么安装 JRE 就足够了。但是如果需要开发 Java 程序，就需要安装 JDK。

·设置环境变量：安装 Java 后，需要设置 JAVA_HOME 和 PATH 环境变量，以便系统和其他程序可以找到 Java。JAVA_HOME 应该设置为 Java 安装目录，而 PATH 应该包含 Java bin 目录。

·Java 内存管理：Java 虚拟机（JVM）使用一个称为堆（Heap）的内存空间来存储对象。JVM 的内存使用量可以通过 JVM 参数进行配置。如果 Java 程序需要处理大量数据，或者运行在内存有限的环境中，那么就需要适当调整这些参数。

·多版本 Java 的管理：在一台机器上可能需要安装多个版本的 Java，这种情况下需要注意管理和使用各个版本。可以使用 update-alternatives 命令（在 Unix-like 系统中）来管理多个 Java 版本。

·系统权限：在某些情况下，Java 可能需要一些特定的系统权限才能正常运行。例如，如果 Java 需要监听 1024 以下的端口，那么就需要 root 权限。在这种情况下，需要注意不要赋予 Java 过多的权限，以防止潜在的安全风险。

·防火墙和网络设置：如果 Java 程序需要进行网络通信，那么就需要确保防火墙和网络设置不会阻止 Java 的网络连接。

15.1.2 安装Maven

（1）从 Maven 的官网下载 Maven 的二进制安装包。

（2）将下载的安装包解压到想要安装的位置，例如 /usr/local/，具体如下：

```
sudo tar xvf apache-maven-3.8.1-bin.tar.gz -C /usr/local/
```

（3）配置 Maven 环境变量，编辑 /etc/profile 文件，在最后添加如下内容：

```
export MAVEN_HOME=/path/to/your/mavenexport PATH=$MAVEN_HOME/bin:$PATH
```

（4）使用 Maven 进行部署，Maven 使用一个名为 pom.xml 的文件来管理项目的构建。pom.xml 包含了项目的基本信息及项目的依赖关系。

我们使用 mvn clean install 来编译和打包项目。如果项目包含了一个 web 应用，可能还需要将项目部署到一个服务器上。这通常需要在 pom.xml 中添加额外的插件配置。具体的配置方法取决于所使用的服务器类型。

安装 maven 过程中的注意事项如下。

· Java 环境：Maven 是用 Java 编写的，因此在安装 Maven 之前，必须保证已经安装了适当版本的 Java。目前，Maven 3.3 及以上版本需要 Java 7 或者更高版本。

· Maven 版本：Maven 有多个版本，包括 Maven 2 和 Maven 3。在大多数情况下，推荐选择使用最新版本的 Maven，除非有特别的需求。

· 环境变量：安装 Maven 后，需要设置 MAVEN_HOME 和 PATH 环境变量，以便系统和其他程序能够找到 Maven。MAVEN_HOME 应设置为 Maven 的安装目录，而 PATH 应包含 Maven 的 bin 目录。

· Maven 仓库：Maven 管理和使用一个本地仓库来存储项目的依赖库。默认情况下，这个仓库位于目录 .m2/repository 文件夹下。需要确保这个目录有足够的空间存储依赖库，而且 Maven 有权限读写这个目录。

· 代理设置：若所处网络环境需要使用 HTTP 代理，那么需要在 Maven 的 settings.xml 文件中设置代理。

· 私有仓库和镜像：若项目使用了一些公共仓库中没有的依赖，或者想加快依赖的下载速度，可以设置私有仓库或者使用镜像。

· 内存设置：在构建大型项目时，Maven 可能会需要更多的内存。可以通过 MAVEN_OPTS 环境变量来设置 Maven 的内存使用量，例如：export MAVEN_OPTS="-Xms256m-Xmx512m"。

我们实战例子中使用到的 maven 的 dependencies 如下：

```
<dependencies>
    <dependency>
        <groupId>org.springframework.boot</groupId>
        <artifactId>spring-boot-starter-web</artifactId>
    </dependency>

    <dependency>
        <groupId>org.projectlombok</groupId>
        <artifactId>lombok</artifactId>
```

```xml
            <optional>true</optional>
        </dependency>
        <dependency>
            <groupId>com.alibaba</groupId>
            <artifactId>fastjson</artifactId>
            <version>2.0.26</version>
        </dependency>
        <dependency>
            <groupId>org.springframework.boot</groupId>
            <artifactId>spring-boot-starter-test</artifactId>
            <scope>test</scope>
        </dependency>
        <dependency>
            <groupId>org.springframework.cloud</groupId>
            <artifactId>spring-cloud-context</artifactId>
            <version>3.1.5</version>
        </dependency>
        <dependency>
            <groupId>org.apache.httpcomponents</groupId>
            <artifactId>httpclient</artifactId>
            <version>4.5.14</version>
        </dependency>
        <dependency>
            <groupId>org.apache.httpcomponents</groupId>
            <artifactId>httpcore</artifactId>
            <version>4.4.13</version>
        </dependency>
        <dependency>
            <groupId>org.apache.commons</groupId>
            <artifactId>commons-lang3</artifactId>
            <version>${commons-lang3.version}</version>
        </dependency>
        <dependency>
            <groupId>com.baomidou</groupId>
            <artifactId>mybatis-plus-boot-starter</artifactId>
            <version>${mybatis-plus.version}</version>
        </dependency>
        <dependency>
            <groupId>com.baomidou</groupId>
            <artifactId>mybatis-plus-generator</artifactId>
            <version>${mybatis-plus.version}</version>
            <!--            <scope>test</scope>-->
        </dependency>
        <dependency>
            <groupId>org.freemarker</groupId>
            <artifactId>freemarker</artifactId>
            <version>2.3.32</version>
        </dependency>
        <!--数据库-->
        <dependency>
            <groupId>mysql</groupId>
            <artifactId>mysql-connector-java</artifactId>
            <version>${mysql-connector-java.version}</version>
```

```
        <scope>runtime</scope>
    </dependency>
    <dependency>
        <groupId>cn.hutool</groupId>
        <artifactId>hutool-all</artifactId>
        <version>5.8.16</version>
    </dependency>
    <dependency>
        <groupId>com.squareup.okhttp3</groupId>
        <artifactId>okhttp</artifactId>
        <version>3.14.9</version>
    </dependency>
</dependencies>
```

15.2 搭建MySQL数据库

我们开发所需使用的数据库为 MySQL，在此之前，需要先安装及配置 MyQL。下面我们来进行相关操作，包括安装 MySQL、进行安全配置、创建数据库实例，以及使用 Navicat 客户端连接到数据库。

15.2.1 安装及配置MySQL

1. 更新 MySQL
首先，我们需要更新系统的软件包索引。对于基于 Debian 的系统（如 Ubuntu）：

```
sudo apt update
```

对于 Red Hat 或 CentOS，则使用 yum update。

2. 安装 MySQL
其次，我们安装 MySQL：

```
sudo apt install mysql-server
```

在 Red Hat 或 CentOS 上，这可能需要不同的命令，例如 sudo yum install mysql-server。

3. 启动 MySQL 服务
安装完成后，我们会启动 MySQL 服务：

```
sudo systemctl start mysql
```

确保 MySQL 在系统启动时自动运行：

```
sudo systemctl enable mysql
```

4. 验证安装
通过检查 MySQL 服务的状态来确认它已正确安装并正在运行：

```
sudo systemctl status mysql
```

5. 配置 MySQL

运行安全安装脚本，使用 mysql_secure_installation 脚本来提高数据库的安全性：

```
sudo mysql_secure_installation
```

这个脚本会引导我们完成一系列安全措施，包括设置 root 用户的密码、删除匿名用户、禁止 root 用户远程登录及删除测试数据库。

6. 创建新用户

出于安全考虑，我们不使用 root 用户进行数据库操作。创建一个新的用户账户的步骤如下。

· 登录到 MySQL

```
sudo mysql
```

· 创建新用户并设置密码（替换 yourusername 和 yourpassword）

```
CREATE USER 'yourusername'@'localhost' IDENTIFIED BY 'yourpassword';
```

· 授予新用户所有权限

```
GRANT ALL PRIVILEGES ON *.* TO 'yourusername'@'localhost' WITH GRANT OPTION;
```

· 应用权限更改

```
FLUSH PRIVILEGES;
```

· 退出 MySQL

```
EXIT;
```

7. 创建数据库实例

· 登录到 MySQL

使用新创建的用户登录：

```
mysql -u yourusername -p
```

并输入密码。

· 创建新数据库

在 MySQL 命令行中，运行以下命令创建一个新数据库（替换 yourdatabase）：

```
CREATE DATABASE yourdatabase;
```

· 选择数据库

创建数据库后，使用以下命令选择所创建的数据库：

```
USE yourdatabase;
```

· 创建表

在数据库中创建一个表。例如：

```
CREATE TABLE yourtable (
    id INT AUTO_INCREMENT PRIMARY KEY,
    data VARCHAR(100) NOT NULL
);
```

15.2.2 安装客户端工具Navicat并配置

1. 安装 Navicat

我们在计算机上安装 Navicat。Navicat 是一个多平台的数据库管理和开发工具，可以从官网下载安装。

2. 配置连接

打开 Navicat，选择"创建新连接"→"MySQL"。

在连接设置中，填写数据库主机（通常是 localhost 或 IP 地址）、端口（默认为 3306）、用户名和密码。

如果数据库服务器配置了防火墙，确保相应的端口（默认 3306）对 Navicat 可访问。

3. 连接到 MySQL

保存设置后，尝试连接到数据库。一旦连接成功，我们可以使用 Navicat 的图形界面来管理数据库，包括运行 SQL 查询、管理数据表、导入 / 导出数据等。

至此，我们可以利用安装好的客户端工具对服务端的 MySQL 数据进行连接，并执行相关操作。

注意事项：

· 在生产环境中使用 MySQL 时，应该遵循最佳安全实践，包括使用强密码、定期更新 MySQL 和操作系统。

· 不同版本的 MySQL 可能有细微差别，因此在进行操作时需要参考相应版本的官方文档。

· 如果遇到连接问题，检查 MySQL 是否允许远程连接及防火墙设置是否正确。

第16章　　聊天机器人

聊天机器人是一种计算机程序，能够通过文本或语音与用户进行交互。它们通常被设计为模拟人类的交谈方式，为用户提供信息、回答问题或执行特定任务。聊天机器人可以在各种平台上运行，如网站、社交媒体、手机应用或其他数字界面。我们这里介绍如何使用 ChatGPT API 来实现其聊天机器人系统。

16.1　聊天机器人的功能需求

本实战例子使用小程序来作为前端，建立一个聊天机器人的 UI 界面，通过访问自己搭建的服务的 API 来完成聊天机器人，具体功能如下。

微信注册登录：使用微信开放平台提供的 OAuth 认证服务，让用户能够使用微信账号进行注册和登录。用户单击登录按钮时，会跳转到微信的登录授权页面。当用户授权后，微信会将用户重定向回应用，并提供一个授权码。应用需要使用这个授权码来获取 access token 和用户的 openid，这样就可以在后续的会话中唯一地识别用户。需要注意的是，access token 有一定的有效期，需要定期刷新。

消息接收与回复：当用户通过微信发送消息给机器人时，微信服务器会将这些消息发送到服务器。服务器需要能够处理这些请求，包括验证请求的来源，以及解析和处理消息。对于每一条消息，机器人应该生成一个合适的回复。这个回复可能是基于规则的，也可能是使用像 ChatGPT 这样的模型生成的。

查看聊天记录：应用应该能够存储和查询用户的聊天记录。这可能需要一个后端数据库来存储每一条消息，包括消息的内容、发送者、接收者、时间等信息。当用户请求查看聊天记录时，应用需要查询数据库，然后将相关的消息以适当的格式显示给用户。

16.2　基于ChatGPT API搭建聊天机器人的技术架构

搭建一个基于 ChatGPT API 的聊天机器人，涉及多方面的技术，包括后端框架、数据库框架、ORM 框架、HTTP 请求等。另外还有些对数据库及相应的实体类进行详细的设计，配合聊天机器人的功能，最终完成功能设计。

16.2.1　聊天机器人的技术栈

1.　后端框架: Spring Boot

·Spring Boot 的主要目标是提供一种快速和易于理解的方式来设置和开发新的 Spring 应用程序。它采取了一种约定优于配置的方式，意味着它尽可能地自动配置 Spring 应用程序。

·自动配置: Spring Boot 自动配置是它重要的特性。Spring Boot 在类路径中查找现有的库，并自动配置它们。比如，如果它发现你正在使用 Spring MVC 并且嵌入了 Tomcat，那么它会自动配置一个 Spring MVC 和 Tomcat 的环境。这使得开发人员可以将更多的精力投入实际的应用程序开发中，而不是花费大量时间来配置和管理应用程序。

·Spring Boot Starter : Spring Boot Starter 是一种便捷的依赖描述符，可以简化 Maven 或 Gradle 构建配置。开发者可以通过添加合适的 Spring Boot Starter 依赖，快速获得需要的库文件。这意味着，开发者不再需要自己去寻找和管理库依赖，Spring Boot Starter 将会帮助他们完成这些工作。

·Spring Boot Actuator : Spring Boot Actuator 是 Spring Boot 的一个子项目，提供了一系列的服务用于监控和管理 Spring Boot 应用程序，如健康检查、审计、度量收集和 HTTP 追踪等。所有这些特性都可以通过 HTTP 或 JMX 端点访问。

·内嵌的 Servlet 容器: Spring Boot 支持 Tomcat、Jetty 和 Undertow 这三个主流的 Servlet 容器，并且默认使用嵌入式的 Tomcat 作为 Servlet 容器。这使得开发和测试过程中，无须额外部署应用到 Servlet 容器，极大提高了开发效率。

·Spring Boot CLI : Spring Boot CLI(Command Line Interface)是一个命令行工具，可以用来快速开发 Spring 应用。它允许使用 Groovy 编写代码，这种语言比 Java 更简洁，更适合编写简单的、单文件的 Spring 应用。

·Spring Initializr : Spring Initializr 是一个快速生成项目结构的工具，通过该工具，可以快速创建 Spring Boot 项目的脚手架，包含了所需要的依赖项。

除此之外，Spring Boot 还有很多其他特性，如对 SQL 和 NoSQL 数据库的支持、对于消息 MQ 的处理、邮件发送、各类安全控制等。Spring Boot 的目标是尽可能地减少 Spring 应用程序的配置，并提供一种生产级别的开发框架，使开发者更容易地开发 Spring 应用程序。

2.　数据库: MySQL

MySQL 是一个开源的关系数据库管理系统(RDBMS)，由瑞典 MySQL AB 公司开发，现在属于 Oracle 公司。MySQL 最早于 1995 年发布。MySQL 使用 SQL 语言进行数据处理，SQL

是最常用的标准化语言，用于访问数据库。

以下是 MySQL 的主要特性。

·开源：MySQL 是开源的，这意味着任何人都可以使用和修改源代码。这也使得 MySQL 成为开发者一个很好的选择，因为它的开源社区能提供强大的支持和丰富的资源。

·性能：MySQL 的性能非常好，特别是在读取大量数据时，它的速度通常比其他数据库更快。

·安全：MySQL 有多种安全层，包括密码加密和网络访问限制等。

·易用性：MySQL 易于安装，并且有许多工具可以帮助管理数据库。同时，由于 MySQL 是使用 SQL 进行查询的，因此开发者可以很容易地使用它。

·扩展性：MySQL 可以处理含有数十亿条记录的大型数据库，同时它也可以在小型项目中使用。

·多样性：MySQL 支持多种操作系统，如 Linux、Windows、Mac 等，同时也支持多种编程语言，如 Java、C++、Python 等。

·复制功能：MySQL 支持主→从复制和主→主复制，这使得 MySQL 的扩展性更强，也能提供数据备份和读取性能的提升。

与其他数据库相比，MySQL 的优点包括：

·开源和成本效益：由于 MySQL 是开源的，因此它的使用成本低于许多专有的数据库管理系统。对于小型企业或初创公司来说，这是一个重要的优点。

·性能和可靠性：MySQL 被设计为非常快速、稳定且易于使用的。在许多标准的基准测试中，MySQL 通常展示出优于其他数据库系统的性能。

·广泛的使用：MySQL 被全球范围内的许多大型企业所使用，包括 Facebook、Google、Adobe、Alcatel Lucent 等。这意味着可以找到大量的社区和专业知识支持。

·简单和易用：相比 Oracle 和 SQL Server 这样的复杂系统，MySQL 在安装和管理上要简单得多，这使得非专业的数据库管理员也能方便地使用它。

·高度可定制：MySQL 是模块化的，这意味着可以根据需要定制系统。比如，可以只安装需要的存储引擎，从而减少系统的复杂性和提高效率。

虽然 MySQL 有许多优点，但它可能不适合所有类型的应用。例如，对于需要非常复杂事务处理的企业级应用，或者对于需要高级分析和数据仓库功能的应用，其他如 Oracle 或者 PostgreSQL 这样的数据库可能会更适合。

3. ORM：MyBatis

MyBatis 是一个优秀的持久层框架，它支持定制化 SQL、存储过程及高级映射。MyBatis 避免了几乎所有的 JDBC 代码和手动设置参数，以及获取结果集。MyBatis 可以对配置和原始映射使用简单的 XML 或注解，将接口和 Java 的 POJO(Plain Old Java Objects，普通 Java

对象）映射至数据库记录。其主要特点如下。

·支持定制化SQL和存储过程：MyBatis最突出的特性就是它对SQL的友好支持。开发者可以书写SQL语句并通过XML或注解的方式来进行配置，这允许我们充分利用数据库的特性，如复杂的联结、嵌套查询、存储过程、视图，等等。这个特性让MyBatis区别于其他一些全自动化的ORM框架，如Hibernate。

·映射能力：MyBatis能够消除几乎所有的JDBC代码及手动处理SQL执行结果的工作。它通过简单的XML或注解就可以将Java对象和数据库之间的映射关系描述出来。MyBatis不仅支持基本数据类型，还支持复杂类型，如集合类型（List，Set等）和自定义的Java类型等。

·支持动态SQL：MyBatis提供了丰富的XML标签，可以编写动态SQL，对于复杂、变化频繁的SQL查询需求来说，这是非常实用的特性。比如，可以使用if标签进行条件判断，使用choose、when、otherwise进行多条件判断，使用foreach进行循环等。

·解耦SQL和代码：MyBatis的另一个主要特点就是将SQL语句和Java代码解耦。可以把SQL语句写在XML中，这样Java代码中就不会包含SQL语句，这使得代码更易读、更易维护。当SQL语句需要变动时，只需要修改XML文件，而不需要修改Java代码。

·提供插件机制：MyBatis提供了插件机制，开发者可以通过实现Interceptor接口并在mybatis-config.xml中进行配置来创建一个插件。插件可以在设置的四个点执行代码，这四个点分别是：Executor、StatementHandler、ParameterHandler、ResultSetHandler。通过插件，可以对MyBatis的内部运行进行拦截，改变MyBatis的运行流程。

·简洁的API和详尽的文档：MyBatis的API设计得非常简洁，而且MyBatis的官方文档非常详尽，很多细节和用法都有详细的说明，这对于开发者来说，无疑大大提高了学习和使用MyBatis的效率。

MyBatis能够在轻量级开发中如此流行，是因为具备众多的优点。

·SQL语言的灵活性：MyBatis最突出的优点就是它对SQL的友好支持。可以编写任何复杂度的SQL，让开发者充分发挥数据库的性能。MyBatis不会像某些其他持久化框架那样限制SQL编写，允许直接使用动态SQL。对于复杂、变化频繁的SQL查询需求，MyBatis可以应对自如。

·解耦数据库与代码：MyBatis通过DAO模式，将SQL语句从Java代码中分离出来，降低了数据库操作的复杂性，也让Java代码更加清晰。可以把SQL语句写在XML中，这样Java代码中就不会包含SQL语句。当SQL语句需要变动时，只需要修改XML文件，而不需要修改Java代码，实现了真正意义上的逻辑与表现的分离。

·提供XML标签，支持编写动态SQL：MyBatis提供了丰富的XML标签，不仅支持基本的 CRUD 操作，还支持更多高级特性，如动态 SQL、存储过程等。可以使用这些标签来动态生成 SQL 语句，适应各种复杂的业务需求。

· 支持 SQL 语句的定制和扩展：在 MyBatis 中，SQL 语句是以 XML 的方式进行配置的。这种方式的好处是，可以很方便地进行 SQL 语句的管理，如果需要修改 SQL 语句，只需要在 XML 配置文件中进行修改即可，不需要重新编译 Java 代码。

· 映射结果集到 Java 对象：MyBatis 自动将数据库的数据行映射为 Java 对象。这个过程非常灵活，通过简单的 XML 或注解配置就能实现。这就意味着可以充分利用面向对象的编程思想，简化代码的复杂度。

· 支持插件机制：MyBatis 支持插件，可以通过插件来修改 MyBatis 的行为。比如可以写一个插件，实现分页功能，或者实现 SQL 语句的自动打印等功能。这大大提高了 MyBatis 的可扩展性。

· 使用广泛，社区活跃：MyBatis 被广泛应用在各种 Java 项目中，有着强大的社区支持。无论遇到什么问题，都可以在社区找到解答。同时，有很多优秀的开源项目基于 MyBatis，可以通过阅读这些项目的源代码，学习 MyBatis 的最佳实践。

· 优秀的事务管理：MyBatis 内部封装了事务管理，可以保证数据库操作的原子性，避免数据的不一致性。

· 与 Spring 框架的整合：MyBatis 与 Spring 框架整合十分紧密，只需要简单的配置就能在 Spring 项目中使用 MyBatis，从而享受 Spring 框架带来的各种便利。

4. HTTP 请求处理：Spring MVC

Spring MVC 是 Spring Framework 的一部分，它是一个基于 Java 实现的 Web 层应用框架。Spring MVC 基于模型—视图—控制器（Model—View—Controller）设计模式，提供了一种分离式的方法来开发 Web 应用。这种设计使得 Web 层的应用逻辑能更易于测试，更便于团队协作开发。

· DispatcherServlet：Spring MVC 的入口，是一个前端控制器（Front Controller）。它负责将所有的请求分发给相应的控制器，也负责处理控制器返回的模型数据和视图，将其渲染为客户端可接受的形式（例如 HTML）。DispatcherServlet 提供了一个中心化的入口点，帮助我们更好地组织和管理请求处理的代码。

· HandlerMapping：HandlerMapping 的主要任务是基于客户端的请求（通常使用 URL 及 HTTP 方法）找到对应的处理器（Controller）。在 Spring MVC 中，开发者可以自定义 HandlerMapping 来实现特殊的映射需求。

· Controller：控制器（Controller）是用来处理 HTTP 请求的。在 Spring MVC 中，可以通过注解（如 @RequestMapping, @GetMapping, @PostMapping 等）来定义一个控制器，这些控制器可以是一个类或者一个具体的方法。

· HandlerAdapter：HandlerAdapter 的职责是执行处理器（Controller）的逻辑。它从 DispatcherServlet 接收到一个被 HandlerMapping 选中的处理器，然后执行它，并返回一个包含模型数据和视图名称的 ModelAndView 对象。

· ModelAndView：ModelAndView 是控制器（Controller）的执行结果，它包含了模型数据（Model）和视图名称（View）。模型数据是要被展示给用户的数据，视图名称是用来渲染模型数据的视图的名称。

· ViewResolver：ViewResolver 的职责是解析控制器返回的视图名称，并返回一个能够渲染模型数据的视图。Spring MVC 支持多种视图技术，如 JSP，Thymeleaf，Freemarker 等。

· View：视图（View）的职责是使用模型数据渲染结果。一般来说，视图是一个 HTML 页面，但也可以是 JSON，XML，PDF，Excel 等。

Spring MVC 处理请求的工作流程如下：

（1）客户端发送请求：当客户端（如浏览器）向服务器发送一个 HTTP 请求时，请求首先会被送到 DispatcherServlet，作为 Spring MVC 的前端控制器，DispatcherServlet 负责整个流程的控制。

（2）寻找合适的 HandlerMapping：DispatcherServlet 会接收到这个请求，并查找一个合适的 HandlerMapping（处理器映射）。HandlerMapping 是用来查找处理请求的 Controller（控制器）。例如，如果使用的是 @RequestMapping 注解，那么 RequestMappingHandlerMapping 会根据请求的 URL 找到对应的 Controller。

（3）执行 Controller：一旦找到了对应的 Controller，DispatcherServlet 会将请求转发给 Controller。在 Controller 中，编写处理请求的代码，比如处理表单提交，与数据库交互等。

（4）返回 ModelAndView：Controller 处理完请求后，会返回一个 ModelAndView 对象，这个对象包含了模型数据（Model）和视图名称（View）。模型数据是要展示给用户的数据，视图名称用来指定渲染这些数据的视图。

（5）解析视图：有了视图名称和模型数据，DispatcherServlet 会找到对应的 ViewResolver（视图解析器）来解析视图名称，找到真正的视图。视图通常是一个 JSP 或者是其他的模板引擎，比如 Thymeleaf。

（6）渲染视图：一旦找到了视图，DispatcherServlet 就会调用视图的 render 方法，将模型数据填充到视图中，这个过程叫作视图的渲染。渲染完毕后，Spring MVC 将响应返回给客户端。

需要注意的是，虽然 Spring MVC 的工作流程看起来有些复杂，但是大部分代码都是由 Spring MVC 框架自动处理的，通常只需要关注 Controller 中的业务逻辑，以及如何创建模型数据和选择视图。

16.2.2　聊天机器人的技术框架

为了确保聊天机器人系统的可维护性、可扩展性和对多种用户界面的支持，我们决定使用三层架构。这种架构允许我们在系统的表示层专注于用户交互，同时业务逻辑层专门处理核心的业务规则，数据访问层负责数据的持久化存储和检索。这种结构的分层方式不仅提高了代码的模块化程度，实现了不同模块间的高内聚、低耦合，而且使得管理复杂的业务逻辑更加有效。此外，为了应对未来可能的数据源变动，如从一个类型的数据库迁移到另一个类型的数据库，我们选择了三层架构，以降低这种变动对系统的影响。总的来说，选择三层架构可以更好地提高系统的可维护性、可扩展性和适应性，满足聊天机器人的业务需求。

1.　表示层：小程序

表示层是用户与系统进行交互的界面，负责接收用户的输入和展示输出结果。在这个框架中，我们选择使用小程序作为表示层。小程序使用 JavaScript 和相关的 WXML（微信 HTML 变体）和 WXSS（微信 CSS 变体）来开发用户界面。小程序具备一系列的 API 和组件，可以处理用户输入、调用后端接口、展示数据等功能。

2.　业务逻辑层：Spring Boot + Spring MVC

业务逻辑层是系统的核心，负责处理具体的业务逻辑和流程。在这个框架中，我们使用 Spring Boot 和 Spring MVC 作为业务逻辑层的开发框架。Spring Boot 是一个 Java 开发框架，它基于 Spring 框架，提供了快速构建应用程序的能力。Spring MVC 是 Spring 框架中的一部分，它实现了 MVC（Model—View—Controller）模式，用于处理 Web 请求、路由和控制器等。

Spring Boot 和 Spring MVC 提供了丰富的功能和工具，例如依赖注入、AOP（面向切面编程）、请求映射、数据绑定等，使得开发者能够轻松构建和管理业务逻辑。

我们将在业务逻辑层调用 OpenAI 的 Completions API，实现提问与回复逻辑，完成聊天机器人系统的关键业务。

3.　数据访问层：MySQL + MyBatis

数据访问层负责与数据库进行交互，包括数据的读取、写入、更新和删除等操作。在这个框架中，我们选择使用 MySQL 作为数据库存储引擎。MySQL 是一种常用的关系型数据库，具有高性能、可靠性和扩展性。

为了方便与 MySQL 进行交互，我们使用 MyBatis 作为数据访问框架。MyBatis 是一个优秀的持久层框架，它允许我们使用简洁的 XML 或注解来编写 SQL 语句，并提供了对象关系映射的功能，简化了数据库操作的过程。MyBatis 和 Spring Boot 可以很好地集成，通过配置和注解，我们可以轻松地使用 MyBatis 访问 MySQL 数据库。

在整个系统运行过程中，用户通过小程序发送请求，请求经过网络发送到 Spring Boot 和 Spring MVC 服务器。服务器接收到请求后，根据业务逻辑进行处理。如果需要对数据库进行操作，使用 MyBatis 来操作 MySQL 数据库。处理完成后，服务器将处理结果返回给小程序，小程序再将结果展示给用户。

因此我们使用基于三层架构的技术框架，表示层使用小程序，业务层使用 Spring Boot 和 Spring MVC，数据库使用 MySQL，数据访问使用 MyBatis。这个框架能够帮助构建一个具有良好组织结构和高可扩展性的应用程序，同时实现前后端的数据交互和持久化操作。具体的技术实现和架构设计需要根据业务需求进行调整和优化。

16.2.3　聊天机器人的数据库设计

根据需求进行分析，我们需要建立 4 个表，分别为 td_user、td_user_chat、td_api_request、td_api_response，其逻辑图如图 16.1 所示。

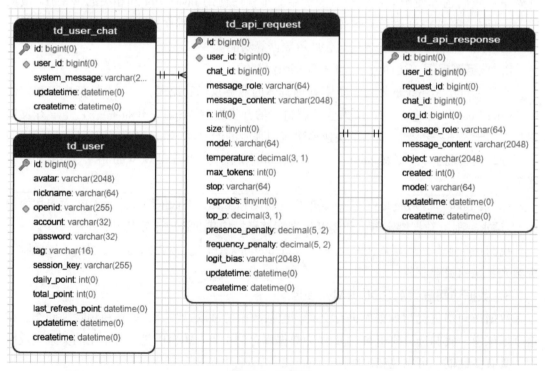

图16.1　逻辑图

各个表的结构及功能如下。

td_user：用于存储用户信息的数据库表，它包含了用户的登录信息和用户资料。登录信息部分可能包括用户名、密码或其他身份验证凭据，用于用户认证和授权访问系统的功能。而用户资料部分则用于存储用户的个人信息，包括用户昵称、头像等信息。通过该表，系统可以有效地管理和维护用户的身份和个人信息。当用户登录系统时，系统会使用存储在 td_user 表中的登录信息进行验证，以确保用户的身份和权限的准确性。用户资料的存储可以使系统在需要时提供个性化的服务和功能，例如向用户展示其昵称、头像等。此表是一个重要的用户信息存储组件，通过其中的登录信息和用户资料，系统可以实现用户认证、个性化服务和行为分析等功能，从而提供更好的用户体验和管理效果。该表结构如下：

```
CREATE TABLE `td_user` (
  `id` bigint NOT NULL,
  `avatar` varchar(2048) CHARACTER SET utf8mb4 COLLATE utf8mb4_bin DEFAULT NULL,
  `nickname` varchar(64) CHARACTER SET utf8mb4 COLLATE utf8mb4_bin DEFAULT NULL,
  `openid` varchar(255) CHARACTER SET utf8mb4 COLLATE utf8mb4_bin DEFAULT NULL,
  `account` varchar(32) CHARACTER SET utf8mb4 COLLATE utf8mb4_bin DEFAULT NULL,
  `password` varchar(32) CHARACTER SET utf8mb4 COLLATE utf8mb4_bin DEFAULT NULL,
  `tag` varchar(16) CHARACTER SET utf8mb4 COLLATE utf8mb4_bin DEFAULT NULL,
  `session_key` varchar(255) CHARACTER SET utf8mb4 COLLATE utf8mb4_bin DEFAULT NULL,
  `daily_point` int DEFAULT '3',
  `total_point` int DEFAULT '0',
  `last_refresh_point` datetime DEFAULT CURRENT_TIMESTAMP,
  `updatetime` datetime DEFAULT NULL ON UPDATE CURRENT_TIMESTAMP,
  `createtime` datetime DEFAULT CURRENT_TIMESTAMP,
  PRIMARY KEY (`id`) USING BTREE,
  KEY `openid_nidex` (`openid`) USING BTREE
) ENGINE=InnoDB DEFAULT CHARSET=utf8mb4 COLLATE=utf8mb4_bin ROW_FORMAT=DYNAMIC;
```

td_user_chat：此表是一个用于存储用户每次提问的主要信息的数据库表。它可以记录用户与系统之间的交互，包括问题的内容、提问时间及其他相关的信息。在 td_user_chat 表中，每次用户提问都会被记录下来。问题的内容通常是用户输入的文本或语音，可以是一个简短的短语、一个完整的句子，或者是一个更长的描述。这样的记录可以帮助系统跟踪用户的问题和需求，以便更好地理解和解决用户的疑问。除了问题的内容，该表还会记录每次提问的时间戳。这个时间戳可以用于分析用户提问的趋势和活动模式，例如确定用户更倾向于在特定时间段提问，或者识别用户的提问频率等。这样的分析可以帮助系统更好地规划资源，以满足用户的需求。该表结构如下：

```
CREATE TABLE `td_user_chat` (
  `id` bigint NOT NULL,
  `user_id` bigint NOT NULL,
  `system_message` varchar(255) CHARACTER SET utf8mb4 COLLATE utf8mb4_bin DEFAULT NULL,
  `updatetime` datetime DEFAULT NULL ON UPDATE CURRENT_TIMESTAMP,
  `createtime` datetime DEFAULT CURRENT_TIMESTAMP ON UPDATE CURRENT_TIMESTAMP,
  PRIMARY KEY (`id`) USING BTREE,
  KEY `user_id` (`user_id`) USING BTREE
) ENGINE=InnoDB DEFAULT CHARSET=utf8mb4 COLLATE=utf8mb4_bin ROW_FORMAT=DYNAMIC;
```

td_api_request：此表是一个用于保存用户提问记录的数据库表。它承担着记录和存储用户与系统之间的 API 请求的重要角色。该表包含了关于提问的角色、提问内容及提问时间等关键信息。在该表中，每次用户提问的记录都会被存储下来。其中，提问角色指的是发起提问的用户身份或标识，可以是用户的唯一 ID、用户名或其他标识符，用于识别和区分不同用户的提问。这样的标识有助于系统追踪和分析特定用户的提问历史。除了提问角色，td_api_request 表还会记录每次提问的具体内容。提问内容通常是用户通过 API 请求发送的信息，可以是一个 API 调用的参数、请求的 URL、请求体的内容等。这些信息对于系统理解用户的需求和意图至关重要，为后续的处理和回答提供了基础。通过使用 td_api_request 表，系统可以建立完整的用户提问记录，为用户提供更加准确和个性化的回答。这些记录也可以用于分析用户需求、改进系统功能和性能，并为用户提供更高质量的服务和支持。该表结构如下：

```
`id` bigint NOT NULL,
`user_id` bigint NOT NULL,
`chat_id` bigint DEFAULT NULL,
`message_role` varchar(64) CHARACTER SET utf8mb4 COLLATE utf8mb4_bin NOT NULL,
`message_content` varchar(2048) CHARACTER SET utf8mb4 COLLATE utf8mb4_bin NOT NULL,
`n` int DEFAULT NULL,
`size` tinyint DEFAULT NULL,
`model` varchar(64) COLLATE utf8mb4_bin DEFAULT NULL,
`temperature` decimal(3,1) DEFAULT NULL,
`max_tokens` int DEFAULT NULL,
`stop` varchar(64) CHARACTER SET utf8mb4 COLLATE utf8mb4_bin DEFAULT NULL,
`logprobs` tinyint DEFAULT NULL,
`top_p` decimal(3,1) DEFAULT NULL,
`presence_penalty` decimal(5,2) DEFAULT NULL,
`frequency_penalty` decimal(5,2) DEFAULT NULL,
`logit_bias` varchar(2048) CHARACTER SET utf8mb4 COLLATE utf8mb4_bin DEFAULT NULL,
`updatetime` datetime DEFAULT NULL ON UPDATE CURRENT_TIMESTAMP,
`createtime` datetime DEFAULT CURRENT_TIMESTAMP ON UPDATE CURRENT_TIMESTAMP,
PRIMARY KEY (`id`) USING BTREE,
KEY `user_id` (`user_id`) USING BTREE
) ENGINE=InnoDB DEFAULT CHARSET=utf8mb4 COLLATE=utf8mb4_bin ROW_FORMAT=DYNAMIC;
```

td_api_response：此表是一个用于保存 ChatGPT 对用户每次提问的回答结果的数据库表。该表包含了回答的内容、回答时间及与回答相关的模型信息。在该表中，每次 ChatGPT 对用户提问的回答结果都会被记录下来。回答的内容通常是 ChatGPT 生成的文本或语音，是对用户提问的实际回应。这些回答内容可以是一个简短的句子、一个详细的解释，或者是一个更复杂的多轮对话。除了回答的内容，td_api_response 表还会记录每次回答发生的时间。这个时间戳用于追踪回答的顺序和时序，以及评估系统的响应速度和效率。通过分析时间戳，可以了解系统的回答延迟、处理效率等指标，从而优化系统的性能和用户体验。通过此表，系统可以完整地记录和保存 ChatGPT 对用户提问的回答结果，这些记录也为用户提供了查看历史回答、回溯对话过程的功能，从而提供更好的用户体验和支持。该表结构如下：

```
CREATE TABLE `td_api_response` (
  `id` bigint NOT NULL,
  `user_id` bigint DEFAULT NULL,
  `request_id` bigint NOT NULL,
  `chat_id` bigint DEFAULT NULL,
  `org_id` bigint DEFAULT NULL,
  `message_role` varchar(64) COLLATE utf8mb4_bin NOT NULL,
  `message_content` varchar(2048) COLLATE utf8mb4_bin NOT NULL,
  `object` varchar(2048) CHARACTER SET utf8mb4 COLLATE utf8mb4_bin DEFAULT NULL,
  `created` int DEFAULT NULL,
  `model` varchar(64) COLLATE utf8mb4_bin DEFAULT NULL,
  `updatetime` datetime DEFAULT NULL ON UPDATE CURRENT_TIMESTAMP,
  `createtime` datetime DEFAULT CURRENT_TIMESTAMP,
  PRIMARY KEY (`id`) USING BTREE
) ENGINE=InnoDB DEFAULT CHARSET=utf8mb4 COLLATE=utf8mb4_bin ROW_FORMAT=DYNAMIC;
```

16.2.4 聊天机器人的实体类设计

1. td_api_request 实体类

```
@Data
@EqualsAndHashCode(callSuper = false)
@TableName("td_api_request")
public class TdApiRequest implements Serializable {
    private static final long serialVersionUID = 1L;
    private Long id;
    private Long userId;
    private Long chatId;
    private String prompt;
    private Integer n;
    private Integer size;
    private String messageRole;
    private String messageContent;
    private String model;
    private BigDecimal temperature;
    private Integer maxTokens;
    private String stop;
    private Integer logprobs;
    private BigDecimal topP;
    private BigDecimal presencePenalty;
    private BigDecimal frequencyPenalty;
    private String logitBias;
    private String api;
```

```
    private LocalDateTime updatetime;
    private LocalDateTime createtime;
}
```

2. td_api_response 实体类

```
@Data
@EqualsAndHashCode(callSuper = false)
@TableName("td_api_response")
public class TdApiResponse implements Serializable {
    private static final long serialVersionUID = 1L;
    private Long id;
    private Long userId;
    private Long requestId;
    private Long chatId;
    private Long orgId;
    private String object;
    private String messageRole;
    private String messageContent;
    private Integer created;
    private String model;
    private LocalDateTime updatetime;
    private LocalDateTime createtime;
}
```

3. td_user_chat 实体类

```
@Data
@TableName("td_user_chat")
public class TdUserChat implements Serializable {
    private static final long serialVersionUID = 1L;
    private Long id;
    private Long userId;
    private String systemMessage;
    private LocalDateTime updatetime;
    private LocalDateTime createtime;
}
```

4. td_user 实体类

```
@Data
@TableName("td_user")
public class TdUser implements Serializable {
    private static final long serialVersionUID = 1L;
    private Long id;
    private String openid;
    private String nickname;
    private String avatar;
    private String sessionKey;
    private String account;
    private String password;
    private String tag;
```

```
    private Integer dailyPoint;
    private Integer totalPoint;
    private LocalDate lastRefreshPoint;
    private LocalDateTime updatetime;
    private LocalDateTime createtime;
}
```

16.2.5 聊天机器人的功能设计

1. 微信注册和登录

注册微信开放平台开发者账号，创建应用，获取 AppID 和 AppSecret。

设置 OAuth2.0 授权回调页面。

当用户单击登录按钮时，重定向用户到微信的授权页面（URL 中包含用户 AppID、授权回调页面地址和其他参数）。

用户同意授权后，微信会重定向到设置的回调页面，URL 中附带一个授权码 code。

服务器使用 code、AppID 和 AppSecret 向微信服务器请求 access token 和 openid。

存储 access token 和 openid，用于后续的会话管理。

2. 消息接收和回复

在微信开放平台设置消息接收 URL。

当用户发送消息时，微信服务器将 POST 请求发送到 URL，请求的正文部分包含消息的 JSON 数据。

创建一个 Spring MVC controller 来处理这些 POST 请求。使用 @RequestBody 注解来接收 JSON 数据，将 JSON 数据转换为所定义的 Java 对象。

验证请求来自微信（可以使用微信提供的消息加解密方式来验证）。

解析请求中的消息内容、消息类型、发送者等信息。

调用 OpenAI 的 ChatGPT API 生成回复消息。把用户的消息和聊天历史作为输入，得到 ChatGPT 的输出。

把生成的回复消息转换为 JSON 格式，作为 HTTP 响应返回。

3. 查看聊天记录

在 MySQL 数据库中创建表，存储用户消息和机器人的回复。字段包括消息内容、时间戳、发送者和接收者等。

使用 MyBatis 的 mapper 接口和 XML 文件来操作数据库。

创建一个 API 接口，让用户能查询自己的聊天记录。使用 Spring MVC 的 @PathVariable 注解来获取 URL 中的 openid。

在 controller 中，使用 MyBatis 的 mapper 来查询数据库，获取聊天记录，然后返回这些记录的 JSON 格式。

16.3 聊天机器人实战代码

聊天机器人系统的构成包括前端和后端，在这里，前端采用微信进行登录注册，因前端相对简单，我们在这里只详细介绍后端代码。

16.3.1 微信用户登录与注册

1. 前端

调用微信的 wx.login API 获取 code：

```
wx.login({
  success: function(res) {
    if (res.code) {
      // 在这里将code发送给后端
    }
  }
});
```

在成功获取用户凭证（code）后，将其发送到其服务器：

可以使用 wx.request 发起 HTTPS 请求，例如：

```
wx.request({
  url: 'https://your-website.com/path', // 后端接口地址
  data: {
    code: res.code // 这是从wx.login的响应中获取的code
  },
  success: function(response) {
    // 在这里处理后端的响应
  }
});
```

2. 后端

后端接收到来自前端的 code 后，会用它来请求微信服务器以换取 openid 和 session_key。微信登录请求参数如表 16.1 所示。

（1）appid：小程序的唯一标识，每个小程序都有一个对应的appid。在微信公众平台注册小程序后，可在"设置"→"开发设置"中找到。此参数在调用微信的接口时常用，以告知微信请求来自哪个小程序。

表 16.1　微信登录请求参数

属性	类型	必填	说明
appid	string	是	小程序 appId
secret	string	是	小程序 appSecret
js_code	string	是	登录时获取的 code，可通过 wx.login 获取

（2）secret：小程序的密钥，与 appid 配对使用，用于保证接口调用的安全性。secret 可在微信公众平台的小程序管理后台获取，路径与获取 appid 相同，也在"设置"→"开发设置"中。需要注意保密，如有泄露风险，可在后台重新设置，之前的 secret 会失效。

（3）js_code：用户使用微信登录小程序时，通过调用 wx.login 接口获取的临时登录凭证，每次用户登录都会有一个新的 code。此 code 可发送到后台服务器，然后后台服务器通过调用微信的服务端 API，用 appid 和 secret，以及这个 code 换取 session_key 和 open_id，这两者是用户在小程序中的身份标识。

微信登录返回参数如表 16.2 所示。

表 16.2　微信登录返回参数

属性	类型	说明
session_key	string	会话密钥
unionid	string	用户在开放平台的唯一标识符，若当前小程序已绑定到微信开放平台账号下会返回，详见 UnionID 机制说明
errmsg	string	错误信息，对应错误码的具体描述和错误详情
openid	string	用户在当前小程序的唯一标识。注意，每个用户对每个小程序的 openid 是唯一的。如果同一个用户在不同小程序中，他们的 openid 也是不同的。这是一种保护用户隐私的措施，确保开发者无法通过 openid 跨小程序追踪用户
errcode	int32	错误码，当 API 调用失败时，会返回对应的错误码。例如，-1 通常表示系统繁忙或者接口调用超时，40029 表示 code 无效，45011 表示频率限制，每个账号每分钟可调用 100 次

实战 API 设计如下。

Url：/api/td-user/wechatLogin/{code}

请求方法：POST。

用户登录请求参数如表 16.3 所示。

表 16.3　用户登录请求参数

属性	类型	必填	说明
code	string	是	微信登录时获取的 code

请求参数 code：微信登录时从微信服务器获取的字符串。

用户登录返回参数如表 16.4 所示。

表 16.4　用户登录返回参数

属性	类型	说明
code	string	返回代码
error	string	错误信息
userDto	JSON	用户信息

userDto 具体返回参数如表 16.5 所示。

表 16.5　userDto 具体返回参数

属性	类型	说明
id	Long	聊天机器人系统的用户编号
account	String	用户账号
nickName	string	用户昵称
avatar	String	用户头像链接地址

3. Controller 代码

前端小程序获取微信登录的 code 后，调用微信登录 / 注册接口，完成微信登录，并将登录信息写入存储。

接口代码如下：

```
@PostMapping("/wechatLogin/{code}")
public BaseSingleResponse wechatLogin(@PathVariable("code") String code) {
    // 初始化返回的响应对象
    BaseSingleResponse userDtoBaseResponse = new BaseSingleResponse();
    try {
        userDtoBaseResponse.setCode("200"); // 设置响应状态为200表示正常
        userDtoBaseResponse.setData(tdUserService.wechatLogin(code)); // 调用服务层的
wechatLogin方法处理登录，并设置响应的数据部分
    } catch (Exception e) {
        userDtoBaseResponse.setCode("501"); // 设置响应状态为501表示登录过程中出现异常
        userDtoBaseResponse.setError(e.getMessage()); // 设置响应的错误信息为捕获到的异常信息
    }

    // 返回处理后的响应对象
    return userDtoBaseResponse;
}
```

4. 登录方法

（1）获取微信用户信息。

使用方法 getWechatInfoByCode（code）根据传入的微信 code 来获取微信用户的相关信息，并将其保存到 wechatInfoByCode 变量中。

（2）验证 OpenID 的存在。

检查从微信获取的用户信息中的 openid 是否存在和有效。openid 是微信用户的唯一标识。

如果 openid 无效或不存在，将抛出一个表示"登录异常"的异常。

（3）检查微信用户登录状态。

调用 checkUserLogin（wechatInfoByCode）方法，它可能会根据获取到的微信用户信息来检查用户的登录状态，同时获取或生成相应的用户信息。得到的结果会保存到 userDto 中。

（4）计算用户总积分。

将用户的 dailyPoint（日常积分）和 totalPoint（总积分）相加，计算出用户的所有积分。

将计算出的总积分设置到 userDto 的 allPoint 属性中。

（5）返回用户信息。

最后，返回填充了用户信息的 userDto 对象。

```
@Override
public UserDto wechatLogin(String code) throws Exception {
    WechatUserInfo wechatInfoByCode = getWechatInfoByCode(code); // 通过微信code获取用户
信息
    if (!ObjectUtil.isNotEmpty(wechatInfoByCode.getOpenid())) {
        throw new Exception("登录异常! "); // 如果openid无效或不存在，抛出异常
    }
    UserDto userDto = checkUserLogin(wechatInfoByCode); // 检查微信用户登录状态并获取用户信息
    userDto.setAllPoint(userDto.getDailyPoint() + userDto.getTotalPoint()); // 计算总积分
    return userDto; // 返回用户信息
}
```

通过微信 code 获取用户信息代码：

```
private WechatUserInfo getWechatInfoByCode(String code) {
    OkHttpClient client = new OkHttpClient.Builder()
            .readTimeout(120, TimeUnit.SECONDS)
            .writeTimeout(120, TimeUnit.SECONDS)
            .connectTimeout(240, TimeUnit.SECONDS)
            .build();
    String loginUrl = "https://api.weixin.qq.com/sns/jscode2session?appid={}&secret={}&
js_code={}&grant_type=authorization_code";
    final Request okRequest = new Request.Builder()
            .url(StrFormatter.format(loginUrl, appid, secret, code))
            .header("Authorization", "Bearer sk-XWre0xkvyusgJHqODU8LT3BlbkFJxrlT1A9zR3276
FRSH0WE")
            .get()
            .build(); //创建请求对象
    try {
        Response response = client.newCall(okRequest).execute();
        if (response.isSuccessful()) {    //判断返回数据是否正确
        WechatUserInfo result = JSON.parseObject(response.body().string(),
WechatUserInfo.class);
            return result;
        } else {
            throw new IOException("Unexpected code " + response);
        }
    } catch (IOException e) {
        e.printStackTrace();
        return null;
    }
}
```

16.3.2 提问与回复

本功能的重点是用户输入问题之后，系统能够根据用户的问题及上下文，快速进行回答，如前所述，这里需要区分三种角色。

User(用户)：用户是与 ChatGPT 交互的人。用户可以提问、提出请求、进行对话等。他们的输入就是 ChatGPT 的初始信息来源。

Assistant(助手)：助手就是 ChatGPT 本身，它根据用户的输入进行回应。助手能够回答问题、提供建议、写作、翻译等，目标是提供一种有用且富有深度的人工智能体验。

System(系统)：系统通常用于设定对话环境或者提供一些特别的指示。例如，指定当前的日期、知识更新的日期，或者设定一些特定的场景，例如助手正在模拟某个特定的角色。用户和助手通常不会直接和"系统"进行交互，但它对于设定对话的总体环境和上下文非常重要。

具体的 API 设计如下。

Url：/api/chat/chat-completions

请求方法：POST。

提问请求参数如表 16.6 所示。

表 16.6　提问请求参数

属性	类型	必填	说明
prompt	string	是	用户提问内容
chatId	string	否	聊天句柄唯一编号
userId	string	是	用户编号
systemMessage	string	否	系统特别指示
isMock	Boolean	否	是否使用模拟数据，用于测试，默认为 False

提问返回参数如表 16.7 所示。

表 16.7　提问返回参数

属性	类型	说明
chatId	string	聊天句柄唯一编号
messageContent	string	聊天机器人返回内容
createtime	Integrate	API 请求的创建时间

代码实现如下。

1. 请求对象代码

请求的 JSON 对象中，必须包含用户提问的内容、用户编号，此为提问的两个必要因素。这里需要区分首次提问和非首次提问，此处使用 chatId 来判断。如果 chatId 为 null，则我们认为这是首次提问，否则为非首次提问。

首次提问与非首次提问的区别：

· 首次提问不需要理会上下文，而非首次提问，则根据参数的 chatId 定位相关的上下文。

· 首次提问会将参数中的（systemMessage）带进去，并作为系统指示语传到 Openai 的 Chat API。

请求类代码如下：

```
package com.td.rich.model.request;
import lombok.Data;
@Data
public class UserInputReq {

    private String prompt;          // 用户可能的输入提示或指导
    private String chatId;          // 与聊天会话相关的唯一标识符
    private String userId;          // 用户的唯一标识符
    private String systemMessage;   // 系统或聊天机器人可能发出的消息
    private Boolean isMock = Boolean.FALSE; // 标记是否为模拟的输入或聊天，如用于测试目的
}}
```

2. 返回类代码

返回对象的 JSON 包括 chatId、messageContent、createtime。

```
package com.td.rich.model.response;
import lombok.Data;
import java.time.LocalDateTime;


@Data
public class ChatCompletionResponse {
    private Long chatId;                 // 聊天会话的唯一标识符
    private String messageContent;       // 聊天消息的内容
private LocalDateTime createtime;        // 聊天消息的创建时间
}
```

3. 提问与回复接口处理

使用上面的 UserInputReq 类作为输入参数，ChatCompletionResponse 类作为返回参数，我们的接口代码如下：

```
package com.td.rich.controller;
import com.td.rich.model.request.ImgInputReq;
import com.td.rich.model.request.NormalChatReq;
import com.td.rich.model.request.UserInputReq;
import com.td.rich.model.response.ChatCompletionResponse;
import com.td.rich.model.response.ImgResponse;
import com.td.rich.model.response.NormalChatResp;
import com.td.rich.service.CompletionsService;
```

```
import com.td.rich.service.TestService;
import org.springframework.web.bind.annotation.PostMapping;
import org.springframework.web.bind.annotation.RequestBody;
import org.springframework.web.bind.annotation.RequestMapping;
import org.springframework.web.bind.annotation.RestController;
import javax.annotation.Resource;
@RestController
@RequestMapping("/api/chat")
public class chatController {
    @PostMapping("/chat-completions")   //获取机器人回复接口
public ChatCompletionResponse chatCompletions(@RequestBody UserInputReq request) {
return completionsService.chatCompletion(request);
}
```

4. chatCompletion 方法

作为获取机器人提问的回复主要方法 chatCompletion，其主要流程如下。

（1）模拟请求的检查。

首先，通过 request.getIsMock() 检查传入的请求是否为模拟请求。

如果是模拟请求，那么直接使用预先定义的 mockStr 模拟数据来获取聊天完成的响应，并返回。

（2）HTTP 客户端配置。

使用 OkHttpClient.Builder() 初始化一个新的 HTTP 客户端，并设置各种超时时间（如读取、写入和连接超时）。

还配置了一个连接池，这有助于管理和重用 HTTP 连接。

（3）请求数据准备。

定义了一个 MediaType 来指定数据类型为 application/json;charset=utf-8。

初始化 ChatCompletionReq 对象并设置其消息列表。

使用 JSON.toJSONString() 方法将 chatCompletionReq 对象序列化为 JSON 字符串，并记录到日志中。

创建一个请求体 RequestBody，其中包含之前序列化的 JSON 数据。

（4）构建 HTTP 请求。

使用 Request.Builder() 构建一个新的 HTTP 请求。

设置请求的 URL、授权信息和请求体。

之后，完成请求的构建。

（5）执行请求并处理响应。

使用配置好的 HTTP 客户端执行上一步构建的请求。

检查响应是否成功。如果是，使用响应体的内容通过 getChatCompletionResponse() 方法获取聊天完成的响应，并返回。

如果响应不成功或在执行请求过程中出现其他问题，则抛出一个异常。

（6）异常处理。

如果在上述过程中抛出任何 IOException 异常，将异常信息打印到控制台，并返回 null。

异常处理方法具体代码如下：

```
@Override
public ChatCompletionResponse chatCompletion(UserInputReq request) {
    if (request.getIsMock()) {  // 判断是否为模拟请求
        String mockStr = "{...}";  // 这是模拟返回的JSON字符串
        return getChatCompletionResponse(request, mockStr);  // 使用模拟数据来获取聊天完成响应
    }
    // 配置HTTP客户端参数
    OkHttpClient client = new OkHttpClient.Builder()
            .readTimeout(120, TimeUnit.SECONDS)  // 设置读取超时时间
            .writeTimeout(120, TimeUnit.SECONDS)  // 设置写入超时时间
            .connectTimeout(240, TimeUnit.SECONDS)  // 设置连接超时时间
            .connectionPool(new ConnectionPool(5, 6000, TimeUnit.SECONDS))  // 配置连接池参数
            .build();
    MediaType type = MediaType.parse("application/json;charset=utf-8");  // 定义媒体类型
    ChatCompletionReq chatCompletionReq = new ChatCompletionReq();
    chatCompletionReq.setMessages(this.setMessageList(request));  // 设置消息列表
    String s = JSON.toJSONString(chatCompletionReq);  // 将请求对象转化为JSON字符串
    log.info("Json:{}", s);  // 日志记录转化后的JSON字符串
    RequestBody requestBody = RequestBody.create(type, JSON.toJSONString(chatCompletion
Req));  // 创建请求体

    // 配置HTTP请求参数
    final Request okRequest = new Request.Builder()
            .url("https://api.openai.com/v1/chat/completions")  // 设置API的URL
            .header("Authorization", "Bearer sk-XWre0xkvyusgJHqODU8LT3BlbkFJxrlT1A9zR3276
FRSH0WE")  // 设置API的授权信息
            .post(requestBody)  // 将之前创建的请求体作为POST请求的内容
            .build();
    try {
        Response response = client.newCall(okRequest).execute();  // 执行请求并获取响应
        if (response.isSuccessful()) {  // 判断是否成功获取响应
            return getChatCompletionResponse(request, response.body().string());  // 返回
聊天完成的响应
        } else {
            throw new IOException("Unexpected code " + response);  // 若响应失败，抛出异常
        }
    } catch (IOException e) {
        e.printStackTrace();  // 打印异常信息
        return null;  // 若发生异常，返回null
    }
}
```

5. setChatId 方法

该方法的主要目的是确保正确地处理 chatId，如果 chatId 已经存在则直接使用它，如果不存在则生成一个新的 chatId 并启动一个新的聊天对话。流程如下。

（1）检查聊天 ID 是否存在：首先，该方法会检查传入的 UserInputReq 请求对象中是否提供了 chatId。

（2）直接使用传入的聊天 ID：如果 chatId 已经在请求对象中提供并且不为空，该方法将直接返回这个 chatId，则表示当前操作可能是在一个已存在的聊天对话上进行的，而不是一个新的聊天对话。

（3）创建新的聊天对话：如果请求中没有提供 chatId 或者 chatId 为空，则意味着需要开始一个新的聊天对话。为此，方法将执行如下步骤。

· 初始化一个新的 TdUserChat 对象来表示新的聊天对话。

· 使用 request 对象中提供的系统消息（systemMessage）和用户 ID（userId）为新的 TdUserChat 对象设置相关的属性。

· 调用 tdUserChatService.insertUserChat 方法将新的聊天对话插入数据库，并获取新生成的 chatId。

（4）返回聊天 ID：最后，该方法会返回得到的 chatId，无论是直接从请求中获取的，还是新生成的。

其具体代码如下：

```
/**
 * 根据请求设置或生成聊天ID。
 * @param request用户输入请求对象
 * @return返回聊天ID
 */
private Long setChatId(UserInputReq request) {
    if (ObjectUtil.isNotNull(request.getChatId())) { // 如果请求中的chatId非空，则直接使用传入的chatId
        return Long.valueOf(request.getChatId());
    } else {
        TdUserChat tdUserChat = new TdUserChat(); // 否则，初始化新的聊天对话对象，准备生成新的chatId
        tdUserChat.setSystemMessage(request.getSystemMessage()); // 设置系统消息
        tdUserChat.setUserId(Long.valueOf(request.getUserId())); // 设置用户ID
        return tdUserChatService.insertUserChat(tdUserChat); // 插入新的聊天对话到数据库，并返回新的chatId
    }
}
```

6. setMessageList 方法

这个函数的主要目的是，基于给定的 request 对象，收集或创建一系列消息，并返回这个消息列表。流程如下。

（1）初始化一个名为 messageList 的空消息列表。

（2）判断传入的 request 对象中的 chatId 是否存在。

（3）如果 chatId 存在，则执行以下步骤。

·创建一个新的用户消息，其中内容是 request 中的 prompt，角色是 USER。

·将这个新消息添加到 messageList 列表中。

（4）如果 chatId 不存在，则执行以下步骤。

·通过 tdUserChatService.getChatMessages 方法获取与给定用户 ID 和 chatId 关联的所有聊天消息。

·将这些旧消息添加到 messageList 列表中。

·创建一个新的用户消息，其中内容是 request 中的 prompt，角色是 USER。

·将这个新消息添加到 messageList 列表中。

（5）返回完整的 messageList。

```
/**
 * 生成或获取与用户对话的消息列表。
 *
 * @param request用户输入请求
 * @return消息列表
 */
private List<Message> setMessageList(UserInputReq request){
    List<Message> messageList = new ArrayList<>(); // 初始化消息列表
    if (ObjectUtil.isNotNull(request.getChatId())){ // 如果chatId存在
        Message message = Message.builder().role(RoleEnum.USER.getValue()).content
(request.getPrompt()).build(); // 创建用户消息
        messageList.add(message); // 添加用户消息到列表
    } else { // 如果chatId不存在
        List<Message> chatMessages = tdUserChatService.getChatMessages(Long.valueOf
(request.getUserId()),Long.valueOf(request.getChatId())); // 获取之前的聊天消息
        messageList.addAll(chatMessages); // 将旧消息添加到消息列表
        Message message = Message.builder().role(RoleEnum.USER.getValue()).content
(request.getPrompt()).build(); // 创建用户消息
        messageList.add(message); // 添加用户消息到列表
    }
    return messageList; // 返回消息列表
}
```

7. getChatMessages 方法

在 setMessageList 之中，我们要用到 getChatMessages 方法来根据 chatId 获取上下文的 message 列表，需要访问数据库来获得，具体代码如下：

```
@Override
public List<Message> getChatMessages(Long userId, Long chatId) {
    // 通过Mapper接口方法获取与给定用户ID和chatId关联的所有聊天消息
    return tdUserChatMapper.getChatMessages(userId, chatId);
}

// 数据库操作的注解，用于获取与指定userId和chatId关联的所有消息
@Select("select role, content, createtime from (select message_role as role, message_
content as content, createtime from td_api_request " +
```

```
      "        where chat_id= #{chatId} and user_id= #{userId}" +
      "         union " +
      "        select message_role as role, message_content as content,createtime from td_
api_response " +
"                  where chat_id=#{chatId} and user_id= #{userId}) a " +
" order by a.createtime, role desc")
// Mapper接口方法，根据提供的userId和chatId，查询td_api_request和td_api_response两张表并整合返
回的消息列表
List<Message> getChatMessages(@Param("userId") Long userId, @Param("chatId") Long chatId);
```

8. addRequest方法

此方法将用户的请求信息封装在一个 TdApiRequest 对象中，并将其保存到数据库，然后返回该记录的 ID，具体流程如下。

（1）定义 addRequest 方法，该方法接受两个参数：一个是 UserInputReq 类型的 userInputReq(封装了用户输入的数据)，另一个是 Long 类型的 chatId(聊天的 ID)。

（2）创建一个名为 tdApiRequest 的新实例，该实例属于 TdApiRequest 类。

（3）为 tdApiRequest 对象设置 chatId，值来自方法的参数。

（4）从 userInputReq 对象中获取用户 ID，并将其转换为 Long 类型，然后为 tdApiRequest 对象设置此用户 ID。

（5）从 userInputReq 对象中获取 prompt 属性（即用户的消息内容），并为 tdApiRequest 对象设置该消息内容。

（6）设置 tdApiRequest 对象的消息角色为 "USER"。

（7）调用 save 方法将 tdApiRequest 对象保存到数据库。

（8）返回 tdApiRequest 对象在数据库中的 ID。

具体方法代码如下：

```
@Override
public Long addRequest(UserInputReq userInputReq, Long chatId) {
    TdApiRequest tdApiRequest = new TdApiRequest(); // 创建一个新的TdApiRequest对象
    tdApiRequest.setChatId(chatId); // 设置chatId
    tdApiRequest.setUserId(Long.valueOf(userInputReq.getUserId())); // 从userInputReq中
获取userId并设置
    tdApiRequest.setMessageContent(userInputReq.getPrompt()); // 从userInputReq中获取
prompt消息内容并设置
    tdApiRequest.setMessageRole(RoleEnum.USER.getValue()); // 设置消息角色为USER
    save(tdApiRequest); // 保存tdApiRequest对象到数据库
    return tdApiRequest.getId(); // 返回新保存对象的ID
}
```

9. addChatCompletion 方法

该方法的主要目的是处理从聊天完成接口中获得的响应，并将其格式化和保存到数据库中，以便后续的查询和处理，具体流程如下。

（1）创建响应对象：首先，创建一个新的 TdApiResponse 对象，这个对象是为了存放处理后的数据。

（2）属性拷贝：使用 BeanUtil.copyProperties 方法从 chatCompletion 对象复制相关属性到新创建的 tdApiResponse 对象。此步骤中显式排除了 id 属性，避免了不必要的属性复制。

（3）检查 Choices：判断 chatCompletion 中的 choices 属性是否为空。这是为了确保后续操作有合法的数据进行。如果 choices 属性为空，则直接返回 null，结束方法。

（4）提取并设置消息内容和角色：从 chatCompletion 中的 choices 属性中获取第一个 choice 的消息内容和角色，并将这些值设置到 tdApiResponse 对象中。

（5）设置其他属性：为 tdApiResponse 对象设置 chatId、requestId 和 userId 属性，这些都是传入方法的参数，代表聊天 ID、请求 ID 和用户 ID。

（6）保存到数据库：调用 save 方法将经过上述设置的 tdApiResponse 对象保存到数据库中。

（7）返回处理后的对象：最后，返回处理和保存后的 tdApiResponse 对象。

具体代码如下：

```
@Override
public TdApiResponse addChatCompletion(ChatCompletion chatCompletion, Long chatId, Long
requestId, Long userId) {
    TdApiResponse tdApiResponse = new TdApiResponse(); // 创建一个新的TdApiResponse对象
    BeanUtil.copyProperties(chatCompletion, tdApiResponse, "id"); // 从chatCompletion复
制属性到tdApiResponse，除了"id"
    if (ObjectUtil.isEmpty(chatCompletion.getChoices())) return null; // 如果chatCompletion
中的choices为空，则返回null
    tdApiResponse.setMessageContent(chatCompletion.getChoices().get(0).getMessage().
getContent()); // 设置消息内容为chatCompletion中的第一个choice的消息内容
    tdApiResponse.setMessageRole(chatCompletion.getChoices().get(0).getMessage().
getRole()); // 设置消息角色为chatCompletion中的第一个choice的消息角色
    tdApiResponse.setChatId(chatId); // 设置聊天ID
    tdApiResponse.setRequestId(requestId); // 设置请求ID
    tdApiResponse.setUserId(userId); // 设置用户ID
    save(tdApiResponse); // 将tdApiResponse对象保存到数据库
    return tdApiResponse; // 返回保存后的tdApiResponse对象
}
```

16.3.3　查看历史聊天记录

查看历史聊天记录的功能是根据用户编号和聊天句柄列出用户的历史问题及回答。

API 设计如下。

Url：/api/td-user-chat/getChatList/{chatId}

请求方法：GET。

查看聊天记录请求参数如表 16.8 所示。

表 16.8　查看聊天记录请求参数

属性	类型	必填	说明
userId	string	是	用户编号
chatId	string	否	聊天句柄唯一编号

查看聊天记录返回参数如表 16.9 所示。

表 16.9　查看聊天记录返回参数

属性	类型	说明
chatId	string	聊天句柄唯一编号
messageContent	string	聊天机器人返回内容
createtime	Integrate	API 请求的创建时间

代码实现如下。

1. 请求对象代码

```
@Data
public class ChatHistoryReq {
    private String chatId;
    private String userId;
}
```

2. 返回参数代码

```
@Data
@AllArgsConstructor
@NoArgsConstructor
@Builder
public class Message {
    private String role;
    private String content;
    private LocalDateTime createtime;//发送记录及回复的时间
}
```

3. 历史聊天记录接口处理

```
@RestController
@RequestMapping("/api/td-user-chat")
public class TdUserChatController {
    @Resource
    private TdUserChatServiceImpl tdUserChatService;
    @GetMapping("/getChatHistory")
    public List<Message> getChatHistory(@RequestBody ChatHistoryReq chatHistoryReq) {
        return tdUserChatService.getChatMessages(Long.valueOf(chatHistoryReq.getUserId()),
Long.valueOf(chatHistoryReq.getChatId()));
    }
}
```

4. 调用 getChatMessages 方法及其 SQL 获取历史记录列表

```
@Override
public List<Message> getChatMessages(Long userId, Long chatId) {
    return tdUserChatMapper.getChatMessages(userId, chatId);
}
//数据库操作，获取列表的sql
@Select("select role, content, createtime from (select message_role as role, message_
content as content, createtime from td_api_request " +
        "        where chat_id= #{chatId} and user_id= #{userId}" +
        "        union " +
        "        select message_role as role, message_content as content,createtime from td_
api_response " +
        "                where chat_id=#{chatId} and user_id= #{userId}) a  " +
" order by a.createtime, role desc")
List<Message> getChatMessages(@Param("userId") Long userId, @Param("chatId") Long chatId);
```

16.4　聊天机器人服务端部署

代码完成后，为了简单起见，我们采用IntelliJ IDEA本身的功能进行本地打包测试。使用 Git 提交代码到服务器，利用 Git 仓库进行服务器端部署，服务器采用 Linux 系统。

16.4.1　聊天机器人代码打包

我们先在 IntelliJ IDEA 中打包 Java 项目为 JAR，然后再将其部署到服务端。

（1）启动 IntelliJ IDEA，从左上角的菜单选择 File → Open...。在文件选择器中找到 chat 项目所在的目录，然后单击 OK。等待项目完全加载，加载过程可能需要一些时间，具体取决于项目的大小。

（2）当项目加载完成后，应确保项目中存在一个主类，这个类应该包含 public static void main(String[] args) 方法。如果没有，应在项目中创建一个这样的类。注意，这个类是作为 Java 程序的入口点，所有的 Java 程序都需要这样一个入口点。

（3）确认主类后，回到顶部菜单，选择 File > Project Structure。

（4）在弹出的窗口中，从左侧菜单选择 Artifacts。

（5）在右侧的面板中，单击绿色的 + 按钮，然后在弹出的菜单中选择 JAR → From modules with dependencies。

（6）在 Create JAR from Modules 窗口中，Main Class 一栏应自动填充了之前设置的主类，如果没有，单击旁边的 ... 按钮，在弹出的窗口中找到并选择主类，然后单击 OK。

（7）检查所有设置是否正确，尤其是 Main Class 是否已正确设置，然后单击 Apply 保存更改，单击 OK 以关闭 Project Structure 窗口。

（8）回到顶部菜单，选择 Build → Build Artifacts。

（9）在弹出的窗口中，选择刚刚创建的 artifact（名为 chat:jar），然后单击 Build。

（10）等待 IDEA 完成构建过程。构建完成后，可以在 out/artifacts/chat_jar 目录下找到名为 chat.jar 的文件。

可能出现的问题：

· 如果在 Project Structure > Artifacts 中找不到刚刚创建的 artifact，可能需要重新创建。

· 如果在构建过程中出现错误，可能需要检查项目设置或源代码是否有误。

· 主类是 Java 程序的入口点，必须包含一个 public static void main(String[] args) 方法。

JAR 文件是 Java 的可执行文件格式，可以在任何安装了 Java 的系统上运行。

16.4.2 聊天机器人代码部署

1. 在本地设置 Git 环境和提交项目代码

（1）打开本地系统的命令行工具，如 Windows 的命令提示符或 Mac/Linux 的 Terminal。

（2）在命令行中键入 git --version，如果返回了版本信息，则表示 Git 已经成功安装。如果没有返回任何信息，则需要下载并安装 Git。

（3）下载并安装 Git 后，需要配置 Git 的用户名和邮箱，这些信息将用于标识代码提交者。

我们可以通过以下命令完成配置：

git config --global user.name "Your Name"

git config --global user.email "your.email@example.com"

其中，Your Name 和 your.email@example.com 应替换为实际的用户名和邮箱地址。

（4）使用文件浏览器打开"chat"项目所在的目录，并记下完整路径。

（5）回到命令行工具，键入 cd /path/to/chat 进入项目目录。

（6）键入 git init，初始化一个新的 Git 仓库。这将在项目目录下创建一个新的 .git 目录，用于存储所有的版本历史信息。

（7）键入命令添加所有文件到新的 Git 仓库，具体如下：

```
git add .
git commit -m "Initial commit"
```

（8）使用远程 Git 仓库（如 GitHub），添加一个新的远程地址，并将代码推送到远程仓库，具体如下：

```
git remote add origin https://github.com/username/chat.git
git push -u origin master
```

这里，https://github.com/username/chat.git 应替换为实际的远程仓库地址。

可能出现的问题：

· 如果在执行 git add 或 git commit 命令时出现错误，可能需要检查项目文件是否存在问题，或者是否已在 Git 仓库中。

·如果在执行 git push 命令时出现错误，可能需要检查远程仓库地址是否正确，或者网络连接是否正常。

注意事项：

·Git 是一种版本控制系统，可以记录和追踪代码的所有更改。

·在提交代码前，应先确保代码无误，否则可能引入错误或问题。

2. 在 Linux 服务器上部署和运行"chat"项目

（1）通过 SSH 登录到 Linux 服务器。

（2）在命令行中键入 git --version，如果返回了版本信息，那么 Git 已经成功安装。如果没有返回任何信息，需要下载并安装 Git。

（3）在服务器上创建一个新的目录，然后进入该目录，具体如下：

```
mkdir chat
cd chat
```

（4）键入命令从远程仓库克隆代码到服务器，具体如下：

```
git clone https://github.com/username/chat.git
```

这里，https://github.com/username/chat.git 应替换为实际的远程仓库地址。

（5）确保已在服务器上安装了 Java。这可以通过键入 java -version 检查。如果没有安装 Java，需要下载并安装 Java。

（6）在成功克隆代码并安装 Java 后，可以通过命令运行 chat.jar，具体如下：

```
java -jar chat.jar
```

可能出现的问题：

·如果在执行 git clone 命令时出现错误，可能需要检查远程仓库地址是否正确，或者网络连接是否正常。

·如果在执行 java -jar 命令时出现错误，可能需要检查 JAR 文件是否存在，或者 Java 是否正确安装。

注意事项：

·在运行 JAR 文件前，应确保服务器已安装 Java，并且版本应与项目编译时使用的 Java 版本相匹配。

·如果服务器没有直接的 Internet 访问权限，可能需要将 JAR 文件通过其他方式传输到服务器上，如通过 SCP 或 SFTP。

至此，应已经成功在 IntelliJ IDEA 中打包 Java 项目为 JAR，设置本地 Git 环境，并在 Linux 服务器上部署和运行项目了。

16.5 聊天机器人API测试

聊天机器人 API 测试是确保机器人的应用程序接口（API）在各种条件下都能提供稳定、高效和安全服务的关键过程。测试首先验证 API 的核心功能是否按照预期工作，例如是否能返回正确的响应并正确解析请求中的数据。随后，它评估 API 在高负载或压力情况下的性能，如响应时间和系统吞吐量，以确保在大量并发请求下的稳定性。安全性是另一个重要的考虑因素，测试需要识别 API 的潜在安全漏洞，并确保其身份验证和授权机制是健全的。API 还应能够优雅地处理无效或异常的输入，并在各种设备和操作系统中提供一致的服务。最后，一个高质量的 API 应该有详细、清晰的文档，帮助开发者理解和使用它。

16.5.1 什么是API测试

API 测试是在接口层面进行的软件测试，主要目标是检验应用程序的接口是否按照预期工作。API 测试的主要关注点是用来传输数据的代码部分，包括请求和响应的数据格式、对数据的处理、调用频率，以及与其他 API 的交互等。

API 测试可以涵盖多种类型的测试，以下是一些常见的 API 测试类型。

·功能性测试：这是最基本的 API 测试类型，目的是确认 API 是否按照设计的方式工作。这包括发送各种类型的请求，例如 GET、POST、PUT、DELETE 等，然后检查 API 的响应，包括状态码、返回的数据，以及其他相关的 HTTP 头部信息，以确保它们符合预期。

·性能测试：性能测试主要是确定 API 在各种负载下的性能。例如，可以测试在高并发的情况下，API 的响应时间是否在可接受的范围内，或者在一定时间内 API 能处理多少请求等。这对于确定系统的扩展性和确定是否需要优化 API 的性能非常重要。

·安全性测试：安全性测试主要是确保 API 的安全，以防止数据泄露和其他形式的攻击。这包括测试 API 的身份验证和授权机制，检查是否有可能的注入攻击，验证 API 是否能正确地处理不安全的输入等。

·错误处理测试：当 API 接收到无效的输入或者遇到其他错误的情况时，它应该返回适当的错误代码和错误消息。错误处理测试就是要确认 API 在这些情况下的行为是否符合预期。

·互操作性测试：如果 API 需要和其他 API 或系统交互，那么就需要进行互操作性测试，以确认所有的交互都按照预期进行。

在进行 API 测试时，通常需要准备一组测试用例，每个测试用例包括一个或多个测试步骤，每个测试步骤包括一个 API 请求和一个或多个断言，用于检查 API 的响应。这些测试用例可以手动执行，也可以使用自动化测试工具执行。

API 测试的一个重要部分是数据验证。在发送请求和接收响应时，需要检查数据的格式、类型、范围等是否符合预期。例如，如果 API 期望接收一个 JSON 对象，那么就需要验证发送的请求体是否为有效的 JSON 格式，如果 API 返回一个日期，那么就需要验证返回的数据是否为有效的日期格式等。

在进行 API 测试时，还需要注意 API 的限制，例如调用频率的限制、输入数据的大小限制等，以确保测试的有效性。

16.5.2　API 测试工具选择

市面上常用的 API 测试工具有以下这些。

（1）JMeter：Apache 的一个开源项目，主要用于性能测试，也可以用于 API 测试。JMeter 支持创建和运行复杂的测试计划，支持多线程，支持监听器和报告等功能。

（2）Postman：非常流行的 API 测试工具，支持手动测试和自动化测试。Postman 可以创建和发送所有类型的 HTTP 请求，支持多种身份验证方法，可以创建和运行复杂的测试用例，支持变量和环境等高级功能。

（3）SoapUI：专业的 API 测试工具，支持 REST 和 SOAP 服务。SoapUI 支持创建复杂的测试用例，支持数据驱动测试，支持断言和脚本等高级功能。

（4）Rest-Assured：Java 库，用于自动化 REST 服务的测试。Rest-Assured 提供了一种简洁的语法，可以方便地创建和发送请求，检查响应。

（5）Curl：命令行工具，可以用来发送各种类型的 HTTP 请求，适合简单的手动测试和脚本自动化测试。

（6）Insomnia：现代的 API 测试工具，支持 REST 和 GraphQL 等服务。Insomnia 有一个简洁的用户界面，支持变量和环境，支持导入和导出等功能。

（7）Swagger UI：可视化工具，可以自动地从 Swagger 定义文件（通常是一个 YAML 或者 JSON 文件）生成美观的、交互式的 API 文档。用户可以直接在 Swagger UI 界面上对 API 进行测试。

（8）Karate DSL：开源的 API 测试工具，提供了一种领域特定语言（DSL）来描述 API 请求和响应。Karate DSL 支持并行测试，可以生成详细的报告，还可以进行性能测试。

（9）Paw：Mac 专用的 API 测试工具，支持所有的 HTTP 方法，可以保存请求和响应，支持各种身份验证方法。

（10）Katalon Studio：全面的自动化测试工具，支持 Web 应用、移动应用和 API 的测试。Katalon Studio 提供了一种基于关键字的方法来创建测试用例，支持数据驱动测试和 BDD 测试。

（11）HttpMaster：API 测试工具，可以创建和执行复杂的请求，支持各种身份验证方法，可以生成详细的报告。

（12）Telerik Test Studio：全面的自动化测试工具，支持 Web 应用和 API 的测试。提供了一种可视化的方法来创建测试用例，支持数据驱动测试，可以生成详细的报告。

（13）Assertible：在线的 API 测试工具，支持自动化测试和持续集成。用户可以在 Assertible 上创建测试用例，设置定时执行，查看详细的测试结果。

我们选择 JMeter 来进行 API 测试，原因在于其特性和功能的广泛性，具体理由如下。

· 开源和免费：JMeter 是 Apache Software Foundation 的开源项目，这意味着无须为使用该工具付费。此外，开源的特性意味着它得到了全球开发者社区的支持，这对于提供持续的改进和更新，以及解决可能遇到的问题非常有帮助。

· 功能丰富：JMeter 不仅限于简单的 API 测试，它还提供了丰富的功能，如性能测试、压力测试和负载测试等，能应对多种测试需求。这意味着使用 JMeter，可以一站式解决多种类型的测试需求。

· 支持多协议：JMeter 支持各种协议，包括 HTTP/S、FTP、JDBC、SOAP 等，使其成为一个全面的测试工具，无论目标系统使用哪种协议。

· 灵活性和可扩展性：JMeter 的另一个优势在于其可扩展性。通过 Java、Groovy 或 JMeter 的内置函数编写脚本，可以定制化测试方案，以满足特定的测试需求。

· 跨平台：由于 JMeter 是用 Java 编写的，因此可以在任何支持 Java 的操作系统上运行——无论是 Windows、Linux，还是 Mac，这为跨平台的工作提供了便利。

· 详尽的结果分析：JMeter 提供了一系列结果分析和报告工具，如图表和表格，这些工具帮助理解测试结果，从而可以针对性地优化和改进目标系统。

· 社区支持：JMeter 的使用者和开发者社区庞大，这使得问题解决的方式多样，从官方文档到各种在线论坛和教程，都可以找到帮助。

· 并发和分布式测试：JMeter 支持多线程，这使得它可以模拟多用户并发请求。此外，JMeter 还支持分布式测试，可以在多台机器上并行运行测试，以模拟大规模的用户负载。

· 记录和回放：JMeter 有录制功能，可以录制用户在浏览器中的操作，然后回放这些操作，这对于复制用户行为非常有用。

16.5.3　JMeter的安装

HttpMaster：API 测试工具，可以创建和执行复杂的请求，支持各种身份验证方法，可以生成详细的报告。

Apache JMeter 是一个开源的、基于 Java 的性能测试工具，用于对 Web 应用程序进行负载和性能测试。由于 JMeter 是基于 Java 开发的，所以首先需要在机器上安装 Java。建议使用 Oracle Java 或 OpenJDK 8 及以上版本。

以下是 JMeter 的安装和配置的步骤。

（1）下载 JMeter。

访问 Apache JMeter 的官方下载页面：http://jmeter.apache.org/download_jmeter.cgi。

根据需要下载相应的版本。通常，应该下载最新的稳定版本的二进制文件（.zip 或 .tgz）。

（2）安装 JMeter。

Windows：

解压下载的 .zip 文件到所选择的目录。

进入 bin 目录，双击 jmeter.bat 文件来启动 JMeter。

Linux/Mac：

使用 tar 命令解压 .tgz 文件：tar –xvzf apache–jmeter–x.x.tgz。

进入 bin 目录，然后运行 ./jmeter 来启动 JMeter。

（3）配置 JMeter。

增加内存：默认情况下，JMeter 可能会使用有限的内存。为了进行大规模的性能测试，可能需要增加可用的内存。这可以通过编辑 bin/jmeter.bat（Windows）或 bin/jmeter（Linux/Mac）来实现。找到以下行：

```
HEAP="-Xms1g -Xmx1g -XX:MaxMetaspaceSize=256m"
```

根据机器配置和测试需求调整这些值。

配置代理：如果使用代理服务器上网，需要配置 JMeter 使用该代理。这可以在 bin/jmeter.properties 文件中完成。找到并编辑以下行：

```
http.proxyHost=your_proxy_host
http.proxyPort=your_proxy_port
```

插件：JMeter 社区提供了许多插件，可以增强 JMeter 的功能。可以访问 JMeter Plugins 来查看和下载这些插件。

（4）启动 JMeter。

如前所述，根据操作系统，进入 bin 目录并运行 jmeter.bat 或 ./jmeter。

安装和配置完成后，可以开始创建第一个测试计划，添加线程组、采样器、监听器等，以满足性能测试需求。

16.5.4　JMeter在此项目中的使用

1. 测试使用添加提问与回复 API

（1）启动 JMeter：打开终端，然后转到 JMeter bin 目录，运行 ./jmeter（Linux）或 jmeter.bat（Windows）来启动 JMeter。

（2）创建新的测试计划：在 JMeter GUI 左侧面板中，右击"Test Plan"，选择"Add"→"Threads (Users)"→"Thread Group"来创建一个新的线程组。

（3）设置线程组属性：在右侧面板中，可以设置线程组的属性，包括线程数（即并发用户数）、Ramp-Up Period（每个用户启动之间的时间间隔）和循环次数（每个用户执行请求的次数）。

（4）添加 HTTP 请求：在左侧面板中，右击刚创建的线程组，选择"Add"→"Sampler"→"HTTP Request"。这会在线程组下添加一个 HTTP 请求。

（5）设置 HTTP 请求属性：在右侧面板中，设置以下属性。

（6）Server Name or IP：输入服务器的 IP 地址或域名。

（7）Port Number：输入服务器的端口号。

（8）Method：选择请求的 HTTP 方法 POST。

（9）Path：输入 API 的路径"http://localhost:8080/api/chat/chat-completions"。

（10）Parameters：单击"Add"按钮，在 Name 栏输入"prompt""userId""systemMessage"，在 Value 栏输入要测试的数值。

（11）添加断言：在左侧面板中，右击刚创建的 HTTP 请求，选择"Add"→"Assertions"→"Response Assertion"。在右侧面板中，可以设置断言的条件，比如检查响应状态码是否为 200。

（12）添加监听器：在左侧面板中，右击线程组或 HTTP 请求，选择"Add"→"Listener"→"View Results Tree"。这会添加一个监听器，用于显示测试结果。

（13）运行测试计划：单击顶部菜单栏中的绿色播放按钮，或按 Ctrl+R，开始执行测试计划。

（14）查看和分析测试结果：测试执行过程中，可以在监听器中查看每个请求的结果。测试完成后，分析测试结果，如果需要，调整测试计划。

（15）保存测试计划：单击顶部菜单栏中的"File"→"Save Test Plan as"，输入文件名"request_api_test_result"，单击保存，将测试计划保存为 .jmx 文件。

2. 测试查看历史聊天记录 API

（1）启动 JMeter：打开终端，然后转到 JMeter bin 目录，运行 ./jmeter（Linux）或 jmeter.bat（Windows）来启动 JMeter。

（2）创建新的测试计划：在 JMeter GUI 左侧面板中，右击"Test Plan"，选择"Add"→"Threads (Users)"→"Thread Group"来创建一个新的线程组。

（3）设置线程组属性：在右侧面板中，可以设置线程组的属性，包括线程数（即并发用户数）、Ramp-Up Period（每个用户启动之间的时间间隔）和循环次数（每个用户执行请求的次数）。

（4）添加 HTTP 请求：在左侧面板中，右击刚创建的线程组，选择"Add"→"Sampler"→"HTTP Request"。这会在线程组下添加一个 HTTP 请求。

（5）设置 HTTP 请求属性：在右侧面板中，设置以下属性。

（6）Server Name or IP：输入服务器的 IP 地址或域名。

（7）Port Number：输入服务器的端口号。

（8）Method：选择请求的 HTTP 方法 GET。

（9）Path：输入 API 的路径 "http://localhost:8080/ api/td−user−chat/getChatList/{chatId}"，其中 chatId 为所需要查询的 chatId 编号。

（10）添加断言：在左侧面板中，右击刚创建的 HTTP 请求，选择 "Add"→"Assertions"→"Response Assertion"。在右侧面板中，可以设置断言的条件，比如检查响应状态码是否为 200。

（11）添加监听器：在左侧面板中，右击线程组或 HTTP 请求，选择 "Add"→"Listener"→"View Results Tree"。这会添加一个监听器，用于显示测试结果。

（12）运行测试计划：单击顶部菜单栏中的绿色播放按钮，或按 Ctrl+R，开始执行测试计划。

（13）查看和分析测试结果：测试执行过程中，可以在监听器中查看每个请求的结果。测试完成后，分析测试结果，如果需要，调整测试计划。

（14）保存测试计划：单击顶部菜单栏中的 "File"→"Save Test Plan as"，输入文件名，"history_api_test_result"，单击保存，将测试计划保存为 .jmx 文件。

使用 JMeter 进行 API 测试中需要注意的事项如下。

·JMeter 的工作方式：JMeter 并不执行任何请求，而是记录并播放请求。因此，如果在测试期间，目标系统的行为或响应发生了变化，JMeter 可能无法正确地反映这些变化。

·设置合适的负载参数：需要注意设置合理的线程数和循环次数。线程数过多可能导致本地机器负载过高，影响测试结果。线程数过少，可能无法模拟实际的并发情况。

·验证测试脚本：在运行测试之前，应该先验证测试脚本的正确性。可以先使用少量的线程和循环次数运行测试，检查请求参数、断言、监听器等设置是否正确。

·注意资源管理：长时间或大规模的测试可能会消耗大量的系统资源。应定期检查并清理系统资源，如内存、硬盘空间等。特别是在使用监听器保存测试结果时，应注意硬盘空间的使用情况。

·检查网络条件：由于 JMeter 的工作方式，网络条件可能会对测试结果产生影响。例如，网络延迟高或者网络带宽不足，可能会导致测试结果偏高或偏低。

·监控被测试系统：在运行测试时，应同时监控被测试系统的性能。例如，CPU 使用率、内存使用情况、磁盘 I/O、网络流量等。这样可以更准确地分析和解释测试结果。

·使用适当的断言：在创建断言时，需要确保断言的逻辑正确，并且能够覆盖所有重要的验证点。如果断言过多或过复杂，可能会影响 JMeter 的性能。

·定期保存测试计划：在创建或修改测试计划时，应定期保存。如果 JMeter 意外关闭，未保存的更改可能会丢失。

·分析和报告测试结果：测试完成后，应认真分析测试结果，找出性能瓶颈或错误的原因。在报告测试结果时，应提供足够的详细信息，以便其他人理解和复现测试结果。

第17章　AI 绘画系统

AI 绘画系统是一种结合了人工智能技术和传统绘画技巧的创新工具。它利用深度学习、神经网络和其他 AI 技术，模拟人类的绘画过程，从而创作出独特的艺术作品。

在 AI 绘画系统中，通常使用预先训练好的模型，这些模型可能已经学习了数千或数百万的艺术作品。当用户提供一个简单的草图、颜色或其他输入时，系统可以根据这些输入和其内部的学习经验，生成具有艺术感的完整作品。这不是简单的模式匹配，而是真正的创意过程，因为每次的输出都可能是独一无二的。

在这章，我们介绍如何利用 Images API 来搭建一个 AI 绘画系统。

17.1　AI绘画系统的功能需求

本实战例子使用小程序来作为前端，建立一个 AI 绘画 UI 界面，通过访问自己搭建的服务的 API 来完成 AI 绘画系统，具体功能如下。

（1）微信登录注册：用户首次使用系统时，选择"微信登录"选项。系统将引导用户跳转至微信的授权页面。在此页面上，用户确认授权，系统随后会接收到来自微信的授权码。此授权码用于在服务器端与微信服务器进行交互，请求访问令牌。获得访问令牌后，系统就能获取用户的微信信息，包括公开的用户名、头像等。使用这些信息，在系统内部为用户创建一个新的账户。当用户再次使用微信登录时，系统将使用这些信息进行身份验证，并直接载入用户的账户。

（2）生成图像：用户在微信上输入描述，例如"一个在海滩上玩飞盘的小狗"。该描述将被系统接收并作为参数发送到 OpenAI Images API。系统等待 API 响应，一旦收到响应，它将解析返回的图像数据。该图像数据通常以链接或二进制数据的形式返回，可以被存储在服务器的文件系统或者数据库中。然后，系统将这个图像发送给用户，在用户的微信聊天窗口中显示。系统需要准备处理各种可能的异常情况，例如 API 请求超时、图像生成错误等。

（3）浏览历史图像：为了支持用户浏览历史生成的图像，系统需要为每个用户维护一个图像生成的历史记录。每次生成图像时，系统将记录相关信息，如图像的元数据（生成日期、时间、描述文本等），并将图像文件保存在服务器的文件系统或数据库中。用户可以通过系统提供的用户界面查看他们的历史记录。该界面可能提供图像预览、详细信息查看、排序（按日期、描述等）、搜索等功能。当用户选择查看某一张图像的详细信息时，系统将提取相关的元数据和图像文件，并在界面中显示。

17.2 基于Images API搭建AI绘画系统的技术架构

为了构建一个基于 Images API 的先进 AI 绘画系统，我们采用了一系列尖端技术，包括但不限于后端框架、数据库框架、ORM 框架及 HTTP 请求处理。为了确保系统的稳定性和高效性，我们对数据库进行了深入优化，并为相应的实体类进行了详细设计。这些设计不仅满足了基本的数据存储需求，还特别针对 AI 绘画的具体功能进行了定制。通过这些综合努力，我们成功地完成了一个功能齐全、响应迅速的 AI 绘画系统设计。

17.2.1 AI绘画系统的技术栈

1. 后端框架：Spring Boot

· Spring Boot 的主要目标是提供一种快速和易于理解的方式来设置和开发新的 Spring 应用程序。它采取了一种约定优于配置的方式，意味着它将尽可能地自动配置 Spring 应用程序。

· 自动配置：Spring Boot 自动配置是它最重要的特性。Spring Boot 在类路径中查找现有的库，并自动配置它们。比如，如果它发现正在使用 Spring MVC 并且嵌入了 Tomcat，那么它会自动配置一个 Spring MVC 和 Tomcat 的环境。这使得开发人员可以将更多的精力投入实际的应用程序开发中，而不是花费大量时间来配置和管理应用程序。

· Spring Boot Starter：Spring Boot Starter 是一种便捷的依赖描述符，可以简化 Maven 或 Gradle 构建配置。开发者可以通过添加合适的 Spring Boot Starter 依赖，快速获得需要的库文件。这意味着，开发者不再需要自己去寻找和管理库依赖，Spring Boot Starter 将会帮助其完成这些工作。

· Spring Boot Actuator：Spring Boot Actuator 是 Spring Boot 的一个子项目，提供了一系列的服务用于监控和管理 Spring Boot 应用程序，如健康检查、审计、度量收集和 HTTP 追踪等。所有这些特性都可以通过 HTTP 或 JMX 端点访问。

· 内嵌的 Servlet 容器：Spring Boot 支持 Tomcat，Jetty 和 Undertow 三个主流的 Servlet 容器，并且默认使用嵌入式的 Tomcat 作为 Servlet 容器。这使得开发和测试过程中，无须额外部署应用到 Servlet 容器，极大地提高了开发效率。

- Spring Boot CLI：Spring Boot CLI(Command Line Interface) 是一个命令行工具，可以用来快速开发 Spring 应用。它允许使用 Groovy 编写代码，这种语言比 Java 更简洁，更适合编写简单的、单文件的 Spring 应用。

- Spring Initializr：Spring Initializr 是一个快速生成项目结构的工具，通过该工具，可以快速创建 Spring Boot 项目的脚手架，它包含了需要的所有依赖项。

除此之外，Spring Boot 还有很多其他的特性，如对 SQL 和 NoSQL 数据库的支持、对于消息 MQ 的处理、邮件发送、各类安全控制等。Spring Boot 的目标是尽可能地减少 Spring 应用程序的配置，并提供一种生产级别的开发框架，使开发者更容易地开发 Spring 应用程序。

2. 数据库：MySQL

MySQL 是一个开源的关系数据库管理系统(RDBMS)，由瑞典 MySQL AB 公司开发，现在属于 Oracle 公司。MySQL 最早于 1995 年发布。MySQL 使用 SQL 语言进行数据处理，SQL 是最常用的标准化语言，用于访问数据库。

以下是 MySQL 的主要特性。

- 开源：MySQL 是开源的，这意味着任何人都可以使用和修改源代码。这也使得 MySQL 成为开发者的一个很好的选择，因为它的开源社区能提供强大的支持和丰富的资源。

- 性能：MySQL 的性能非常高，特别是在读取大量数据时，它的速度通常比许多其他数据库更快。

- 安全：MySQL 有多种安全层，包括密码加密和网络访问限制等。

- 易用性：MySQL 易于安装，并且有许多工具可以帮助管理数据库。同时，由于 MySQL 是使用 SQL 进行查询的，因此开发者可以很容易地使用它。

- 扩展性：MySQL 可以处理含有数十亿条记录的大型数据库，同时它也可以在小型项目中使用。

- 多样性：MySQL 支持多种操作系统，如 Linux、Windows、Mac 等，同时也支持多种编程语言，如 Java、C++、Python 等。

- 复制功能：MySQL 支持主从复制和主主复制，这使得 MySQL 的扩展性更强，也能提供数据备份和提升读取性能。

与其他数据库相比，MySQL 的优点如下。

- 开源和成本效益：MySQL 是开源的，因此它的使用成本低于许多专有的数据库管理系统。对于小型企业或初创公司来说，这是一个重要的优点。

- 性能和可靠性：MySQL 被设计为非常快速、稳定且易于使用的。在许多标准的基准测试中，MySQL 通常展示出优于其他数据库系统的性能。

- 广泛使用：MySQL 被全球范围内的许多大型企业所使用，包括 Facebook(现更名为

Meta）、Google、Adobe、Alcatel Lucent 等。这意味着可以找到大量的社区和专业知识支持。

·简单和易用：相比 Oracle 和 SQL Server 这样的复杂系统，MySQL 在安装和管理上要简单得多，这使得非专业的数据库管理员也能方便地使用它。

·高度可定制：MySQL 是模块化的，这意味着可以根据需要定制系统。比如，可以只安装需要的存储引擎，从而减少系统的复杂性和提高效率。

虽然 MySQL 有许多优点，但它可能不适合所有类型的应用。例如，对于需要非常复杂事务处理的企业级应用，或者对于需要高级分析和数据仓库功能的应用，其他如 Oracle 或者 PostgreSQL 之类的数据库可能会更适合。

3. ORM：MyBatis

MyBatis 是一个优秀的持久层框架，它支持定制化 SQL、存储过程及高级映射。MyBatis 避免了几乎所有的 JDBC 代码和手动设置参数及获取结果集。MyBatis 可以对配置和原始映射使用简单的 XML 或注解，将接口和 Java 的 POJO（Plain Old Java Objects，普通 Java 对象）映射至数据库记录。其主要特点如下。

·支持定制化 SQL 和存储过程：MyBatis 最突出的特性就是它对 SQL 的友好支持。开发者可以书写 SQL 语句并通过 XML 或注解的方式进行配置，这允许我们充分利用数据库的特性，如复杂的联结、嵌套查询、存储过程、视图，等等。这个特性让 MyBatis 区别于其他一些全自动化的 ORM 框架，如 Hibernate。

·映射能力：MyBatis 能够消除几乎所有的 JDBC 代码，以及手动处理 SQL 执行结果的工作。它通过简单的 XML 或注解就可以将 Java 对象和数据库之间的映射关系描述出来。MyBatis 不仅支持基本数据类型，还支持复杂类型，如集合类型（List、Set 等）和自定义的 Java 类型等。

·支持动态 SQL：MyBatis 提供了丰富的 XML 标签，可以编写动态 SQL，对于复杂、变化频繁的 SQL 查询需求来说，这是非常实用的特性。比如，可以使用 if 标签进行条件判断，使用 choose、when、otherwise 进行多条件判断，使用 foreach 进行循环等。

·解耦 SQL 和代码：MyBatis 的另一个主要特点就是将 SQL 语句和 Java 代码解耦。可以把 SQL 语句写在 XML 中，这样 Java 代码中就不会包含 SQL 语句，这使得代码更易读、更易维护。当 SQL 语句需要变动时，只需要修改 XML 文件，而不需要修改 Java 代码。

·提供插件机制：MyBatis 提供了插件机制，开发者可以通过实现 Interceptor 接口并在 mybatis-config.xml 中进行配置来创建一个插件。插件可以在设置的四个点执行代码，这四个点分别是：Executor、StatementHandler、ParameterHandler、ResultSetHandler。通过插件，可以对 MyBatis 的内部运行进行拦截，改变 MyBatis 的运行流程。

·简洁的 API 和详尽的文档：MyBatis 的 API 设计得非常简洁，而且 MyBatis 的官方文档非常详尽，很多细节和用法都有详细的说明，这对于开发者来说，无疑大大提高了学习和使用 MyBatis 的效率。

MyBatis 能够在轻量级开发中如此流行，是因为其具备众多优点。

·SQL 语言的灵活性：MyBatis 最突出的优点就是它对 SQL 的友好支持。可以编写任何复杂度的 SQL，让开发者充分利用数据库的性能。MyBatis 不会像某些其他持久化框架那样限制 SQL 编写，允许直接使用动态 SQL。对于复杂、变化频繁的 SQL 查询需求，MyBatis 可以应对自如。

·解耦数据库与代码：MyBatis 通过 DAO 模式，将 SQL 语句从 Java 代码中分离出来，降低了数据库操作的复杂性，也让 Java 代码更加清晰。可以把 SQL 语句写在 XML 中，这样 Java 代码中就不会包含 SQL 语句。当 SQL 语句需要变动时，只需要修改 XML 文件，而不需要修改 Java 代码，从而实现了真正意义上的逻辑与表现的分离。

·提供 XML 标签，支持编写动态 SQL：MyBatis 提供了丰富的 XML 标签，不仅支持基本的 CRUD 操作，还支持更多高级特性，如动态 SQL、存储过程等。可以使用这些标签来动态生成 SQL 语句，以适应各种复杂的业务需求。

·支持 SQL 语句的定制和扩展：在 MyBatis 中，SQL 语句是以 XML 的方式进行配置的。这种方式的好处是，可以很方便地进行 SQL 语句的管理，如果需要修改 SQL 语句，只需要在 XML 配置文件中进行修改即可，不需要重新编译 Java 代码。

·映射结果集到 Java 对象：MyBatis 自动将数据库的数据行映射为 Java 对象。这个过程非常灵活，通过简单的 XML 或注解配置就能实现。这就意味着可以充分利用面向对象的编程思想，简化代码的复杂度。

·支持插件机制：MyBatis 支持插件，可以通过插件来修改 MyBatis 的行为。比如可以写一个插件，实现分页功能，或者实现 SQL 语句的自动打印等功能。这大大提高了 MyBatis 的可扩展性。

·使用广泛，社区活跃：MyBatis 被广泛应用在各种 Java 项目中，有着强大的社区支持。无论遇到什么问题，都可以在社区找到解答。同时，有很多优秀的开源项目基于 MyBatis，可以通过阅读这些项目的源代码，学习 MyBatis 的最佳实践。

·优秀的事务管理：MyBatis 内部封装了事务管理，可以保证数据库操作的原子性，避免数据的不一致性。

·良好的与 Spring 框架的整合：MyBatis 与 Spring 框架整合十分紧密，只需要简单的配置就能在 Spring 项目中使用 MyBatis，从而享受到 Spring 框架带来的各种便利。

4. HTTP 请求处理：Spring MVC

Spring MVC 是 Spring Framework 的一部分，它是一个基于 Java 实现的 Web 层应用框架。Spring MVC 是基于模型—视图—控制器（Model—View—Controller）设计模式的，提供了一种分离式的方法来开发 web 应用。这种设计使得 Web 层的应用逻辑能更易于测试，更便于团队协作开发。

·DispatcherServlet：Spring MVC 的入口是一个前端控制器（Front Controller）。它负责将所有请求分发给相应的控制器，也负责处理控制器返回的模型数据和视图，将其渲染为客户端可接受的形式（例如 HTML）。DispatcherServlet 提供了一个中心化的入口点，帮助我们更好地组织和管理请求处理的代码。

·HandlerMapping：HandlerMapping 的主要任务是基于客户端的请求（通常使用 URL 及 HTTP 方法）找到对应的处理器（Controller）。在 Spring MVC 中，开发者可以自定义 HandlerMapping 来实现特殊的映射需求。

·Controller：控制器（Controller）是用来处理 HTTP 请求的。在 Spring MVC 中，可以通过注解（如 @RequestMapping，@GetMapping，@PostMapping 等）来定义一个控制器，这些控制器可以是一个类或者一个具体的方法。

·HandlerAdapter：HandlerAdapter 的职责是执行处理器（Controller）的逻辑。它从 DispatcherServlet 接收到一个被 HandlerMapping 选中的处理器，然后执行它，并返回一个包含模型数据和视图名称的 ModelAndView 对象。

·ModelAndView：ModelAndView 是控制器（Controller）的执行结果，它包含了模型数据（Model）和视图名称（View）。模型数据是要被展示给用户的数据，视图名称是用来渲染模型数据的视图的名称。

·ViewResolver：ViewResolver 的职责是解析控制器返回的视图名称，并返回一个能够渲染模型数据的视图。Spring MVC 支持多种视图技术，如 JSP、Thymeleaf、Freemarker 等。

·View：视图（View）的职责是使用模型数据渲染结果。一般来说，视图是一个 HTML 页面，也可以是 JSON、XML、PDF、Excel 等。

Spring MVC 处理请求的工作流程如下。

（1）客户端发送请求：当客户端（如浏览器）向服务器发送一个 HTTP 请求时，请求首先会被送到 DispatcherServlet，作为 Spring MVC 的前端控制器，DispatcherServlet 负责整个流程的控制。

（2）寻找合适的 HandlerMapping：DispatcherServlet 会接收到这个请求，并查找一个合适的 HandlerMapping(处理器映射)。HandlerMapping 是用来查找处理请求的 Controller(控制器)的。例如，如果使用的是 @RequestMapping 注解，那么 RequestMappingHandlerMapping 会根据请求的 URL 找到对应的 Controller。

（3）执行 Controller：一旦找到了对应的 Controller，DispatcherServlet 会将请求转发给 Controller。在 Controller 中，可以编写处理请求的代码，比如处理表单提交、与数据库交互等。

（4）返回 ModelAndView：Controller 处理完请求后，会返回一个 ModelAndView 对象，这

个对象包含了模型数据（Model）和视图名称（View）。模型数据是要展示给用户的数据，视图名称用来指定渲染这些数据的视图。

（5）解析视图：有了视图名称和模型数据，DispatcherServlet 会找到对应的 ViewResolver（视图解析器）来解析视图名称，找到真正的视图。视图通常是一个 JSP 或者其他模板引擎，比如 Thymeleaf。

（6）渲染视图：一旦找到了视图，DispatcherServlet 就会调用视图的 render 方法，将模型数据填充到视图中，这个过程叫作视图的渲染。渲染完毕后，Spring MVC 将响应返回给客户端。

需要注意的是，虽然 Spring MVC 的工作流程看起来有些复杂，但是大部分代码都是由 Spring MVC 框架自动处理的，通常只需要关注 Controller 中的业务逻辑，以及如何创建模型数据和选择视图。

17.2.2　AI绘画系统的技术框架

此系统的技术框架设计采用了多层次的架构。

1．微信小程序

作为前端展示层，微信小程序为用户提供了友好的交互界面。用户可以在这里查看自己的聊天历史、图片等信息，并可以直接通过微信小程序进行操作，无须在其他平台进行跳转，这就提供了良好的用户体验。

2．微信登录

微信登录功能为项目提供了一种简单而高效的身份验证方式。用户在进行身份验证的操作时，可以直接使用微信进行登录，省去了用户注册和记住密码的步骤，极大地方便了用户。

3．Spring Boot

后端服务使用了 Spring Boot 框架，这使得后端的开发变得更加高效和便捷。Spring Boot 的自动配置特性可以自动为我们配置项目的基础设施，从而让我们的开发团队可以专注于业务功能的开发，提高了开发效率。

4．Spring MVC

Spring MVC 框架为我们的项目提供了一种模块化的方式来组织代码。使用 Spring MVC 框架，我们可以将项目按照模型—视图—控制器的方式进行划分，使得代码结构更加清晰，便于后期维护和升级。

5．MySQL

MySQL 数据库为我们的项目提供了数据存储和管理的功能。通过 MySQL，我们可以将用户的聊天记录、图片等信息进行持久化的存储，并且可以通过 SQL 查询语言对数据进行高效的查询和处理。

6. MyBatis

MyBatis 框架为我们的项目提供了一种高效和方便的方式来操作数据库。使用 MyBatis,我们可以将 Java 对象和 SQL 查询进行映射,从而可以用面向对象的方式来操作数据库,简化了数据库操作的复杂性。

7. OkHttp

OkHttp 库为项目提供了调用 OpenAI API 的功能。通过 OkHttp,我们可以方便地发送 HTTP 请求到 OpenAI 服务器,获取 AI 生成的聊天记录和图片,提供了用户使用 AI 的功能。

8. 基于 Java 的图片处理

针对 Java 中 ImageIO 和 BufferedImage 的使用,保存图片和改变图片的像素的方法如下。

(1)保存图片:通过 ImageIO 类的 write() 方法,可以将一个 RenderedImage 对象保存为图片文件。这个方法需要三个参数:一个 RenderedImage 对象、一个字符串表示的图片格式及一个 File 或 OutputStream 对象。

要将一个 BufferedImage 对象保存为 jpg 格式的文件,可以执行以下代码:

```
File outputfile = new File("image.jpg");
ImageIO.write(bufferedImage, "jpg", outputfile);
```

这段代码会将 BufferedImage 对象保存为一个名为 image.jpg 的文件。如果需要将图像写入 OutputStream,例如写入网络连接或者数据库,可以用类似的方法:

```
OutputStream outputStream = ...; // 获取OutputStream
ImageIO.write(bufferedImage, "png", outputStream);
```

(2)改变图片像素:使用 BufferedImage 类,可以访问和修改图片的像素。每个像素的颜色由 RGB 值表示,可以使用 getRGB(int x, int y) 方法获取某个像素的 RGB 值,或者使用 setRGB(int x, int y, int rgb) 方法设置某个像素的 RGB 值。

要将图片的某个像素设为黑色,可以使用以下代码:

```
int x = ...; // x坐标
int y = ...; // y坐标
int black = 0x000000; // RGB值
bufferedImage.setRGB(x, y, black);
```

这段代码会将 BufferedImage 的指定坐标设为黑色。如果需要遍历图像的所有像素,可以使用两层循环遍历所有的 x 和 y 坐标。

(3)改变图片大小:使用 BufferedImage 类还可以改变图片的大小,主要是通过 getScaledInstance(int width, int height, int hints) 方法实现的,该方法返回一个新的图片对象。

要将图片缩小到原来的一半,可以使用以下代码:

```
int w = bufferedImage.getWidth() / 2;
int h = bufferedImage.getHeight() / 2;
Image image = bufferedImage.getScaledInstance(w, h, Image.SCALE_SMOOTH);
BufferedImage resized = new BufferedImage(w, h, BufferedImage.TYPE_INT_ARGB);
Graphics2D g2d = resized.createGraphics();
g2d.drawImage(image, 0, 0, null);
g2d.dispose();
```

这段代码首先获取图片的宽度和高度，并将其除以 2，然后创建一个新的缩放后的图像，并将其绘制到一个新的 BufferedImage 对象中。

这套系统架构将前端、后端服务、数据库等各个模块分离，不仅使得各个模块的职责更加明确，而且便于各模块的独立开发和测试，同时也有利于整个系统的维护和升级。

17.2.3 AI绘画系统的数据库设计

根据需求进行分析，我们需要建立 4 个表，分别为 td_user、td_api_request、td_api_response、td_api_response_img，系统逻辑图如图 17.1 所示。

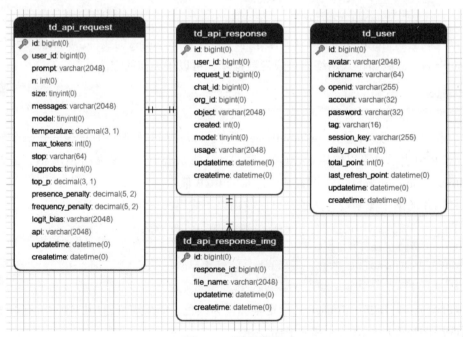

图17.1 系统逻辑图

各个表的结构及功能如下。

td_user：此表是用于存储用户信息的数据库表，它包含了用户的登录信息和用户资料。登录信息部分可能包括用户名、密码或其他身份验证凭据，用于用户认证和授权访问系统的功能。而用户资料部分则用于存储用户的个人信息，包括用户昵称、头像等信息。通过该表，系统可以有效地管理和维护用户的身份和个人信息。当用户登录系统时，系统会使用存储在 td_user 表中的登录信息进行验证，以确保用户的身份和权限的准确性。用户资料的存储可以使系统在需要时提供个性化的服务和功能，例如向用户展示其昵称、头像等。此表是一个重要的用户信息存储组件，通过其中的登录信息和用户资料，系统可以实现用户认证、个性化服务和行为分析等功能，从而提供更好的用户体验和管理效果。

其表结构如下：

```
CREATE TABLE `td_user` (
 `id` bigint NOT NULL,
 `avatar` varchar(2048) CHARACTER SET utf8mb4 COLLATE utf8mb4_bin DEFAULT NULL,
 `nickname` varchar(64) CHARACTER SET utf8mb4 COLLATE utf8mb4_bin DEFAULT NULL,
 `openid` varchar(255) CHARACTER SET utf8mb4 COLLATE utf8mb4_bin DEFAULT NULL,
 `account` varchar(32) CHARACTER SET utf8mb4 COLLATE utf8mb4_bin DEFAULT NULL,
 `password` varchar(32) CHARACTER SET utf8mb4 COLLATE utf8mb4_bin DEFAULT NULL,
 `tag` varchar(16) CHARACTER SET utf8mb4 COLLATE utf8mb4_bin DEFAULT NULL,
 `session_key` varchar(255) CHARACTER SET utf8mb4 COLLATE utf8mb4_bin DEFAULT NULL,
 `daily_point` int DEFAULT '3',
 `total_point` int DEFAULT '0',
 `last_refresh_point` datetime DEFAULT CURRENT_TIMESTAMP,
 `updatetime` datetime DEFAULT NULL ON UPDATE CURRENT_TIMESTAMP,
 `createtime` datetime DEFAULT CURRENT_TIMESTAMP,
 PRIMARY KEY (`id`) USING BTREE,
 KEY `openid_nidex` (`openid`) USING BTREE
) ENGINE=InnoDB DEFAULT CHARSET=utf8mb4 COLLATE=utf8mb4_bin ROW_FORMAT=DYNAMIC;
```

td_api_request：此表是用于存储和追踪系统中所有 API 请求的详细信息。每次当用户发起一个 API 请求时，系统就会在这个表中生成一条新的记录，其中包含了该请求的所有参数和相关信息。该表主要用于记录和存储 API 服务的使用情况，比如哪些用户在什么时间发起了什么样的请求，以及他们在请求中设置了哪些参数等。此外，当需要对系统的使用情况进行分析，或者当出现问题需要进行调查时，这个表也能提供非常有用的信息。每一条记录都与一个特定的用户和他们发起的一个特定的 API 请求相对应。这种详细的请求信息记录使得我们可以回溯每个请求的执行路径，用于后期的数据分析和问题排查，有助于理解用户的使用习惯，优化 API 服务，以及进行故障排查等。

其表结构如下：

```
CREATE TABLE `td_api_request` (
 `id` bigint NOT NULL,
 `user_id` bigint NOT NULL,
```

```
 `chat_id` bigint DEFAULT NULL,
 `prompt` varchar(2048) COLLATE utf8mb4_bin DEFAULT NULL,
 `n` int DEFAULT NULL,
 `size` tinyint DEFAULT NULL,
 `messages` varchar(2048) COLLATE utf8mb4_bin DEFAULT NULL,
 `model` tinyint DEFAULT NULL,
 `temperature` decimal(3,1) DEFAULT NULL,
 `max_tokens` int DEFAULT NULL,
 `stop` varchar(64) COLLATE utf8mb4_bin DEFAULT NULL,
 `logprobs` tinyint DEFAULT NULL,
 `top_p` decimal(3,1) DEFAULT NULL,
 `presence_penalty` decimal(5,2) DEFAULT NULL,
 `frequency_penalty` decimal(5,2) DEFAULT NULL,
 `logit_bias` varchar(2048) COLLATE utf8mb4_bin DEFAULT NULL,
 `api` varchar(2048) COLLATE utf8mb4_bin NOT NULL,
 `updatetime` datetime DEFAULT NULL ON UPDATE CURRENT_TIMESTAMP,
 `createtime` datetime DEFAULT CURRENT_TIMESTAMP ON UPDATE CURRENT_TIMESTAMP,
 PRIMARY KEY (`id`),
 KEY `user_id` (`user_id`) USING BTREE
) ENGINE=InnoDB DEFAULT CHARSET=utf8mb4 COLLATE=utf8mb4_bin;
```

td_api_response：此表主要用于存储系统中每个 API 请求对应的响应信息。每当 API 服务处理完一个请求并产生一个响应时，都会在这个表中生成一条新的记录。这个表在数据库中的主要作用是追踪和存储每一个 API 请求对应的响应信息，以便于日后进行查询、分析和问题定位。同时，也能够让我们了解 API 服务的使用情况，比如哪个用户或组织的请求最多，某个时间段内请求的量是多少，响应的主要内容有哪些，以及每次请求对系统资源的消耗等。

其表结构如下：

```
CREATE TABLE `td_api_response` (
 `id` bigint NOT NULL,
 `user_id` bigint DEFAULT NULL,
 `request_id` bigint NOT NULL,
 `org_id` bigint DEFAULT NULL,
 `object` varchar(2048) COLLATE utf8mb4_bin DEFAULT NULL,
 `created` int DEFAULT NULL,
 `model` tinyint DEFAULT NULL,
 `usage` varchar(2048) COLLATE utf8mb4_bin DEFAULT NULL,
 `updatetime` datetime DEFAULT NULL ON UPDATE CURRENT_TIMESTAMP,
 `createtime` datetime DEFAULT CURRENT_TIMESTAMP,
 PRIMARY KEY (`id`)
) ENGINE=InnoDB DEFAULT CHARSET=utf8mb4 COLLATE=utf8mb4_bin;
```

td_api_response_img：此表是一种专门用于存储和管理 API 响应生成的图像信息的数据库表。这个表设计的目标是方便地保存并提取每个会话所产生的图片及其缩略图的地址，以便后续查看和使用。在 td_api_response_img 表中，file_name 字段用于存储每张图片的文件名，也就是它们的存储位置。有了这个信息，我们可以轻松地访问和使用这些图片。更重要的是，这个表通过 response_id 字段与 td_api_response 表形成了一种多对一的关系。这意味着我们可以通过 td_api_response_img 表找到每张图片所对应的 API 响应，这为我们理解图片的上下文提供了可能性。此外，表中的 createtime 和 updatetime 字段分别记录了图片的创建和更新时间，这使得我们可以按照时间顺序排序或筛选图片。总而言之，td_api_response_img 表帮助我们以更有效的方式管理 API 响应生成的图像，从而使我们能够更好地使用这些数据。

其表结构如下：

```
CREATE TABLE `td_api_response_img` (
  `id` bigint NOT NULL,
  `response_id` bigint NOT NULL,
  `file_name` varchar(2048) CHARACTER SET utf8mb4 COLLATE utf8mb4_bin DEFAULT NULL,
  `updatetime` datetime DEFAULT NULL ON UPDATE CURRENT_TIMESTAMP,
  `createtime` datetime DEFAULT CURRENT_TIMESTAMP,
  PRIMARY KEY (`id`)
) ENGINE=InnoDB DEFAULT CHARSET=utf8mb4 COLLATE=utf8mb4_bin;
```

17.2.4　AI绘画系统的实体类设计

1. td_api_request 实体类

```
@Data
@EqualsAndHashCode(callSuper = false)
@TableName("td_api_request")
public class TdApiRequest implements Serializable {
    private static final long serialVersionUID = 1L;
    private Long id;
    private Long userId;
    private String prompt;
    private Integer n;
    private Integer size;
    private String messages;
    private Integer model;
    private BigDecimal temperature;
    private Integer maxTokens;
    private String stop;
    private Integer logprobs;
    private BigDecimal topP;
    private BigDecimal presencePenalty;
    private BigDecimal frequencyPenalty;
    private String logitBias;
    private String api;
    private LocalDateTime updatetime;
    private LocalDateTime createtime;
}
```

2. td_api_response 实体类

```
@Data
@EqualsAndHashCode(callSuper = false)
@TableName("td_api_response")
public class TdApiResponse implements Serializable {
    private static final long serialVersionUID = 1L;
    private Long id;
    private Long userId;
    private Long requestId;
    private Long orgId;
    private String object;
    private Integer created;
    private Integer model;
    private String usage;
    private LocalDateTime updatetime;
    private LocalDateTime createtime;
}
```

3. td_api_response_img 实体类

```
@Data
public class TdApiResponseImg implements Serializable {
    private static final long serialVersionUID = 1L;
    private Long id;
    private Long responseId;
    private String fileName;
    private LocalDateTime updatetime;
    private LocalDateTime createtime;
}
```

4. td_user 实体类

```
@Data
@TableName("td_user")
public class TdUser implements Serializable {
    private static final long serialVersionUID = 1L;
    private Long id;
    private String openid;
    private String nickname;
    private String avatar;
    private String sessionKey;
    private String account;
    private String password;
    private String tag;
    private Integer dailyPoint;
    private Integer totalPoint;
    private LocalDate lastRefreshPoint;
    private LocalDateTime updatetime;
    private LocalDateTime createtime;
}
```

17.2.5　AI绘图系统的功能设计

1. 微信注册和登录

注册微信开放平台开发者账号，创建应用，获取 AppID 和 AppSecret。

设置 OAuth2.0 授权回调页面。

当用户单击登录按钮时，重定向用户到微信的授权页面（URL 中包含用户 AppID、授权回调页面地址和其他参数）。

用户同意授权后，微信会重定向到所设置的回调页面，URL 中附带一个授权码 code。

服务器使用 code、AppID 和 AppSecret 向微信服务器请求 access token 和 openid。

存储 access token 和 openid，用于后续的会话管理。

2. 消息接收和回复

在微信开放平台设置消息接收 URL。

当用户发送消息时，微信服务器将 POST 请求发送到 URL，请求的正文部分包含消息的 JSON 数据。

创建一个 Spring MVC controller 来处理这些 POST 请求。使用 @RequestBody 注解来接收 JSON 数据，将 JSON 数据转换为所定义的 Java 对象。

验证请求来自微信（可以使用微信提供的消息加解密方式来验证）。

解析请求中的消息内容、消息类型、发送者等信息。

调用 OpenAI 的 ChatGPT API 生成回复消息。把用户的消息和聊天历史作为输入，得到 ChatGPT 的输出。

把生成的回复消息转换为 JSON 格式，作为 HTTP 响应返回。

3. 查看聊天记录

在 MySQL 数据库中创建表，存储用户消息和机器人的回复。字段包括消息内容、时间戳、发送者和接收者等。

使用 MyBatis 的 mapper 接口和 XML 文件来操作数据库。

创建一个 API 接口，让用户能查询自己的聊天记录。使用 Spring MVC 的 @PathVariable 注解来获取 URL 中的 openid。

在 controller 中，使用 MyBatis 的 mapper 来查询数据库，获取聊天记录，然后返回这些记录的 JSON 格式。

17.3　AI绘画系统实战代码

AI 绘画系统的构成包括前端和后端，在这里，前端采用微信进行登录注册，因前端相对简单，我们在这里只详细介绍后端代码。

17.3.1 微信用户登录与注册

1. 前端

调用微信的 wx.login API 获取 code:

```
wx.login({
  success: function(res) {
    if (res.code) {
      // 在这里将code发送给后端
    }
  }
});
```

在成功获取用户凭证（code）后，将其发送到服务器。

可以使用 wx.request 发起 HTTPS 请求，例如：

```
wx.request({
  url: 'https://your-website.com/path', // 后端接口地址
  data: {
    code: res.code // 这是从wx.login的响应中获取的code
  },
  success: function(response) {
    // 在这里处理后端的响应
  }
});
```

2. 后端

后端接收到来自前端的 code 后，会用它来请求微信服务器以换取 openid 和 session_key。微信登录请求参数如表 17.1 所示。

表 17.1　微信登录请求参数

属性	类型	必填	说明
appid	string	是	小程序的唯一标识，每个小程序都有一个对应的 appid。在微信公众平台注册小程序后，可在"设置"→"开发设置"中找到。此参数在调用微信的接口时常用，以告知微信请求来自哪个小程序
secret	string	是	小程序的密钥，与 appid 配对使用，用于保证接口调用的安全性。secret 可在微信公众平台的小程序管理后台获取，路径与获取 AppID 相同，也在"设置"→"开发设置"中。需要注意保密，如有泄露风险，可在后台重新设置，之前的 secret 会失效
js_code	string	是	用户使用微信登录小程序时，通过调用 wx.login 接口获取的临时登录凭证，每次用户登录都会有一个新的 code。此 code 可发送到后台服务器，然后后台服务器通过调用微信的服务端 API，用 appid 和 secret 及这个 code 换取 session_key 和 open_id，这两者是用户在小程序中的身份标识

微信登录返回参数如表 17.2 所示。

表 17.2　微信登录返回参数

属性	类型	说明
session_key	string	会话密钥。小程序后端可以用 session_key 验证用户的身份或加解密用户的敏感数据
unionid	string	如果用户已经关联了微信开放平台账号，那么可以获取这个 unionid。同一个用户，无论在哪个微信应用（包括微信公众号、小程序、微信网站应用等）中，他们的 unionid 是唯一的
errmsg	string	错误信息，对应错误码的具体描述和错误详情
openid	string	用户在当前小程序的唯一标识。注意，每个用户对每个小程序的 openid 是唯一的。如果同一个用户在不同小程序中，他们的 openid 也是不同的。这是一种保护用户隐私的措施，确保开发者无法通过 openid 跨小程序追踪用户
errcode	int32	错误码，当 API 调用失败时，会返回对应的错误码。例如，-1 通常表示系统繁忙或者接口调用超时，40029 表示 code 无效，45011 表示频率限制，每个账号每分钟可调用 100 次

实战 API 设计如下。

Url：/api/td-user/wechatLogin/{code}

请求方法：POST。

系统登录请求参数如表 17.3 所示。

表 17.3　系统登录请求参数

属性	类型	必填	说明
code	string	是	微信登录时获取的 code

系统登录返回参数如表 17.4 所示。

表 17.4　系统登录返回参数

属性	类型	说明
code	string	返回代码，登录完成后后端返回的系统代码
error	string	错误信息，对应错误码的具体描述和错误详情
userDto	JSON	用户信息，后端返回的所登录用户的信息，具体信息内容如表 17.5 所示

表 17.5　userDto 参数

属性	类型	说明
id	Long	聊天机器人系统的用户编号
account	String	用户账号
nickName	string	用户昵称
avatar	String	用户头像链接地址

代码如下。

前端小程序获取微信登录的code后，调用微信登录/注册接口，完成微信登录，并将登录信息写入存储。接口代码如下：

```
@PostMapping("/wechatLogin/{code}")
public BaseSingleResponse wechatLogin(@PathVariable("code") String code) {
    BaseSingleResponse  userDtoBaseResponse= new BaseSingleResponse();
    try {
        userDtoBaseResponse.setCode("200"); //正常返回
        userDtoBaseResponse.setData(tdUserService.wechatLogin(code));
    }catch (Exception e){
        userDtoBaseResponse.setCode("501");
        userDtoBaseResponse.setError(e.getMessage()); //登录失败返回501
    }
    return userDtoBaseResponse;
}
```

登录的方法代码如下：

```
@Override
public UserDto wechatLogin(String code) throws Exception {
    WechatUserInfo wechatInfoByCode = getWechatInfoByCode(code); //通过微信code获取用户信息
    if (!ObjectUtil.isNotEmpty(wechatInfoByCode.getOpenid())) {
        throw new Exception("登录异常！");
    }
    UserDto userDto = checkUserLogin(wechatInfoByCode);
    userDto.setAllPoint(userDto.getDailyPoint() + userDto.getTotalPoint());
    return userDto;
}
```

通过微信code获取用户信息代码：

```
private WechatUserInfo getWechatInfoByCode(String code) {
    OkHttpClient client = new OkHttpClient.Builder()
            .readTimeout(120, TimeUnit.SECONDS)
            .writeTimeout(120, TimeUnit.SECONDS)
            .connectTimeout(240, TimeUnit.SECONDS)
            .build();
    String loginUrl = "https://api.weixin.qq.com/sns/jscode2session?appid={}&secret={}&
js_code={}&grant_type=authorization_code";
    final Request okRequest = new Request.Builder()
            .url(StrFormatter.format(loginUrl, appid, secret, code))
            .header("Authorization", "Bearer sk-XWre0xkvyusgJHqODU8LT3BlbkFJxrlT1A9zR3276
FRSH0WE")
            .get()
            .build(); //创建请求对象
    try {
        Response response = client.newCall(okRequest).execute();
        if (response.isSuccessful()) {    //判断返回数据是否正确
```

```
        WechatUserInfo result = JSON.parseObject(response.body().string(),
WechatUserInfo.class);
        return result;
    } else {
        throw new IOException("Unexpected code " + response);
    }
} catch (IOException e) {
    e.printStackTrace();
    return null;
}
}
```

17.3.2 生成图像

（1）接收用户描述：用户在微信应用中输入描述，例如“一个在海滩上玩飞盘的小狗”。这个描述通过微信的接口被收集，然后发送到本地服务器的 API。

（2）本地服务 API 处理：本地服务 API 接收到描述后，将其与其他可能的参数（如用户 ID、时间戳等）一起打包，并构建为 OpenAI Images API 所需的格式。可能需要对描述进行一定的处理，例如过滤掉一些特殊字符，或者限制描述的长度。

（3）调用 OpenAI Images API：本地服务 API 将打包好的参数发送给 OpenAI Images API，并等待 API 的响应。这可能涉及网络请求的创建和发送，需要处理各种可能的网络错误，例如网络连接失败、API 服务器无响应、响应超时等。

（4）处理 API 返回的结果：当 OpenAI Images API 返回结果时，本地服务 API 需要处理返回的数据。首先，需要检查 API 是否成功返回了图像，如果有错误，可能需要根据错误信息进行相应的处理或者错误反馈。如果成功，本地服务 API 将接收到图像数据，这可能是二进制数据，或者是一个图像的 URL。二进制数据需要保存到本地的文件系统或者云存储中，转换为 URL。

（5）返回图像给用户：本地服务 API 将生成的图像 URL 返回给微信端，微信端再将图像显示给用户。如果图像是 URL，可以直接发送；如果是文件，可能需要先上传到微信的文件服务器，转换为微信的文件链接再发送。

（6）保存生成记录：在本地服务 API 中，需要在数据库中保存生成图像的记录。记录中需要包括用户的 ID、描述、生成的图像链接、生成时间等信息。这些信息将用于用户后续查看历史记录、分享图像等操作。需要保证数据的完整性和一致性，例如使用事务（Transaction）来保证操作的原子性。

具体 API 设计如下。

Url：/api/chat/getImg

请求方法：POST。

获取 AI 图像请求参数如表 17.6 所示。

表 17.6　获取 AI 图像请求参数

属性	类型	必填	说明
prompt	string	是	用户所需生成图片的需求描述
n	Integrate	否	生成图片数量，默认为 1
userId	string	是	用户编号
imgSize	string	否	图片尺寸，可以为 "SIZE256" "SIZE512" "SIZE1024"
isMock	Boolean	否	是否使用模拟数据，用于测试，默认为 False

获取 AI 图像返回参数如表 17.7 所示。

表 17.7　获取 AI 图像返回参数

属性	类型	说明
data	List	图片地址数组
−url	String	图片地址
createtime	Integrate	API 请求的创建时间
error	string	错误信息

API 代码实现如下。

1. 请求对象代码

请求的 JSON 对象中，必须包含用户编号、图片描述。

·userId：这是一个用于标识用户的唯一标识符。在用户注册或第一次登录应用时生成。服务器使用它来跟踪用户的请求，例如保存用户的生成图像历史记录，以及用于身份验证等。

·prompt：这是用户提供的描述，用于指导 AI 生成图像。例如，用户可能输入"一个在海滩上玩飞盘的小狗"作为提示。这个提示被发送到 OpenAI Images API，API 根据这个提示生成图像。

·n：这是一个指示服务器生成图像的数量的参数。例如，如果用户想看到不同版本的同一描述的图像，他们可能会设置 n 为一个大于 1 的值。然后服务器将返回 n 个根据同一描述生成的不同图像。

·imgSize：这是一个指示生成图像的大小的参数。用户可以根据需要选择不同的图像大小。这个参数可能需要按照 OpenAI Images API 的要求设置，例如可能需要是某个特定的尺寸或者在某个范围内。

·isMock：这是一个布尔值，通常用于测试或调试。如果 isMock 为 true，那么系统可能不会真的调用 OpenAI Images API，而是返回一些预设的或者随机的结果。这样可以在开发和测试过程中避免不必要的 API 调用，节省开发者的时间和资源。

请求对象代码如下：

```
package com.td.rich.model.request;
import com.td.rich.enums.ImgSize;
import lombok.Data;
@Data
public class ImgInputReq {
    private Long userId;
    private String prompt;
    private Integer n = 1;
    private ImgSize imgSize = ImgSize.SIZE1024;
    private Integer isMock = 0;
}
```

2. 返回对象代码

返回对象的 JSON 包括 code、createtime、data、error。具体描述如下。

code：这是一个字符串，通常用于表示 API 调用的结果状态。例如，"200"表示成功，"400"表示客户端错误，"500"表示服务器错误。这个码可以根据 HTTP 状态码的标准来设置，也可以根据应用的需要自定义。

·createtime：这是一个字符串，通常用于表示 API 调用的时间。它可能是一个标准的时间戳，也可能是一个格式化的日期和时间字符串。客户端可以使用这个值来了解 API 调用的时间，例如用于调试，或者用于显示给用户。

·data：这是一个 ImgUrl 对象的列表，用于返回生成的图像的 URL。每个 ImgUrl 对象可能包含一个 URL，客户端可以使用这个 URL 来下载或显示图像。如果生成了多个图像（例如 n 大于 1），那么这个列表可能包含多个 ImgUrl 对象。

·error：这是一个字符串，用于返回 API 调用的错误信息。如果 code 不是表示成功的值，那么 error 可能包含一个描述错误的消息。客户端可以使用这个消息来显示错误信息给用户，或者用于调试。

```
package com.td.rich.model.response;
import lombok.Data;
import java.util.List;
@Data
public class ImgResponse {
    private String code;
    private String createtime;
    private List<ImgUrl> data;
    private String error;
}
```

3. API 接口代码

使用上面的 ImgInputReq 类作为输入参数，ImgResponse 类作为返回参数，接口代码如下：

```
package com.td.rich.controller;
import com.td.rich.model.request.ImgInputReq;
import com.td.rich.model.request.NormalChatReq;
import com.td.rich.model.request.UserInputReq;
import com.td.rich.model.response.ChatCompletionResponse;
import com.td.rich.model.response.ImgResponse;
import com.td.rich.model.response.NormalChatResp;
import com.td.rich.service.CompletionsService;
import com.td.rich.service.TestService;
import org.springframework.web.bind.annotation.PostMapping;
import org.springframework.web.bind.annotation.RequestBody;
import org.springframework.web.bind.annotation.RequestMapping;
import org.springframework.web.bind.annotation.RestController;
import javax.annotation.Resource;
@RestController
@RequestMapping("/api/chat")
public class chatController {
    @PostMapping("/getImg")
    public ImgResponse getImg(@RequestBody ImgInputReq request) {
        return completionsService.getImg(request);
    }
}
```

4. getImg 方法

此为接口所调用的方法，该方法的实现步骤如下。

（1）检查描述是否重复：调用 checkIfPromptDuplicate 方法来检查用户的描述是否重复，如果重复，则抛出 USER_SAME_PROMPT 的错误。

（2）处理模拟请求：如果用户请求的是模拟数据（即 request.getIsMock() == 1），则直接返回一个预定义的模拟数据，并结束方法。

（3）创建 HTTP 客户端：如果用户请求的不是模拟数据，那么方法开始创建一个 OkHttpClient 对象，这是一个用于发送 HTTP 请求的客户端。客户端的读、写、连接超时时间都设置为较长的时间，连接池的配置也被自定义。

（4）创建 HTTP 请求体：创建一个 RequestBody 对象，这是 HTTP 请求的正文部分。请求体的内容是将 ImgInputReq 对象转换为 JSON 字符串，内容类型是 "application/json;charset=utf-8"。

（5）创建 HTTP 请求：创建一个 Request 对象，这是 HTTP 请求的整体。请求的 URL 是 OpenAI Images API 的 URL，请求的头部包含一个 Authorization 字段，其中 Bearer token 是 API 的访问凭证。请求的正文部分就是前面创建的 RequestBody。

（6）发送 HTTP 请求并处理响应：使用 OkHttpClient 发送 Request，并得到一个 Response。如果 Response 表示成功（即 response.isSuccessful() 返回 true），那么方法将 Response 的正文转换为

字符串，然后调用 getImgResponse 方法将其转换为 ImgResponse 对象并返回。如果 Response 表示失败，那么方法抛出一个包含 Response 信息的 IOException。

（7）处理错误：如果在发送请求或处理响应过程中发生错误，那么方法捕获 IOException，打印错误堆栈，返回 null。

具体代码如下：

```
@Override
public ImgResponse getImg(ImgInputReq request) {
    RichErrorEnum.USER_NOT_POINT.assertIsTrue(tdUserService.consumePoint(request.
getUserId()));
    RichErrorEnum.USER_SAME_PROMPT.assertIsFalse(tdApiRequestService.checkIfPromptDuplicate
(request.getUserId(), request.getPrompt()));
    if (request.getIsMock() == 1) {
        String mockStr = "{\n" +
                "   \"created\": \"1683515163\",\n" +
                "   \"data\": [\n" +
                "       {\n" +
                "           \"url\": \"https://img1.kchuhai.com/ueditor/image/20211126/
6377351630718706155670808.png\"\n" +
                "       },\n" +
                "       {\n" +
                "           \"url\": \"https://img1.baidu.com/it/u=2833916768,4266163791&fm=
253&fmt=auto&app=138&f=PNG?w=574&h=402\"\n" +
                "       }\n" +
                "   ]\n" +
                "}";
        return getImgResponse(request, mockStr);
    }
    OkHttpClient client = new OkHttpClient.Builder()
            .readTimeout(120, TimeUnit.SECONDS)
            .writeTimeout(120, TimeUnit.SECONDS)
            .connectTimeout(240, TimeUnit.SECONDS)
            //配置自定义连接池参数
            .connectionPool(new ConnectionPool(5, 6000, TimeUnit.SECONDS))
            .build();
    MediaType type = MediaType.parse("application/json;charset=utf-8");
    RequestBody requestBody = RequestBody.create(type, JSON.toJSONString(request));
    final Request okRequest = new Request.Builder()
            .url("https://api.openai.com/v1/images/generations")
            .header("Authorization", "Bearer sk-XWre0xkvyusgJHqODU8LT3BlbkFJxrlT1A9zR3276
FRSH0WE")
            .post(requestBody)
            .build();
    try {
        Response response = client.newCall(okRequest).execute();
        if (response.isSuccessful()) {
            return getImgResponse(request, response.body().string());
        } else {
            throw new IOException("Unexpected code " + response);
        }
```

```
    } catch (IOException e) {
        e.printStackTrace();
        return null;
    }
}
```

5. getImgResponse 方法

这是一个将用户的请求和 API 的响应保存到数据库,并返回响应的私有方法,具体实现步骤如下。

(1)生成 TdApiRequest 对象:通过 BeanUtil 的 copyProperties 方法将 request(用户的请求)的属性复制到一个新的 TdApiRequest 对象中。

(2)保存请求:调用 tdApiRequestService 的 save 方法将 TdApiRequest 对象(即用户的请求和 API 的名称)保存到数据库。

(3)解析响应:使用 JSON 的 parseObject 方法将 resultStr(API 的响应)解析为一个 ImgResponse 对象。

(4)保存响应:调用 tdApiResponseService 的 saveImgResponse 方法将 ImgResponse 对象(即 API 的响应)、TdApiRequest 对象的 id(即请求在数据库中的唯一标识符)和用户的 id 保存到数据库。

(5)返回响应:返回 ImgResponse 对象,这就是 API 的响应。

```
private ImgResponse getImgResponse(ImgInputReq request, String resultStr) {
    TdApiRequest tdApiRequest = BeanUtil.copyProperties(request, TdApiRequest.class);
    tdApiRequest.setApi(Api.IMAGES.getName());
    tdApiRequestService.save(tdApiRequest);
    ImgResponse imgResponse = JSON.parseObject(resultStr, ImgResponse.class);
    tdApiResponseService.saveImgResponse(imgResponse, tdApiRequest.getId(), request.
getUserId());
    return imgResponse;
}
```

6. saveImgResponse 方法

这个方法用于保存从 OpenAI Images API 返回的图像响应,具体步骤如下。

(1)生成 TdApiResponse 对象:通过 BeanUtil 的 copyProperties 方法将 imgResponse(API 的响应)的属性复制到一个新的 TdApiResponse 对象中。

(2)设置请求 ID 和用户 ID:将请求 ID 和用户 ID 设置到 TdApiResponse 对象中。

(3)检查响应数据:检查 imgResponse 中的 data 属性的大小。如果没有数据(即 data 的大小为 0),那么方法返回 Boolean.FALSE 并结束。这可能意味着 API 没有返回任何图像。

(4)保存响应:如果有数据,那么方法调用 save 方法将 TdApiResponse 对象(即 API 的响应、请求 ID 和用户 ID)保存到数据库。

(5)处理图像:方法遍历 imgResponse 中的 data 属性的每个元素。

对于每个元素，方法执行以下操作。

· 创建一个新的 TdApiResponseImg 对象。

· 设置该对象的 responseId 属性为 TdApiResponse 对象的 id（即响应在数据库中的唯一标识符）。

· 创建一个 Snowflake 对象，用于生成唯一的 ID。

· 使用 Snowflake 对象生成一个唯一的 ID，加上 ".png" 作为文件名。

· 调用 saveResult 方法将当前元素的 url 属性（即图像的 URL）和文件名作为参数，将图像保存到某个地方（可能是一个文件系统或一个云存储服务），并得到一个新的 URL。

· 设置 TdApiResponseImg 对象的 fileName 属性为新的 URL。

· 调用 tdApiResponseImgService 的 save 方法将 TdApiResponseImg 对象保存到数据库。

（6）返回成功：方法返回 Boolean.TRUE，表示保存成功。

具体代码如下：

```
public Boolean saveImgResponse(ImgResponse imgResponse, Long requestId, Long userId) {
    TdApiResponse tdApiResponse = BeanUtil.copyProperties(imgResponse, TdApiResponse.
class);
    tdApiResponse.setRequestId(requestId);
    tdApiResponse.setUserId(userId);
    if (imgResponse.getData().size() == 0)
        return Boolean.FALSE;
    save(tdApiResponse);
    for (int i = 0; i < imgResponse.getData().size(); i++) {
        TdApiResponseImg tdApiResponseImg = new TdApiResponseImg();
        tdApiResponseImg.setResponseId(tdApiResponse.getId());
        Snowflake snowflake = IdUtil.createSnowflake(0, 1);
        String fileName = snowflake.nextIdStr() + ".png";
        String url = saveResult(imgResponse.getData().get(i).getUrl(), fileName);
        tdApiResponseImg.setFileName(url);
        tdApiResponseImgService.save(tdApiResponseImg);
    }
    return Boolean.TRUE;
}
```

7. 图片处理相关方法

（1）saveResult

此方法的主要作用是从给定的 URL 下载图像并保存到本地文件系统：

· 获取当前日期：创建一个 Date 对象，用于获取当前日期。

· 格式化日期：创建一个 SimpleDateFormat 对象并指定日期格式为 "yyyyMMdd"（年年年年月月日日）。然后使用 format 方法将当前日期格式化为字符串。

· 下载并保存图像：在一个 try 块中，调用 ImgUtils.downloadImg 方法，将 URL、路径（由保存路径、日期字符串和文件名拼接得到）和缩减倍数（reduceMultiple）作为参数。这个方法会尝试从指定 URL 下载图像，并将其保存在给定路径下的文件中。如果在下载或保存过程中发生异常，catch 块会捕获 IOException，并打印堆栈轨迹。

·返回新文件的路径：最后，方法返回一个字符串，该字符串是由日期字符串、"/" 和文件名拼接得到的。这个字符串代表了新下载的图像在文件系统中的相对路径。

代码如下：

```
private String saveResult(String url, String fileName) {
    Date date = new Date();  // 获取当前日期
    SimpleDateFormat simpleDateFormat = new SimpleDateFormat("yyyyMMdd");  // 创建一个日期
格式化对象，并设置日期格式为"yyyyMMdd"
    String dateStr = simpleDateFormat.format(date);  // 将当前日期格式化为字符串
    try {
        // 从指定的URL下载图像，并将其保存在指定的路径下
        // 路径由保存路径、日期字符串和文件名拼接得到
        // 如果在下载或保存过程中发生异常，将捕获并打印异常
        ImgUtils.downloadImg(url, savePath + dateStr, fileName, reduceMultiple);
    } catch (IOException e) {
        e.printStackTrace();  // 打印异常堆栈轨迹
    }
    return dateStr + "/" + fileName;  // 返回新下载的图像在文件系统中的相对路径
}
```

（2）downloadImg

此方法主要用于从网络下载图片，将图片保存到指定的路径，并同时生成一个压缩后的版本。步骤如下。

·通过输入的图片网络地址构造一个 URL 对象。

·通过 openConnection() 打开 URL 连接，并设置连接超时时间为 60 秒。

·针对 savePath 路径和 savePath + "/min" 路径，如果这两个路径不存在，使用 mkdirs() 方法创建它们。这两个路径分别用于保存原图和缩小后的图。

·从 URL 连接中获取输入流，并创建一个指向原图保存路径的文件输出流。这个输出流用于将从网络下载的图片数据写入文件中。

·使用一个大小为 1024 的字节缓冲区，不断从输入流中读取数据，然后将读取的数据写入文件输出流。如果在读取或写入过程中出现异常，会打印堆栈信息。

·再次打开 URL 连接，获取输入流，然后读取图片并将其压缩（按照 reduceMultiple 的值）。压缩后的图片保存为一个 BufferedImage 对象。

·将压缩后的 BufferedImage 对象转为输入流，创建一个指向缩小图片保存路径的文件输出流。用同样的方式将压缩后的图片数据写入文件中。

·如果所有操作都成功完成，方法返回 Boolean.TRUE 表示下载和保存图片成功。

实战代码如下：

```
public static Boolean downloadImg(String urlString, String savePath, String filename,
float reduceMultiple) throws IOException {
    URL url = new URL(urlString); // 构造URL
    URLConnection con = url.openConnection(); // 打开连接
    con.setConnectTimeout(60 * 1000);  //设置请求超时为20s
    File sf = new File(savePath); //文件路径不存在则创建
    if (!sf.exists()) {
        sf.mkdirs();
    }
    File sfMin = new File(savePath + "/min");
    if (!sfMin.exists()) {
        sfMin.mkdirs();
    }
    try (InputStream in = con.getInputStream(); //jdk 1.7新特性自动关闭
         OutputStream out = new FileOutputStream(sf.getPath() + "/" + filename)) {
        byte[] buff = new byte[1024];   //创建缓冲区
        int n;
        // 开始读取
        while ((n = in.read(buff)) >= 0) {
            out.write(buff, 0, n);
        }
    } catch (Exception e) {
        e.printStackTrace();
    }
    URLConnection con2 = url.openConnection();
    con2.setConnectTimeout(60 * 1000); //设置请求超时为20s
    BufferedImage image = resizeImage(ImageIO.read(con2.getInputStream()),reduceMultiple);
    try (InputStream in = getInputStream(image);
         OutputStream out = new FileOutputStream(sfMin.getPath() + "/" + filename)) {
        byte[] buff = new byte[1024];  //创建缓冲区
        int n;
        while ((n = in.read(buff)) >= 0) { // 开始读取
            out.write(buff, 0, n);
        }
    } catch (Exception e) {
        e.printStackTrace();
    }
    return Boolean.TRUE;
}
```

（3）resizeImage

这个方法主要用于图片尺寸调整，可以在保持图片内容不变的情况下，根据需要改变图片的宽度和高度，步骤如下。

·首先，计算出新的宽度和高度，这是通过将原始图片的宽度和高度分别乘以 reduceMultiple 得到的。

·然后，使用 getScaledInstance 方法按照计算出的新的宽度和高度对原始图片进行缩放。这个方法使用了区域平均法（Image.SCALE_AREA_AVERAGING）进行缩放，这种方法可以得到较高质量的图片，但是计算量较大。

227

·创建一个新的空白 BufferedImage 对象，其宽度和高度与缩放后的图片一致，图片类型设定为 BufferedImage.TYPE_INT_RGB，这表示每个像素用 24 位 RGB 颜色模型来表示。

·通过 getGraphics().drawImage 将缩放后的图片绘制到新的 BufferedImage 对象上。

·最后，返回这个新的 BufferedImage 对象，它就是最终缩放后的图片。

代码如下：

```
public static BufferedImage resizeImage(BufferedImage originalImage, float reduceMultiple)
throws IOException {
    int width = (int) (originalImage.getWidth() * reduceMultiple); // 计算新的宽度，将原始
宽度乘以缩放比例
    int height = (int) (originalImage.getHeight() * reduceMultiple); // 计算新的高度，将原
始高度乘以缩放比例
    Image resultingImage = originalImage.getScaledInstance(width, height, Image.SCALE_
AREA_AVERAGING); // 用区域平均算法缩放原始图像
    BufferedImage outputImage = new BufferedImage(width, height, BufferedImage.TYPE_INT_
RGB); // 创建新的缓冲图像，用于存储缩放后的图像
    outputImage.getGraphics().drawImage(resultingImage, 0, 0, null); // 在新的缓冲图像上绘
制缩放后的图像
    return outputImage; // 返回缩放后的缓冲图像
}
```

（4）getInputStream

这个方法的主要目的是将一个 BufferedImage 对象转换为 InputStream 对象，以便在其他地方使用这个图像数据，步骤如下。

（1）创建一个 ByteArrayOutputStream 对象用于临时存储数据。

（2）利用 ImageIO.write 方法，将 BufferedImage 的内容以 png 格式写入 ByteArrayOutputStream。若有异常发生，将异常打印出来。

（3）通过 ByteArrayOutputStream 生成字节数组，然后用这个字节数组创建一个 ByteArrayInputStream，这样就得到了一个 InputStream 对象，它可以被用于输入图像数据。

代码如下：

```
private static InputStream getInputStream(BufferedImage bi) {
    ByteArrayOutputStream os = new ByteArrayOutputStream(); // 创建一个新的字节数组输出流
    try {
        ImageIO.write(bi, "png", os); // 将BufferedImage以png格式写入字节数组输出流
    } catch (IOException e) {
        e.printStackTrace(); // 如果有任何IO异常，打印堆栈跟踪
    }
    return new ByteArrayInputStream(os.toByteArray()); // 使用字节数组输出流中的字节数组创建
新的字节数组输入流并返回
}
```

17.3.3　查看历史图片

用户发送 HTTP GET 请求至服务器，请求路径中包含了用户的唯一标识符（userId），

例如 /getHistoryImg/123。服务器接收到请求后，调用对应的处理函数 getImg。这个函数首先根据请求路径中的 {userId} 参数来获取该用户的历史图片信息。getImg 函数调用 tdApiRequestService.getHistoryImg(userId) 方法来查询数据库或其他数据存储系统，获取所有该用户生成的、已经缩小过的图片记录。这些图片记录包含生成日期、生成的指令（即用户输入的"提示"）、缩略图 URL（指向缩小后的图片）、原图 URL（指向原图片）等信息。API 拿到以上信息后，返回前端。用户可以通过前端按照时间倒序查看自己的历史图片记录。

API 设计如下。

```
Url: /getHistoryImg/{userId}
```

请求方法：GET。

查看历史图片请求参数如表 17.8 所示。

表 17.8　查看历史图片请求参数

属性	类型	必填	说明
userId	string	是	用户编号

查看历史图片返回参数如表 17.9 所示。

表 17.9　查看历史图片返回参数

属性	类型	说明
id	string	聊天句柄唯一编号
userId	string	聊天机器人返回内容
prompt	Integrate	API 请求的创建时间
responseId	Long	响应 OpenAi 的编号
apiResponseImgList	List	每次请求返回的图片列表
–id	Long	图片编号
–url	string	原图片地址
–urlMin	string	缩略图图片地址
–fileName	string	访问路径的前缀

代码实现如下。

1. 返回参数代码

具体代码如下：

```
@Data
public class ApiRequestDto {
    private Long id;
    private Long userId;
```

```
    private String prompt;
    private Long responseId;
    private List<ApiResponseImgDto>  apiResponseImgList;
}
```

其中 ApiResponseImgDto 对象的代码如下：

```
@Data
public class ApiResponseImgDto {
    private Long id;
    private String url;
    private String urlMin;
    private String fileName;
}
```

2. 图片历史列表接口处理

```
@Resource
private TdApiRequestServiceImpl tdApiRequestService;
@GetMapping("/getHistoryImg/{userId}")
public BaseResponse<ApiRequestDto> getHistoryImg(@PathVariable("userId") Long userId) {
    BaseResponse<ApiRequestDto> response = new BaseResponse<>();
    try {
        response.setCode("200");
        response.setData(tdApiRequestService.getHistoryImg(userId));
    }catch (Exception e){
        response.setCode("501");
        response.setError(e.getMessage());
    }
    return response;
}
```

3. 主方法 getHistoryImg

这个方法的主要功能是获取指定用户的历史图片信息。具体步骤如下。

（1）使用 userId 作为参数调用 tdApiRequestMapper.getRequestList 方法，获取该用户的所有请求列表。每个请求都包含一组与之关联的图片响应，这些信息被存储在 ApiRequestDto 对象的列表中。

（2）通过两层循环遍历每个请求和其相关的每个图片响应。对于每个图片响应，修改其 url 和 urlMin 属性的值。这两个属性分别用于存储原始图片和缩小后的图片的 URL 地址。图片的 URL 地址由 readUri（图片存储的基本路径）和图片的文件名拼接而成。特别是对于 urlMin，其图片文件名的构造还包含了插入"min/"的子路径，这用于标识存储缩小图片的子目录。

（3）最后，返回包含了所有修改后的请求对象的列表。

具体代码如下：

```
@Override
public List<ApiRequestDto> getHistoryImg(Long userId) {
    List<ApiRequestDto> requestList = tdApiRequestMapper.getRequestList(userId); // 从数
```

据库获取指定用户的所有API请求记录

```
    for (int i = 0; i < requestList.size(); i++) { // 遍历所有请求记录
        for (int j = 0; j < requestList.get(i).getApiResponseImgList().size(); j++) { //
遍历每个请求记录中的所有图片响应
            // 生成并设置原始图片的URL地址
            requestList.get(i).getApiResponseImgList().get(j).setUrl(
                readUri + requestList.get(i).getApiResponseImgList().get(j).getFileName()
            );
            // 生成并设置缩小版本的图片的URL地址
            requestList.get(i).getApiResponseImgList().get(j).setUrlMin(
                readUri + requestList.get(i).getApiResponseImgList().get(j).getFileName().
substring(0, 9)
                        + "min/" + requestList.get(i).getApiResponseImgList().get(j).
getFileName().substring(9)
            );
        }
    }
    return requestList; // 返回更新后的请求记录列表
};
```

其中 getRequestList 方法在数据库中找出与此用户相关的所有 API 请求及其对应的响应，并将这些信息封装在 ApiRequestDto 对象列表中返回。

mapper 接口中代码如下：

```
@Mapper
public interface TdApiRequestMapper extends BaseMapper<TdApiRequest> {
    List<ApiRequestDto> getRequestList(Long userId);
}
```

对应的 XML 文件中代码如下：

```
<select id="getRequestList" resultMap="BaseResultMap">
    select
    a.id as id, a.user_id as userId, a.prompt as prompt, a.messages messages, b.id as responseId
    from td_api_request a left join td_api_response b on a.id = b.request_id
    where a.user_id = #{userId}
</select>
```

17.4　AI绘画服务端部署

代码完成后，为了简单起见，我们采用 IntelliJ IDEA 本身的功能进行本地打包，对 AI 绘画进行测试。使用 Git 提交代码到服务器，利用 Git 仓库进行服务器端部署，服务器采用 Linux 系统。

17.4.1　AI绘画代码打包

在 IntelliJ IDEA 中打包 Java 项目为 JAR。

（1）启动 IntelliJ IDEA，从左上角的菜单选择 File > Open...。在文件选择器中找到 chat 项目所在的目录，单击 OK。等待项目完全加载，加载过程可能需要一些时间，具体取决于项目的大小。

（2）当项目加载完成后，应确保项目中存在一个主类，这个类应该包含 public static void main(String[] args) 方法。如果没有，应在项目中创建一个这样的类。注意，这个类是作为 Java 程序的入口点，所有的 Java 程序都需要这样一个入口点。

（3）确认主类后，回到顶部菜单，选择 File → Project Structure。

（4）在弹出的窗口中，从左侧菜单选择 Artifacts。

（5）在右侧的面板中，单击绿色的 + 按钮，然后在弹出的菜单中选择 JAR → From modules with dependencies。

（6）在 Create JAR from Modules 窗口中，Main Class 一栏应自动填充了之前设置的主类，如果没有，单击旁边的 ... 按钮，在弹出的窗口中找到并选择主类，然后单击 OK。

（7）检查所有设置是否正确，尤其是 Main Class 是否已正确设置，然后单击 Apply 以保存更改，然后单击 OK 以关闭 Project Structure 窗口。

（8）回到顶部菜单，选择 Build → Build Artifacts。

（9）在弹出的窗口中，选择刚刚创建的 artifact（应该名为 chat:jar），然后单击 Build。

（10）等待 IDEA 完成构建过程。构建完成后，可以在 out/artifacts/chat_jar 目录下找到名为 chat.jar 的文件。

可能出现的问题：

· 如果在 Project Structure → Artifacts 中找不到刚刚创建的 artifact，可能需要重新创建。

· 如果在构建过程中出现错误，可能需要检查项目设置或源代码是否有误。

· 主类是 Java 程序的入口点，必须包含一个 public static void main(String[] args) 方法。

JAR 文件是 Java 的可执行文件格式，可以在任何安装了 Java 的系统上运行。

17.4.2　AI绘画代码部署

1. 在本地设置 Git 环境和提交项目代码

（1）打开本地系统的命令行工具，如 Windows 的命令提示符或 Mac/Linux 的 Terminal。

（2）在命令行中键入 git --version，如果返回了版本信息，则表示 Git 已经成功安装。如果没有返回任何信息，则需要下载并安装 Git。

（3）下载并安装 Git 后，需要配置 Git 的用户名和邮箱，这些信息将用于标识代码提交者。

可以通过以下命令完成配置：

```
git config --global user.name "Your Name"
git config --global user.email "your.email@example.com"
```

其中，Your Name 和 your.email@example.com 应替换为实际的用户名和邮箱地址。

（4）使用文件浏览器打开 chat 项目所在的目录，并记下完整路径。

（5）回到命令行工具，键入 cd /path/to/chat 进入项目目录。

（6）键入 git init，初始化一个新的 Git 仓库。这将在项目目录下创建一个新的 .git 目录，用于存储所有版本历史信息。

（7）键入命令添加所有文件到新的 Git 仓库，具体如下：

```
git add .
git commit -m "Initial commit"
```

（8）使用远程 Git 仓库（如 GitHub），添加一个新的远程地址，并将代码推送到远程仓库，具体如下：

```
git remote add origin https://github.com/username/chat.git
git push -u origin master
```

这里，https://github.com/username/chat.git 应替换为实际的远程仓库地址。

可能出现的问题：

·如果在执行 git add 或 git commit 命令时出现错误，可能需要检查项目文件是否存在问题，或者是否已在 Git 仓库中。

·如果在执行 git push 命令时出现错误，可能需要检查远程仓库地址是否正确，或者网络连接是否正常。

注意事项：

·Git 是一种版本控制系统，可以记录和追踪代码的所有更改。

·在提交代码前，应先确保代码无误，否则可能引入错误或问题。

2. 在 Linux 服务器上部署和运行 chat 项目

（1）通过 SSH 登录到 Linux 服务器。

（2）在命令行中键入 git --version，如果返回了版本信息，那么 Git 已经成功安装。如果没有返回任何信息，需要下载并安装 Git。

（3）在服务器上创建一个新的目录，然后进入该目录，具体如下：

```
mkdir chat
cd chat
```

（4）键入命令从远程仓库克隆代码到服务器，具体如下：

```
git clone https://github.com/username/chat.git
```

这里，https://github.com/username/chat.git 应替换为实际的远程仓库地址。

（5）确保已在服务器上安装了 Java。这可以通过键入 java --version 检查。如果没有安装

Java，需要下载并安装 Java。

（6）在成功克隆代码并安装 Java 后，通过以下命令运行 chat.jar，具体如下：

```
java -jar chat.jar
```

可能出现的问题：

·如果在执行 git clone 命令时出现错误，可能需要检查远程仓库地址是否正确，或者网络连接是否正常。

·如果在执行 java –jar 命令时出现错误，可能需要检查 JAR 文件是否存在，或者 Java 是否正确安装。

注意事项：

·在运行 JAR 文件前，应确保服务器已安装 Java，并且版本应与项目编译时使用的 Java 版本相匹配。

·如果服务器没有直接的 Internet 访问权限，可能需要将 JAR 文件通过其他方式传输到服务器上，如通过 SCP 或 SFTP。

至此，应已经成功在 IntelliJ IDEA 中打包 Java 项目为 JAR，设置本地 Git 环境，并在 Linux 服务器上部署和运行项目了。

17.5 AI绘画API测试

完成 AI 绘画系统功能之后，我们使用 JMeter 进行测试。关于测试工具的选择与使用，以及 JMeter 的安装，我们已经在前面的实战进行了说明，此处不再赘述。具体的 API 测试，包括文本审核 API 代码及获取审核历史结果 API 代码，其详细操作见下文。

1. AI 绘画 API 测试

（1）启动 JMeter：打开终端，转到 JMeter bin 目录，运行 ./jmeter（Linux）或 jmeter.bat（Windows）来启动 JMeter。

（2）创建新的测试计划：在 JMeter GUI 左侧面板中，右击"Test Plan"，选择"Add"→"Threads (Users)"→"Thread Group"来创建一个新的线程组。

（3）设置线程组属性：在右侧面板中，可以设置线程组的属性，包括线程数（即并发用户数）、Ramp-Up Period（每个用户启动之间的时间间隔）和循环次数（每个用户执行请求的次数）。

（4）添加 HTTP 请求：在左侧面板中，右击刚创建的线程组，选择"Add"→"Sampler"→"HTTP Request"。这会在线程组下添加一个 HTTP 请求。

（5）设置 HTTP 请求属性：在右侧面板中，设置属性，具体如下。

·Server Name or IP：输入服务器的 IP 地址或域名。

·Port Number：输入服务器的端口号。

·Method：选择请求的 HTTP 方法 POST。

·Path：输入 API 的路径"http://localhost:8080/api/chat/getImg"。

·Parameters：单击"Add"按钮，在 Name 栏输入"prompt""userId""n""imgSize"，在 Value 栏输入要测试的数值。

（6）添加断言：在左侧面板中，右击刚创建的 HTTP 请求，选择"Add"→"Assertions"→ "Response Assertion"。在右侧面板中，可以设置断言的条件，比如检查响应状态码是否为 200。

（7）添加监听器：在左侧面板中，右击线程组或 HTTP 请求，选择"Add"→"Listener"→ "View Results Tree"。这会添加一个监听器，用于显示测试结果。

（8）运行测试计划：单击顶部菜单栏中的绿色播放按钮，或按 Ctrl+R，开始执行测试计划。

（9）查看和分析测试结果：测试执行过程中，可以在监听器中查看每个请求的结果。测试完成后，分析测试结果，如果需要，调整测试计划。

（10）保存测试计划：单击顶部菜单栏中的"File"→"Save Test Plan as"，输入文件名 "img_request_api_test_result"，单击保存，将测试计划保存为 .jmx 文件。

2. 测试查看 AI 绘画记录 API

（1）启动 JMeter：打开终端，然后转到 JMeter bin 目录，运行 ./jmeter（Linux）或 jmeter. bat（Windows）来启动 JMeter。

（2）创建新的测试计划：在 JMeter GUI 左侧面板中，右击"Test Plan"，选择"Add"→ "Threads (Users)"→"Thread Group"来创建一个新的线程组。

（3）设置线程组属性：在右侧面板中，可以设置线程组的属性，包括线程数（即并发用户数）、Ramp-Up Period（每个用户启动之间的时间间隔）和循环次数（每个用户执行请求的次数）。

（4）添加 HTTP 请求：在左侧面板中，右击刚创建的线程组，选择"Add"→ "Sampler"→"HTTP Request"。这会在线程组下添加一个 HTTP 请求。

（5）设置 HTTP 请求属性：在右侧面板中，设置属性，具体如下。

·Server Name or IP：输入服务器的 IP 地址或域名。

·Port Number：输入服务器的端口号。

·Method：选择请求的 HTTP 方法 GET。

·Path：API 的路径"http://localhost:8080/api/td-api-request/getHistoryImg/{userId}}"，其中 chatId 为所需要查询的 chatId 编号。

（6）添加断言：在左侧面板中，右击刚创建的 HTTP 请求，选择"Add"→"Assertions"→"Response Assertion"。在右侧面板中，可以设置断言的条件，比如检查响应状态码是否为200。

（7）添加监听器：在左侧面板中，右击线程组或 HTTP 请求，选择"Add"→"Listener"→"View Results Tree"。这会添加一个监听器，用于显示测试结果。

（8）运行测试计划：单击顶部菜单栏中的绿色播放按钮，或按 Ctrl+R，开始执行测试计划。

（9）查看和分析测试结果：测试执行过程中，可以在监听器中查看每个请求的结果。测试完成后，分析测试结果，如果需要，调整测试计划。

（10）保存测试计划：单击顶部菜单栏中的"File"→"Save Test Plan as"，输入文件名"img_history_api_test_result"，单击保存，将测试计划保存为 .jmx 文件。

需要注意的事项请参照上一张的 API 测试环节。

第18章 AI 文本审核系统

AI 文本审核系统利用人工智能，特别是自然语言处理技术，来自动检查和过滤文本内容，确保其质量、安全性和合规性。

其核心特点和应用包括自动过滤不适当的内容，确保特定行业的文本合规性，实时处理在线平台的文本，以及通过持续学习提高审核准确性。这种系统为在线平台提供了一个高效和可靠的内容审核工具。下面介绍如何利用 Moderations API 来搭建一个 AI 文本审核系统。

18.1 AI文本审核系统的功能需求

本实战例子使用小程序来作为前端，建立一个 AI 绘画 UI 界面，通过访问自己搭建的服务的 API 来完成 AI 绘画系统，具体功能如下。

（1）对输入的文本进行打标签，标出诸如暴力、色情等标签。

·标签种类的丰富性，为了有效地对文本进行分类和管理，系统需要能够打出多种标签，而不仅仅是"敏感"或"不敏感"这样的单一标签。这些标签可能包括"暴力""色情""仇恨言论""自残"等。

·精确度与细腻度，除了对标签进行大类的分类，还需要进一步细分，例如，"自残"可以细分为"自残意图""自残指导"等。这样可以让内容提供方或平台方更准确地了解内容的问题所在，并据此做出更具针对性的处理。

·置信度评分，每一个标签需要有一个与之相关的置信度评分，以便平台方根据这个评分决定是否需要进一步人工审核。这个置信度评分也能够用于统计分析，以评估模型的准确性，调整后续的审核策略。

（2）用户审核历史及结果查询。

该需求的核心目标是通过用户编号作为关键索引，允许平台方或管理者搜索、查阅与特定用户相关的所有文本审核历史和结果。这个功能不仅方便了实时监管，还提供了一种机制来追溯用户在平台上的行为和内容生成轨迹。

在日常运营中，平台方或管理者可能需要频繁地了解用户是否发布了不合规范的或敏感的内容。通过这个需求实现的功能，他们可以快速地定位到某个用户的全部或部分审核记录，从而判断该用户是否存在违规行为或其他需要关注的问题。

18.2　AI文本审核系统的技术架构

为了打造一个基于 Moderations API 的高效 AI 文本审核系统，我们整合了多种前沿技术，涵盖了后端框架、数据库框架、ORM 框架和 HTTP 请求处理等领域。为了提高系统的稳定性和效率，我们深度优化了数据库，并精心设计了相关实体类，确保满足数据存储的核心需求。经过这一系列的协同工作，我们成功构建了一个既功能完备又反应敏捷的 AI 文本审核系统。

18.2.1　AI文本审核系统的技术栈

（1）后端技术栈：后端技术栈与聊天机器人例子里的一样，这里不再重复描述。

（2）前端技术栈：前端使用 Vue3 框架来搭建管理后台页面。

Vue3 是一款渐进式 JavaScript 框架，专为构建用户界面设计。该框架提供了多种编程工具和概念，以便开发者能够构建高度互动和响应式的 Web 应用。由于字符限制，以下内容将在较高层次对 Vue 3 的各种核心特性和应用场景进行细致的探讨。

其核心特性如下。

·声明式编程

在 Vue3 的环境下，开发者无须手动操作 DOM 或管理组件的状态更新。该框架通过简洁的模板语法使得开发者仅需描述应如何渲染界面，其他细节由框架自动处理。这大大降低了复杂应用开发的复杂度和出错率。

·组件化架构

Vue3 提倡组件化开发，即将用户界面拆分为独立、可复用的组件。每个组件内部都封装了自己的视图逻辑、数据模型和行为方法，通过定义清晰的输入输出接口与其他组件进行交互。这种模块化的设计方式极大地提高了代码的可维护性和可复用性。

·响应式数据系统

Vue3 的响应式数据系统基于 JavaScript 的 Proxy 对象，自动追踪数据的依赖关系，并在数据变更时刷新视图。这样就不再需要手动操作 DOM 更新，从而让数据流管理变得更为直观和高效。

·指令与模板引擎

Vue3 提供了丰富的内置指令，如 v-if、v-for、v-bind、v-on 等，以及模板插值和表达式计算能力。这些特性极大地简化了动态界面构建的复杂性，使得模板代码更为简洁和易于理解。

· 生命周期钩子与自定义逻辑

Vue3 的每个组件都具有一系列预定义的生命周期钩子函数，如 created、mounted、updated 和 destroyed 等。开发者可以在这些钩子中添加自定义逻辑，以实现更为复杂的功能和效果。

· 表单处理与数据双向绑定

通过 v-model 指令，Vue3 支持表单元素与数据模型之间的双向数据绑定。这意味着，任何对表单元素的操作都会自动反映到数据模型上，反之亦然。

· 高级特性与生态系统

除了以上基础特性，Vue3 还提供了诸如组件异步加载、代码分割、服务器端渲染（SSR）等高级功能。同时，其生态系统内含有官方支持的路由管理库 Vue Router、状态管理库 Vuex，以及多种与主流前端工具和库的集成方案。

Vue3 的应用场景如下。

· 单页面应用（SPA）

Vue3 的组件化和响应式设计非常适合用于构建单页面应用。通过与 Vue Router 和 Vuex 结合使用，开发者能够轻松地管理大型应用的路由和状态。

· 跨平台移动应用

通过与诸如 NativeScript 这样的框架进行集成，Vue3 也可以用于构建性能优秀的原生移动应用。

· 企业级应用与仪表盘

Vue3 的模块化和可扩展性使其成为构建复杂的企业级应用和数据可视化仪表盘的理想选择。通过使用诸如 ECharts 或 D3.js 这样的图表库，可以实现高度自定义和互动的数据可视化效果。

· 电子商务与内容管理系统

Vue3 能够处理复杂的数据流和用户交互模式，非常适合用于构建电子商务平台或内容管理系统。其丰富的生态系统和社区支持也确保了这类应用能够快速地适应不断变化的业务需求。

· 快速原型与小型项目

由于 Vue3 的学习曲线相对平缓，并且提供了丰富的文档和社区资源，它也经常被用于快速原型开发和小型项目。

总体而言，Vue3 是一个全面而灵活的前端框架，适用于各种规模和类型的项目。无论是简单的数据展示页面，还是复杂的企业级应用，Vue3 都能提供一整套高效和可靠的解决方案。

18.2.2　AI文本审核系统的技术框架

此系统的技术框架设计采用了多层次的架构。

1. Vue3 前端框架

用途：Vue3 作为前端框架，主要负责用户交互界面的构建。

主要特点和优势如下。

- 响应式系统：使用 Proxy-based 响应式系统，自动更新 DOM。
- 组件化：方便的组件系统，用于构建可复用的 UI 组件。
- 模板语法：提供强大的模板语法和指令。

在 AI 审核系统中的应用：

- 实现复杂的审核控制台。
- 提供审核报告和实时数据的可视化界面。

2. Spring Boot

用途：Spring Boot 主要用于快速搭建和部署微服务。

主要特点和优势如下。

- 自动配置：自动化 Spring 应用设置。
- 独立运行：内嵌 Tomcat 或 Jetty。
- 生态系统：集成了大量常用的第三方库和插件。

在 AI 审核系统中的应用：

- 提供 RESTful API 给前端调用。
- 实现审核逻辑和第三方服务的集成。

3. Spring MVC

用途：作为 MVC 框架，用于 Web 层的请求响应逻辑。

主要特点和优势如下。

- 灵活的 URL 到代码的映射：支持 RESTful API 设计。
- 数据绑定：自动映射请求参数到 Java 对象。

在 AI 审核系统中的应用：

- 处理用户上传内容的审核请求。
- 管理用户登录和权限验证。

4. MySQL

用途：MySQL作为关系型数据库，用于存储系统数据。

主要特点和优势如下。

· ACID事务：提供完整的事务支持。

· 索引优化：提供多种索引类型。

在AI审核系统中的应用：

· 存储审核记录和结果。

· 存储用户信息和权限设置。

5. MyBatis

用途：作为ORM框架，用于Java对象和数据库表的映射。

主要特点和优势如下。

· 灵活的SQL查询：支持复杂的SQL查询。

· 类型处理器：支持多种数据类型和类型转换。

在AI审核系统中的应用：

· 查询数据库中的审核记录。

· 更新数据库中的用户权限和设置。

6. OkHttp

用途：OkHttp作为HTTP客户端，用于API调用和数据获取。

主要特点和优势如下。

· 连接池：自动管理HTTP和HTTP/2连接。

· 超时设置：提供全面的请求超时设置。

在AI审核系统中的应用：

· 与AI审核引擎的API进行交互。

· 获取第三方数据，如IP地址信息、设备信息等。

总体而言，这一套技术栈涵盖了从前端到后端，再到数据库和网络请求的全方位需求。其各组件都有各自明确的职责和强大的功能，能够为构建一个高性能、高可用性的AI审核系统提供强有力的技术支持。

18.2.3 AI文本审核系统的数据库设计

根据需求进行分析，我们需要建立4个表，分别为td_user、td_audit_request、td_audit_response、td_audit_result，系统逻辑图如图18.1所示。

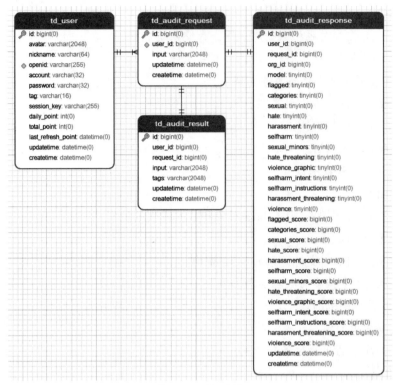

图18.1　系统逻辑图

各个表的结构及功能如下。

td_user：用于存储用户信息的数据库表，它包含了用户的登录信息和用户资料。登录信息部分包括用户名、密码或其他身份验证凭据，用于用户认证和授权访问系统的功能。而用户资料部分则用于存储用户的个人信息，包括用户昵称、头像等信息。通过该表，系统可以有效地管理和维护用户的身份和个人信息。当用户登录系统时，系统会使用存储在td_user表中的登录信息进行验证，以确保用户的身份和权限的准确性。用户资料的存储可以使系统在需要时提供个性化的服务和功能，例如向用户展示其昵称、头像等。该表是一个重要的用户信息存储组件，通过其中的登录信息和用户资料，系统可以实现用户认证、个性化服务和行为分析等功能，从而提供更好的用户体验和管理效果。该表结构如下：

```
CREATE TABLE `td_user` (
  `id` bigint NOT NULL,
  `avatar` varchar(2048) CHARACTER SET utf8mb4 COLLATE utf8mb4_bin DEFAULT NULL,
  `nickname` varchar(64) CHARACTER SET utf8mb4 COLLATE utf8mb4_bin DEFAULT NULL,
  `openid` varchar(255) CHARACTER SET utf8mb4 COLLATE utf8mb4_bin DEFAULT NULL,
  `account` varchar(32) CHARACTER SET utf8mb4 COLLATE utf8mb4_bin DEFAULT NULL,
  `password` varchar(32) CHARACTER SET utf8mb4 COLLATE utf8mb4_bin DEFAULT NULL,
  `tag` varchar(16) CHARACTER SET utf8mb4 COLLATE utf8mb4_bin DEFAULT NULL,
```

```
`session_key` varchar(255) CHARACTER SET utf8mb4 COLLATE utf8mb4_bin DEFAULT NULL,
`daily_point` int DEFAULT '3',
`total_point` int DEFAULT '0',
`last_refresh_point` datetime DEFAULT CURRENT_TIMESTAMP,
`updatetime` datetime DEFAULT NULL ON UPDATE CURRENT_TIMESTAMP,
`createtime` datetime DEFAULT CURRENT_TIMESTAMP,
PRIMARY KEY (`id`) USING BTREE,
KEY `openid_nidex` (`openid`) USING BTREE
) ENGINE=InnoDB DEFAULT CHARSET=utf8mb4 COLLATE=utf8mb4_bin ROW_FORMAT=DYNAMIC;
```

td_audit_request：专门用于记录和追踪所有进入系统的 API 请求。每当有新的 API 请求发生，该表就会自动创建一条记录，详细记载请求的各项参数、发起用户的标识及请求的时间戳等信息。这个表的主要用途是全面而准确地记录哪些用户在何时进行了何种类型的操作，以及他们使用了哪些具体的请求参数。

这一功能在用户行为分析和服务优化方面表现得尤为重要。产品和运维团队可以通过这些数据了解用户最常用的功能，或者在问题出现时快速定位可能的原因，从而更高效地进行功能改进或解决问题。

每条记录都明确对应到一个特定用户及其特定的 API 请求，这种高度详细的信息记录方式不仅便于实时监控，也非常适用于后续的数据分析。例如，在出现需要进一步调查的问题或事件时，该表能提供丰富的上下文信息，以帮助团队精准地定位问题，并找出解决方案。该表结构如下：

```
CREATE TABLE `td_audit_request` (
`id` bigint NOT NULL,
`user_id` bigint NOT NULL,
`input` varchar(2048) CHARACTER SET utf8mb4 COLLATE utf8mb4_bin DEFAULT NULL,
`updatetime` datetime DEFAULT NULL ON UPDATE CURRENT_TIMESTAMP,
`createtime` datetime DEFAULT CURRENT_TIMESTAMP ON UPDATE CURRENT_TIMESTAMP,
PRIMARY KEY (`id`) USING BTREE,
KEY `user_id` (`user_id`) USING BTREE
) ENGINE=InnoDB DEFAULT CHARSET=utf8mb4 COLLATE=utf8mb4_bin ROW_FORMAT=DYNAMIC;
```

td_audit_response：主要用于存储 API 请求响应后返回的原始参数。每当系统完成一个 API 请求并生成响应时，这个表就会自动创建一条新记录。这条记录将详细地存储响应的所有原始参数，包括状态码、返回的数据内容和时间戳等。

该表的主要目的是保留一份准确、不变的 API 响应数据副本。这样做的重要用途如下。

数据一致性与审计：通过保留原始响应参数，系统管理员和审计人员能够确保数据的一致性，并有能力进行详细的审计跟踪。

问题诊断：在出现 API 使用问题或数据不一致的情况时，可以直接查阅该表，以了解系统在特定请求下究竟返回了什么数据，从而更准确地定位问题原因。

性能监控：尽管该表主要用于存储原始参数，但通过分析响应时间和其他相关信息，还能间接地监控系统性能。

备份与恢复：在必要时，例如系统故障或数据丢失的情况下，这份完整的响应数据记录可以作为数据恢复的一个参考点。

通过与 td_audit_request 表的关联，可以获得完整的 API 请求和响应周期数据，这对于全面了解系统行为及进行各种级别的数据分析和审计都是非常有价值的。该表结构如下：

```
CREATE TABLE `td_audit_response` (
  `id` bigint NOT NULL,
  `user_id` bigint DEFAULT NULL,
  `request_id` bigint NOT NULL,
  `org_id` bigint DEFAULT NULL,
  `model` tinyint DEFAULT NULL,
  `flagged` tinyint NOT NULL DEFAULT '0',
  `categories` tinyint NOT NULL DEFAULT '0',
  `sexual` tinyint NOT NULL DEFAULT '0',
  `hate` tinyint NOT NULL DEFAULT '0',
  `harassment` tinyint NOT NULL DEFAULT '0',
  `selfharm` tinyint NOT NULL DEFAULT '0',
  `sexual_minors` tinyint NOT NULL DEFAULT '0',
  `hate_threatening` tinyint NOT NULL DEFAULT '0',
  `violence_graphic` tinyint NOT NULL DEFAULT '0',
  `selfharm_intent` tinyint NOT NULL DEFAULT '0',
  `selfharm_instructions` tinyint NOT NULL DEFAULT '0',
  `harassment_threatening` tinyint NOT NULL DEFAULT '0',
  `violence` tinyint NOT NULL DEFAULT '0',
  `flagged_score` bigint NOT NULL DEFAULT '0',
  `categories_score` bigint NOT NULL DEFAULT '0',
  `sexual_score` bigint NOT NULL DEFAULT '0',
  `hate_score` bigint NOT NULL DEFAULT '0',
  `harassment_score` bigint NOT NULL DEFAULT '0',
  `selfharm_score` bigint NOT NULL DEFAULT '0',
  `sexual_minors_score` bigint NOT NULL DEFAULT '0',
  `hate_threatening_score` bigint NOT NULL DEFAULT '0',
  `violence_graphic_score` bigint NOT NULL DEFAULT '0',
  `selfharm_intent_score` bigint NOT NULL DEFAULT '0',
  `selfharm_instructions_score` bigint NOT NULL DEFAULT '0',
  `harassment_threatening_score` bigint NOT NULL DEFAULT '0',
  `violence_score` bigint NOT NULL DEFAULT '0',
  `updatetime` datetime DEFAULT NULL ON UPDATE CURRENT_TIMESTAMP,
  `createtime` datetime DEFAULT CURRENT_TIMESTAMP,
  PRIMARY KEY (`id`) USING BTREE
) ENGINE=InnoDB DEFAULT CHARSET=utf8mb4 COLLATE=utf8mb4_bin ROW_FORMAT=DYNAMIC;
```

td_audit_result：主要用于保存每次 API 请求的审核结果，并用于向用户展示这些结果。该表为平台提供了一个集中的方式，以记录和存储所有与 API 审核相关的信息。通过查询这个表，用户可以清晰地看到哪些请求已经被审核，以及每个请求的审核标签（如"暴力""色情"等）是什么。

这个表的存在不仅方便用户查阅自己过去的审核记录和结果，还允许系统管理员或者其他有权限的人员进行高效的数据检索和分析，从而了解到关于用户行为和内容质量的更多信息。

特别是在涉及敏感或有争议的内容时，这个表提供了一个可靠的数据基础，用于确认所有内容都已经经过适当的审核流程，保证了平台内容的合规性和安全性。

因而，该表是一个关键的组成部分，对于整个审核系统的运行至关重要。它不仅是数据存储的核心，还是用户和管理员获取审核信息的主要途径。该表结构如下：

```
CREATE TABLE `td_audit_result` (
  `id` bigint NOT NULL,
  `user_id` bigint DEFAULT NULL,
  `request_id` bigint NOT NULL,
  `input` varchar(2048) CHARACTER SET utf8mb4 COLLATE utf8mb4_bin DEFAULT NULL,
  `tags` varchar(2048) COLLATE utf8mb4_bin DEFAULT NULL,
  `updatetime` datetime DEFAULT NULL ON UPDATE CURRENT_TIMESTAMP,
  `createtime` datetime DEFAULT CURRENT_TIMESTAMP,
  PRIMARY KEY (`id`) USING BTREE
) ENGINE=InnoDB DEFAULT CHARSET=utf8mb4 COLLATE=utf8mb4_bin ROW_FORMAT=DYNAMIC;
```

18.2.4 AI文本审核系统的实体类设计

1. td_audit_request 实体类

```
@Data
@TableName("td_audit_request")  // 指定td_audit_request表进行映射
public class TdAuditRequest implements Serializable {
    private static final long serialVersionUID = 1L;  // 用于确保对象一致性的序列化ID
    private Long id;           // 每个审核请求记录的唯一标识符
    private Long userId;       // 发起请求的用户的标识符
    private String input;      // 提交进行审核的原始文本或数据
    private LocalDateTime updatetime;  // 记录最后一次更新的时间
    private LocalDateTime createtime;  // 记录最初创建的时间
}
```

2. td_audit_response 实体类

```
@Data
@EqualsAndHashCode(callSuper = false)
@TableName("td_audit_response")  // 指定td_audit_response表进行映射
public class TdAuditResponse implements Serializable {
    private static final long serialVersionUID = 1L;  // 序列化ID，用于确保对象在序列化和反序列化过程中保持一致
    private Long id;                // 每个审核响应的唯一标识符
    private Long userId;            // 发起审核请求的用户的唯一ID
    private Long requestId;         // 对应的审核请求ID，用于与td_audit_request表关联
    private Long orgId;             // 组织或公司的唯一ID
    private Integer model;          // 使用的审核模型的标识符，用于指明采用哪种审核策略
    private Integer flagged;        // 内容是否被标记为有问题，1表示有问题，0表示无问题
    // 以下是各种敏感或不当内容的类型标识，1表示存在，0表示不存在
```

```
    private Integer sexual;              // 性相关内容
    private Integer hate;                // 仇恨言论
    private Integer harassment;          // 骚扰行为
    private Integer selfharm;            // 自我伤害
    private Integer sexualMinors;        // 涉及未成年人的性相关内容
    private Integer hateThreatening;     // 带有威胁性的仇恨言论
    private Integer violenceGraphic;     // 图解暴力
    private Integer selfharmIntent;      // 自我伤害的意图
    private Integer selfharmInstructions;// 自我伤害的具体指导
    private Integer harassmentThreatening;// 带有威胁性的骚扰行为
    private Integer violence;            // 暴力行为

    // 以下是各种敏感或不当内容的评分，评分越高表示该类型内容越明显或严重
    private Long sexualScore;            // 性相关内容的评分
    private Long hateScore;              // 仇恨言论的评分
    private Long harassmentScore;        // 骚扰行为的评分
    private Long selfharmScore;          // 自我伤害的评分
    private Long sexualMinorsScore;      // 涉及未成年人的性相关内容的评分
    private Long hateThreateningScore;   // 带有威胁性的仇恨言论的评分
    private Long violenceGraphicScore;   // 图解暴力的评分
    private Long selfharmIntentScore;    // 自我伤害意图的评分
    private Long selfharmInstructionsScore;// 自我伤害的具体指导的评分
    private Long harassmentThreateningScore;// 带有威胁性的骚扰行为的评分
    private Long violenceScore;          // 暴力行为的评分

    private LocalDateTime updatetime;  // 此条记录最后一次被更新的时间

    private LocalDateTime createtime;  // 此条记录创建的时间
}
```

3. td_audit_result 实体类

```
@Data
@EqualsAndHashCode(callSuper = false)
@TableName("td_audit_result")  // 指定td_audit_result表进行映射
public class TdAuditResult implements Serializable {
    private static final long serialVersionUID = 1L;  // 序列化ID，用于确保对象在序列化和反序
列化过程中保持一致
    private Long id;            // 每个审核结果的唯一标识符
    private Long userId;        // 发起审核请求的用户的唯一ID
    private Long requestId;     // 对应的审核请求ID，用于与td_audit_request表关联
    private String input;       // 存储的是用户提交的原始数据或文本
    private String tags;        // 用于存储此次审核所生成的各种标签（如"暴力""色情"等）
    private LocalDateTime updatetime;  // 此条记录最后一次被更新的时间
    private LocalDateTime createtime;  // 此条记录创建的时间
}
```

4. td_user 实体类

```
@Data
@TableName("td_user")  // 指定td_user表进行映射
public class TdUser implements Serializable {
```

```
    private static final long serialVersionUID = 1L;  // 序列化ID,用于确保对象在序列化和反序
列化过程中保持一致
    private Long id;  // 用户的唯一标识符
    private String openid;  // 用户的OpenID,通常用于第三方登录
    private String nickname;  // 用户的昵称
    private String avatar;  // 用户头像的URL
    private String sessionKey;  // 用于用户会话管理的密钥
    private String account;  // 用户的账号,通常是邮箱或手机号
    private String password;  // 用户的密码
    private String tag;  // 用户的标签或角色(如管理员、普通用户等)
    private Integer dailyPoint;  // 用户的日积分
    private Integer totalPoint;  // 用户的总积分
    private LocalDate lastRefreshPoint;  // 最后一次刷新积分的日期
    private LocalDateTime updatetime;  // 此条记录最后一次被更新的时间
    private LocalDateTime createtime;  // 此条记录创建的时间
}
```

18.2.5　AI文本审核系统的功能设计

1. 系统概览

该 AI 文本审核系统主要负责对用户提交的文本内容进行自动审核。它将筛选出可能含有不良或敏感信息的文本,并将结果存储在数据库中,以便进一步地处理或分析。系统的设计依赖于几个主要的数据库表,包括 td_user、td_audit_request、td_audit_response 和 td_audit_result。

2. 主要功能

（1）用户管理

注册与登录:用户可以通过账号、密码或第三方账号（通过 OpenID）进行注册和登录。

用户信息管理:用户可以修改其个人信息,包括昵称、头像等。

（2）文本提交与审核请求

该部分的核心功能是接收用户提交的文本,并生成相应的审核请求。每当用户通过前端界面提交一段文本,后端服务会在 td_audit_request 表中生成一条新的记录。该记录会包括该请求的所有关键参数和信息。这为后续的文本审核、分析、追踪及问题排查提供了详细的数据支持。

主要子功能如下。

（1）用户文本提交接口

用户通过前端界面,通常是一个表单或者文本框,输入需要提交审核的文本。提交的方式可能是通过按钮触发或者 API 调用。

（2）文本预处理

在提交到审核系统前,文本会经过一系列预处理步骤,例如清除多余的空格、特殊字

符等，以便能够被后续的审核算法更准确地解析。

（3）生成审核请求

当用户提交文本后，系统会立即生成一个唯一的请求 ID，并在 td_audit_request 数据库表中创建一条新记录。这一步是非常重要的，因为它确保了每一次的审核请求都是可追溯的。

所需要保存的信息如下。

·*存储用户信息*

在 td_audit_request 表中，系统会存储提交这一请求的用户 ID（userId），这样就能明确知道是哪个用户提交了这个审核请求。

·*存储文本信息*

该表还会存储用户提交的原始文本（input），这是审核的主要内容。

·*存储时间戳*

每一个记录都会有创建时间（createtime）和最后更新时间（updatetime）的时间戳，用于追踪这一请求的生命周期。

（4）审核结果与历史查询

存储审核结果：所有的审核结果将被保存在这个表中。

查询功能：管理者或用户可以通过各种条件（如用户 ID、请求 ID 等）来查询历史审核结果。

这样的设计允许系统进行灵活的数据查询，支持复杂的业务逻辑，以及后续的数据分析和报告生成。同时，它也为可能的未来扩展提供了足够的灵活性。

3. 系统流程

·用户在前端输入文本并单击"提交"。

·系统进行文本预处理。

·系统生成唯一的请求 ID。

·在 td_audit_request 表中创建新记录，存储相关信息。

·触发文本审核过程。

·用户接收到提交成功的反馈。

18.3　AI文本审核系统实战代码

AI 文本审核的构成包括前端和后端，在这里，前端采用 VUE 框架进行开发，因前端相对简单，我们在这里只详细介绍后端代码，后端代码包括文本审核 API 代码，以及获取审核历史结果 API 代码。

18.3.1　文本审核API代码

1．用户输入审核内容

用户在客户端应用（如网页、移动 App 等）中，进入一个特定的输入界面，这个界面通常包括一个文本框，用于输入需要审核的内容。

用户在文本框中输入他们希望提交审核的内容。

用户完成输入后，单击提交或发送按钮。

客户端应用创建一个包含用户 ID 和待审核内容的 JSON 对象，并通过 HTTP POST 请求发送到服务器上的"/input"路径。

2．调用 OpenAI 的 Moderations API 接口获取内容的审核结果

服务器的后端代码收到来自客户端的 POST 请求。

通过 Spring Boot 的 @RequestBody 注解，服务器将请求体的 JSON 数据解析为一个 AuditInputReq Java 对象。

服务器检查 AuditInputReq 对象中的用户 ID 和待审核内容是否有效，比如是否非空或是否符合某种预定义格式。

服务器使用这两个字段作为参数，调用 OpenAI 的 Moderations API 进行内容审核。

OpenAI 的 API 处理请求，并返回一个包含多个审核标签和相关分数或概率的响应。

3．将请求的内容和结果保存到数据库

一旦服务器收到 OpenAI API 的响应，它会将原始的请求信息（从 AuditInputReq 对象中提取的用户 ID 和内容）保存到名为 td_audit_request 的数据库表中。

服务器同时也会将 OpenAI API 返回的审核结果，包括标签和分数，保存到名为 td_audit_response 的数据库表中。

4．对审核结果返回的标签及分数进行处理，并保存到数据库

服务器从 td_audit_response 表中读取 OpenAI API 返回的标签和分数。

根据应用的业务逻辑或特定需求，对这些标签和分数可能需要进行额外的处理或计算。例如，某些标签可能需要进行权重分配，或者需要与其他业务数据进行关联。

在处理完毕后，服务器将这些最终的处理结果保存到名为 td_audit_result 的数据库表中。

这样，从用户输入内容开始，经过 OpenAI API 的审核，再到将所有相关数据保存到数据库，整个流程就被详细地执行和记录下来。这对于后续的数据分析、审计或其他业务操作是非常有用的。

具体 API 设计如下。

Url：/api/audit/input/

请求方法：POST。

文本审核请求参数如表 18.1 所示。

表 18.1　文本审核请求参数

属性	类型	必填	说明
input	string	是	用户所输入的需要进行审核的内容
userId	string	是	系统生成的用户唯一编号

文本审核返回参数如表 18.2 所示。

表 18.2　文本审核返回参数

属性	类型	说明
input	String	审核内容
tags	List	所审核的结果，返回为数组，其中包含字符串作为标签合集

API 代码实现如下。

1. 请求类代码

请求类的主要目的是作为一个数据容器，它存储与某个用户提交的审核请求相关的信息，用于在不同系统组件之间传递数据。

请求的 JSON 对象中，必须包含用户编号、审核内容。

·用户编号：我们使用 Long 类型的变量，用于标识或关联具体的用户。在许多系统中，userId 作为唯一标识符，可以追踪到一个具体的用户实体。当一个用户希望提交内容进行审核时，系统需要知道是哪个用户提交的，以便于进行记录、追踪或在必要时与该用户进行交互。

·审核内容：我们使用 String 类型的变量，存储了用户希望提交进行审核的具体内容。当用户希望某些内容受到审核或评估时（例如，发表的评论、上传的图片等），这部分内容会存储在此字段中。之后，系统会对这个 input 内容进行处理，可能会调用外部 API 或内部算法来审核它。

请求对象代码如下：

```
package com.td.rich.model.request;
import lombok.AllArgsConstructor;
import lombok.Data;
import lombok.NoArgsConstructor;
import lombok.extern.slf4j.Slf4j;
@Data
@Slf4j
@AllArgsConstructor
@NoArgsConstructor
public class AuditInputReq {
```

```
private Long userId; //用户编号
private String input; //审核内容
}
```

2．标签枚举代码

AuditTagEnum 枚举类：代表了审核过程中可能识别出的不同的内容标签。

（1）枚举的实例或枚举值

这些都是此枚举的成员，例如 SEXUAL、HATE、HARASSMENT 等。每一个枚举值都代表审核中的一个特定标签。

每个枚举值都有对应的描述，这些描述（例如 /** sexual */）旨在提供关于该枚举值含义的更多上下文。它们在代码中通常用于文档化或注释。

（2）字段及其说明

private String tag：这是枚举类的唯一字段，它表示每个枚举值对应的真实字符串表示。

例如，SEXUAL 枚举值对应的 tag 是 "sexual"，这表示当需要获取 SEXUAL 的字符串表示时，会得到 "sexual"。

该枚举类定义了一组审核过程中可能出现的内容标签，每个标签都与一个特定的字符串值相关联。此种方式确保了在处理审核标签时的类型安全，并为代码的其他部分提供了一个清晰、可读的参考。

（3）各枚举值的详细描述

SEXUAL("sexual")：

描述：内容中存在性的暗示或明确的性内容。

字符串值："sexual"

HATE("hate")：

描述：内容显示仇恨或强烈的负面情绪。

字符串值："hate"

HARASSMENT("harassment")：

描述：内容涉及或暗示骚扰行为。

字符串值："harassment"

SELFHARM("selfharm")：

描述：内容暗示或涉及自我伤害行为。

字符串值："selfharm"

SEXUAL_MINORS("sexual_minors")：

描述：内容涉及未成年人参与的性内容或暗示。

字符串值："sexual_minors"

HATE_THREATENING("hate_threatening")：

描述：内容不仅展示仇恨，还含有威胁成分。

字符串值："hate_threatening"

VIOLENCE_GRAPHIC("violence_graphic")：

描述：内容展示了图形化、明确的暴力场面或描述。

字符串值："violence_graphic"

SELFHARM_INTENT("selfharm_intent")：

描述：内容暗示或明示有自我伤害的意图。

字符串值："selfharm_intent"

SELFHARM_INSTRUCTIONS("selfharm_instructions")：

描述：内容提供了进行自我伤害的具体指导或方法。

字符串值："selfharm_instructions"

HARASSMENT_THREATENING("harassment_threatening")：

描述：内容中的骚扰行为伴随了威胁的成分。

字符串值："harassment_threatening"

VIOLENCE("violence")：

描述：内容涉及暴力或有暴力的暗示。

字符串值："violence"

该枚举的代码如下：

```java
package com.td.rich.enums;
import lombok.AllArgsConstructor;
import lombok.Getter;
@Getter
@AllArgsConstructor
public enum AuditTagEnum {
    /**
     * sexual
     */
    SEXUAL("sexual"), // 审核标签：性内容
    /**
     * hate
     */
    HATE("hate"), // 审核标签：仇恨内容
    /**
     * harassment
     */
    HARASSMENT("harassment"), // 审核标签：骚扰内容
    /**
     * selfharm
     */
```

```
SELFHARM("selfharm"), // 审核标签：自我伤害内容
/**
 * sexual_minors
 */
SEXUAL_MINORS("sexual_minors"), // 审核标签：涉及未成年人的性内容
/**
 * hate_threatening
 */
HATE_THREATENING("hate_threatening"), // 审核标签：带有威胁成分的仇恨内容
/**
 * violence_graphic
 */
VIOLENCE_GRAPHIC("violence_graphic"), // 审核标签：图形化的暴力内容
/**
 * selfharm_intent
 */
SELFHARM_INTENT("selfharm_intent"), // 审核标签：有自伤意图的内容
/**
 * selfharm_instructions
 */
SELFHARM_INSTRUCTIONS("selfharm_instructions"), // 审核标签：自我伤害的具体指导或方法
/**
 * harassment_threatening
 */
HARASSMENT_THREATENING("harassment_threatening"), // 审核标签：带有威胁成分的骚扰内容
/**
 * violence
 */
VIOLENCE("violence"), // 审核标签：暴力内容
;
private String tag; // 代表与枚举值关联的字符串
}
@JsonCreator
public static AuditTagEnum parseOfNullable(String tag) { //通过标签名称获取标签
    for (AuditTagEnum item : values()) {
        if (item.getTag().equals(tag) ) {
            return item;
        }
    }
    return null;
}
```

3. 返回类代码

AuditResultRsp 类：

这是一个返回类，设计用于表示审核的结果响应。

具体字段及解释如下。

（1）input（类型：String）

说明：这是提交进行审核的原始内容。

示例：若用户提交了一段文本 "Hello World" 进行审核，那么 input 字段的值就是 "Hello

World"。

（2）tags（类型：List<AuditTagEnum>）

说明：这是一个包含审核结果标签的列表。这些标签是基于提交的内容得出的。每个标签都是 AuditTagEnum 枚举中的一个值，表示内容中检测到的某种特定类型或情感。

示例：如果审核内容中检测到性内容和暴力内容，那么 tags 可能包含 AuditTagEnum. SEXUAL 和 AuditTagEnum.VIOLENCE。

（3）code（类型：String）

说明：这是一个错误编号。如果审核过程中没有错误，这个字段可能为空或具有特定的"成功"值。如果发生错误，它会提供一个特定的错误代码，使调用者可以更容易地识别和处理错误。

示例："ERR_001" 表示某种特定的错误。

（4）error（类型：String）

说明：这是一个描述错误详情的字符串。如果在审核过程中没有发生错误，这个字段可能为空。如果发生错误，它会提供一个关于该错误的简短描述。

示例："Invalid input detected." 表示输入的审核内容有问题。

总之，AuditResultRsp 类提供了审核的完整响应，包括原始输入内容、审核的结果标签，以及任何可能的错误信息。

具体代码如下：

```
package com.td.rich.model.response;
import com.td.rich.enums.AuditTagEnum;
import lombok.AllArgsConstructor;
import lombok.Data;
import lombok.NoArgsConstructor;
import lombok.extern.slf4j.Slf4j;
import java.util.List;
@Data
@Slf4j
@AllArgsConstructor
@NoArgsConstructor
public class AuditResultRsp {
    private String input; //审核内容
    private List<AuditTagEnum> tags; //审核结果标签集
    private String code; //错误编号
    private String error; //错误信息
}
```

4. 文本审核主方法

该审核方法的流程如下。

（1）获取 OpenAI 审核结果

调用 getModeration(request) 方法，这是一个对 OpenAI 的 moderations API 进行调用的函

数。该方法使用 request 中的内容作为输入，从 OpenAI 接口获取审核结果，并将这些结果存储于 moderationDto 对象中。

（2）创建审核请求对象

实例化 TdAuditRequest 对象。这个对象的设计目的是在数据库中记录一个审核请求的详细信息。

使用 request 中的 userId 和 input 为 auditRequest 对象的相应字段赋值，从而记录哪个用户提出的哪个审核请求。

（3）创建原始审核响应对象

实例化 TdAuditResponse 对象。这个对象代表了 OpenAI 的原始审核响应。

为此对象的 userId 赋值。

为此对象的 requestId 赋值，该值来源于 auditRequest 的 ID，这样可以将原始的审核响应与对应的审核请求关联起来。

（4）创建处理后的审核结果对象

实例化 TdAuditResult 对象，该对象用于存储经过处理的审核结果。

使用 request 中的 input 字段为此对象的相应字段赋值。

使用 auditRequest 的 ID 为此对象的 requestId 字段赋值。

（5）处理 OpenAI 返回的审核结果

调用 setTags 方法：这个方法解析 moderationDto 中的原始分类标签，并返回一个处理后的标签列表 tags。

这些处理后的标签也会与 auditResponse 对象关联。

接着，setScores 方法被调用，它处理 moderationDto 中的分类分数。这些处理后的分数也会被存储并与 auditResponse 对象关联。

使用 getTagsString 方法，将处理后的 tags 列表转化为字符串，并为 auditResult 对象的相应字段赋值。

（6）将所有对象保存到数据库

将 auditRequest 对象保存到数据库，从而在数据库中记录这次审核的请求。

使用 tdAuditResponseService 的 save 方法，将 auditResponse 对象保存到数据库，记录原始的审核响应。

使用 tdAuditResultService 的 save 方法，将 auditResult 对象保存到数据库，记录处理后的审核结果。

（7）构建并返回最终响应

实例化 AuditResultRsp 对象。这个对象是设计用来向请求者返回最终审核结果的。

为此对象的 input 和 tags 字段赋值。

最后，返回这个 AuditResultRsp 对象，告诉请求者审核的结果。

具体代码如下：

```
@Override
public AuditResultRsp audit(AuditInputReq request) {
    ModerationDto moderationDto = getModeration(request); //获取内容审核结果
    TdAuditRequest auditRequest = new TdAuditRequest();
    auditRequest.setUserId(request.getUserId());
    auditRequest.setInput(request.getInput());
    TdAuditResponse auditResponse = new TdAuditResponse();
    auditResponse.setUserId(request.getUserId());
    auditResponse.setRequestId(auditRequest.getId());
    TdAuditResult auditResult = new TdAuditResult();
    auditResult.setInput(request.getInput());
    auditResult.setRequestId(auditRequest.getId());
    List<AuditTagEnum> tags = this.setTags(moderationDto.getResults().get(0).
getCategories(), auditResponse); //处理审核标签
    this.setScores(moderationDto.getResults().get(0).getCategoryScores(), auditResponse);
//添加审核分数
    auditResult.setTags(this.getTagsString(tags));
    this.save(auditRequest); //保存审核请求
    tdAuditResponseService.save(auditResponse); //保存原始的审核结果
    tdAuditResultService.save(auditResult); //保存处理后的审核结果
    AuditResultRsp auditResultRsp = new AuditResultRsp();
    auditResultRsp.setInput(request.getInput());
    auditResultRsp.setTags(tags); //拼接返回参数
    return auditResultRsp;
}
```

5. 调用 API 获取审核结果方法

该方法流程如下。

（1）初始化 OKHTTP Client

一个新的 OkHttpClient 实例被创建。

这个客户端的设置包括读取、写入和连接的超时时间，都设置为 1 200 秒。

（2）定义请求内容类型

使用 MediaType.parse 方法定义请求的媒体类型为 application/json;charset=utf-8。

（3）构建请求体

使用 RequestBody.create 方法将 AuditInputReq 对象转换为 JSON 格式的请求体。

（4）构建 HTTP 请求

使用 Request.Builder 来构建一个 HTTP 请求。

这个请求指向 URL "https://api.openai.com/v1/moderations/"。

使用 POST 方法提交数据，并且请求头中添加了一个授权令牌。

注意：为了安全起见，实际使用时应该避免在代码中直接嵌入 API 密钥或令牌。

（5）执行请求并处理响应

使用 client.newCall(okRequest).execute() 执行 HTTP 请求。

如果响应成功（HTTP 状态码为 200–299），则将响应体的内容解析为 ModerationDto 对象，并返回它。

如果响应不成功，抛出一个包含响应状态码的异常。

（6）异常处理

如果在执行 HTTP 请求或处理响应时发生任何 IOException，则该异常会被捕获并打印堆栈轨迹。

函数在这种情况下返回 null。

具体代码如下：

```java
// 使用OKHTTP进行访问openai的Moderationa api，获取文本内容的审核结果
private ModerationDto getModeration(AuditInputReq request) {
    // 创建一个新的OkHttpClient实例，并设置读取、写入和连接的超时时间为1 200秒
    OkHttpClient client = new OkHttpClient.Builder()
            .readTimeout(1200, TimeUnit.SECONDS)
            .writeTimeout(1200, TimeUnit.SECONDS)
            .connectTimeout(1200, TimeUnit.SECONDS)
            .build();  // 构建客户端实例

    // 定义请求内容的类型为JSON
    MediaType type = MediaType.parse("application/json;charset=utf-8");

    // 将AuditInputReq对象转换为JSON格式并创建请求体
    RequestBody requestBody = RequestBody.create(type, JSON.toJSONString(request));

    // 构建向OpenAI API的HTTP POST请求
    final Request okRequest = new Request.Builder()
            .url("https://api.openai.com/v1/moderations/")  // API的URL
            .header("Authorization", "Bearer sk-s6CiCz9LOKHxXXBPdIkAT3BlbkFJnjTmpptrjxazk
U81T35Y")  // 设置授权令牌
            .post(requestBody)  // 指定请求方法为POST，并传入请求体
            .build();  // 构建请求

    try {
        // 执行请求并获取响应
        Response response = client.newCall(okRequest).execute();

        // 检查响应是否成功
        if (response.isSuccessful()) {
            // 解析响应体内容为ModerationDto对象并返回
            return JSON.parseObject(response.body().string(), ModerationDto.class);
        } else {
            // 如果响应失败，抛出异常
            throw new IOException("Unexpected code " + response);
        }
```

```
    } catch (IOException e) {
        // 捕获并打印异常
        e.printStackTrace();
        return null;  // 出现异常时返回null
    }
}
```

6. setTags 方法

私有方法 setTags 的目的是基于给定的审核结果类别（Categorie）来设置相应的审核标签，并对某个审核响应对象（TdAuditResponse）进行更新。以下是这段代码的详细流程描述。

（1）初始化：方法接受两个参数，一个是 Categorie 类型，表示需要被审核的内容的类别；另一个是 TdAuditResponse 类型，表示需要被更新的审核响应对象。

（2）创建标签列表：创建一个空的 AuditTagEnum 类型的列表 tags，用于存储基于审核结果得到的标签。

（3）判断与标签添加：代码使用一系列的 if 语句，针对 Categorie 中的每一个属性（如 getSexual()，getHate() 等）进行检查。

如果某一属性（例如 getSexual()）为 true，那么会执行以下动作：

·使用该属性的类名（例如 categorie.getSexual().getClass().getName()）来调用 AuditTagEnum. parseOfNullable 方法，将解析得到的枚举值添加到 tags 列表中。

·在 TdAuditResponse 对象上调用相应的设置方法（例如 setSexual(1)），用于表示该审核结果对应的类别被触发。

·对 Categorie 中的其他属性也执行类似的操作。

·返回标签列表：最后，方法返回填充了审核标签的 tags 列表。

具体代码如下：

```
//设置审核标签，包括返回标签及需要保存到数据库的标签
private List<AuditTagEnum> setTags(Categorie categorie, TdAuditResponse auditResponse) {
    // 初始化标签列表，用于存放审核相关的标签
    List<AuditTagEnum> tags = new ArrayList<>();
    // 检查是否包含"Sexual"内容，并设置对应的标签
    if (categorie.getSexual()) {
        tags.add(AuditTagEnum.parseOfNullable(categorie.getSexual().getClass().getName()));
    // 解析并添加标签到列表
        auditResponse.setSexual(1);  // 设置审核响应的性相关属性
    }
    // 检查是否包含"Hate"内容，并设置对应的标签
    if (categorie.getHate()) {
        tags.add(AuditTagEnum.parseOfNullable(categorie.getHate().getClass().getName()));
        auditResponse.setHate(1);
    }
    // 检查是否包含"Harassment"内容，并设置对应的标签
```

```
    if (categorie.getHarassment()) {
        tags.add(AuditTagEnum.parseOfNullable(categorie.getHarassment().getClass().getName()));
        auditResponse.setHarassment(1);
    }
    // 检查是否包含"SelfHarm"内容，并设置对应的标签
    if (categorie.getSelfHarm()) {
        tags.add(AuditTagEnum.parseOfNullable(categorie.getSelfHarm().getClass().getName()));
        auditResponse.setSelfharm(1);
    }
    // 检查是否包含"SexualMinors"内容，并设置对应的标签
    if (categorie.getSexualMinors()) {
        tags.add(AuditTagEnum.parseOfNullable(categorie.getSexualMinors().getClass().getName()));
        auditResponse.setSexualMinors(1);
    }
    // 检查是否包含"HateThreatening"内容，并设置对应的标签
    if (categorie.getHateThreatening()) {
        tags.add(AuditTagEnum.parseOfNullable(categorie.getHateThreatening().getClass().
getName()));
        auditResponse.setHarassmentThreatening(1);
    }
    // 检查是否包含"ViolenceGraphic"内容，并设置对应的标签
    if (categorie.getViolenceGraphic()) {
        tags.add(AuditTagEnum.parseOfNullable(categorie.getViolenceGraphic().getClass().
getName()));
        auditResponse.setViolenceGraphic(1);
    }
    // 检查是否包含"SelfHarmIntent"内容，并设置对应的标签
    if (categorie.getSelfHarmIntent()) {
        tags.add(AuditTagEnum.parseOfNullable(categorie.getSelfHarmIntent().getClass().
getName()));
        auditResponse.setSelfharmIntent(1);
    }
    // 检查是否包含"SelfHarmInstructions"内容，并设置对应的标签
    if (categorie.getSelfHarmInstructions()) {
        tags.add(AuditTagEnum.parseOfNullable(categorie.getSelfHarmInstructions().
getClass().getName()));
        auditResponse.setSelfharmInstructions(1);
    }
    // 检查是否包含"HarassmentThreatening"内容，并设置对应的标签
    if (categorie.getHarassmentThreatening()) {
        tags.add(AuditTagEnum.parseOfNullable(categorie.getHarassmentThreatening().
getClass().getName()));
        auditResponse.setHarassmentThreatening(1);
    }
    // 检查是否包含"Violence"内容，并设置对应的标签
    if (categorie.getViolence()) {
        tags.add(AuditTagEnum.parseOfNullable(categorie.getViolence().getClass().getName()));
        auditResponse.setViolence(1);
    }
    // 返回包含所有符合条件的标签的列表
    return tags;
}
```

7. setScores 方法

代码流程如下。

（1）函数定义开始，函数名为 setScores，它接收两个参数：一个是 CategoryScore 类型的 categoryScore（这个对象包含了各种内容的审核分数），另一个是 TdAuditResponse 类型的 auditResponse（这个对象用于存放经过转换或计算后的审核结果）。

（2）接着，根据 categoryScore 中的各种内容的分数，分别为 auditResponse 对象设置相应的审核分数。

（3）使用 categoryScore.getSexual() 获取性相关内容的分数，然后使用 auditResponse.setSexualScore 方法设置相应的分数。

（4）以此类推，为其他的内容类型（如仇恨、骚扰、自我伤害等）在 auditResponse 对象中设置相应的审核分数。

具体代码如下：

```
//设置审核分数
private void setScores(CategoryScore categoryScore, TdAuditResponse auditResponse) {
    auditResponse.setSexualScore(categoryScore.getSexual()); // 设置性相关内容的分数
    auditResponse.setHateScore(categoryScore.getHate()); // 设置仇恨内容的分数
    auditResponse.setHarassmentScore(categoryScore.getHarassment()); // 设置骚扰内容的分数
    auditResponse.setSelfharmScore(categoryScore.getSelfHarm()); // 设置自我伤害内容的分数
    auditResponse.setSexualMinorsScore(categoryScore.getSexualMinors()); // 设置涉及未成年人
的性内容的分数
    auditResponse.setHateThreateningScore(categoryScore.getHateThreatening()); // 设置仇
恨威胁内容的分数
    auditResponse.setViolenceGraphicScore(categoryScore.getViolenceGraphic()); // 设置图
形暴力内容的分数
    auditResponse.setSelfharmIntentScore(categoryScore.getSelfHarmIntent()); // 设置自我
伤害意图的分数
    auditResponse.setSelfharmInstructionsScore(categoryScore.getSelfHarmInstructions());
// 设置自我伤害指导的分数
    auditResponse.setHarassmentThreateningScore(categoryScore.getHarassmentThreatening());
// 设置骚扰威胁内容的分数
    auditResponse.setViolenceScore(categoryScore.getViolence()); // 设置暴力内容的分数
}
```

8. getTagsString 方法

私有方法 getTagsString 接受一个 AuditTagEnum 类型的列表作为参数。这个方法的目的是将标签列表转化为一个由逗号隔开的字符串。流程如下。

（1）初始化一个字符串 tagStr 为 null，用于储存最终的标签字符串。

（2）使用 for 循环遍历输入的 tags 列表中的每一个标签（类型为 AuditTagEnum）。

（3）在循环体内，首先检查 tagStr 是否非 null。这里使用了 ObjectUtil.isNotNull 方法进行检查。

如果 tagStr 不是 null（即之前已经有标签被添加到 tagStr 中），则将当前遍历到的标签添加到 tagStr 的末尾，并用逗号隔开。

如果 tagStr 是 null，意味着这是第一个被添加的标签，直接将当前标签的值赋给 tagStr。

（4）循环结束后，返回由逗号隔开的标签字符串 tagStr。

具体代码如下：

```
//通过枚举获取标签内容，并用逗号隔开
private String getTagsString(List<AuditTagEnum> tags) {
    String tagStr = null;  // 初始化结果字符串为null
    for (AuditTagEnum auditTagEnum : tags) {  // 遍历标签列表
        if (ObjectUtil.isNotNull(tagStr)) {  // 如果结果字符串不为空
            tagStr = tagStr + "," + auditTagEnum.getTag();  // 在已有的标签后加上逗号和新标签
        } else {
            tagStr = auditTagEnum.getTag();  // 如果结果字符串为空，则直接设置标签为当前值
        }
    }
    return tagStr;  // 返回由逗号隔开的标签字符串
}
```

18.3.2 获取审核历史结果API代码

（1）从请求中获取用户的身份凭证或令牌，并验证其有效性。一旦验证成功，解析凭证或令牌以提取用户编号。

（2）使用用户编号连接到数据存储系统，如数据库。使用该编号作为查询条件，查找与其关联的所有审核记录。根据需要，可能会对返回的审核记录按时间顺序或其他标准进行排序。提取关键信息，如审核时间、审核内容和审核决策。

（3）遍历每个查询到的审核记录。对于每条记录中的标签字段，使用预定义的枚举映射规则将其转换为相应的枚举值。如果找到多个标签，可以将它们组合成一个枚举集合。之后，将转换后的枚举值存入新的结果对象或数据结构中。

（4）如果在流程中的任何步骤出现错误，例如数据库连接问题或无效的用户凭证，捕获该错误并返回相应的错误消息，以提供给用户明确的反馈。

（5）最后，将处理后的审核历史和转换后的枚举值打包成一个响应对象，并返回给请求的客户端或前端进行展示。

具体 API 设计如下。

```
Url: /api/audit/getAuditResult
```

请求方法：GET。

获取审核结果请求参数如表 18.3 所示。

获取审核结果返回参数如表 18.4 所示。

表 18.3　获取审核结果请求参数

属性	类型	必填	说明
userId	string	是	用户编号

表 18.4　获取审核结果返回参数

属性	类型	说明
input	String	历史审核内容
tags	List	审核结果标签
createtime	Integrate	API 请求的创建时间
error	string	错误信息

API 代码实现如下。

1. 返回参数代码

在此项功能的返回参数的 JSON 对象中，主要业务字段为 input、tags。

·private String input：是审核的内容，可能是需要审核的用户输入。

·private List<AuditTagEnum> tags：是审核结果的标签集合。它可以持有一个 AuditTagEnum 类型对象的列表，这可能是根据审核后为输入内容分配的一系列标签。

·private String code：是错误编号。当审核过程中出现错误时，这个变量会持有一个与错误相关的代码。

·private String error：是错误信息。当审核过程中出现错误时，这个变量会持有一个描述性的错误消息。

返回参数代码如下：

```
package com.td.rich.model.response;
import com.td.rich.enums.AuditTagEnum;
import lombok.AllArgsConstructor;
import lombok.Data;
import lombok.NoArgsConstructor;
import lombok.extern.slf4j.Slf4j;
import java.util.List;
@Data
@Slf4j
@AllArgsConstructor
@NoArgsConstructor
public class AuditResultRsp {
    private String input; //审核内容
    private List<AuditTagEnum> tags; //审核结果标签集
    private String code; //错误编号
    private String error; //错误信息
}
```

2. 获取历史审核结果列表方法

此方法为用户提供基于用户编号进行的审核的数据。

（1）接收一个名为 userId 的参数，这是一个长整型的用户编号。

（2）使用 tdAuditResultService 服务通过 Lambda 风格的查询来获取与指定 userId 匹配的所有审核结果。查询的结果存放在 auditResultList 中。

（3）初始化一个新的空列表 auditResultRspList，它的目的是保存转换后的审核结果。

（4）遍历之前从数据库中查询得到的 auditResultList。

其中对每一个 auditResultList 中的项目，需要进行以下的子流程。

·创建一个新的 AuditResultRsp 对象。

·转换当前遍历到的 auditResult 的标签为枚举格式，并设置到新建的 AuditResultRsp 对象中。

·获取当前 auditResult 的输入内容，并设置到 AuditResultRsp 对象中。

·将配置好的 AuditResultRsp 对象添加到 auditResultRspList 列表中。

（5）返回填充了 AuditResultRsp 对象的 auditResultRspList 列表。

```
@Override
public List<AuditResultRsp> getAuditResult(Long userId) {
    List<TdAuditResult> auditResultList = tdAuditResultService.lambdaQuery().eq
(TdAuditResult::getUserId, userId).list();  // 从服务中查询指定用户ID的审核结果
    List<AuditResultRsp> auditResultRspList = new ArrayList<>();  // 初始化转换后的审核结果列表
    for (TdAuditResult auditResult : auditResultList) {
        AuditResultRsp auditResultRsp = new AuditResultRsp();  // 创建一个新的AuditResultRsp对象
        auditResultRsp.setTags(this.getTagsEnum(auditResult.getTags()));  // 转换并设置审核标签
        auditResultRsp.setInput(auditResult.getInput());  // 设置审核内容
        auditResultRspList.add(auditResultRsp);  // 添加到转换后的审核结果列表
    }
    return auditResultRspList;  // 返回转换后的审核结果列表
}
```

3. getTagsEnum 方法

私有方法 getTagsEnum，用于将标签字符串转换成枚举列表，具体流程如下。

（1）输入标签字符串

开始时，该方法接收一个名为 tagsStr 的字符串，它包含多个标签，标签之间用逗号分隔。

（2）分解标签字符串

使用 split(",") 方法将 tagsStr 字符串按逗号分隔，从而得到一个包含多个标签字符串的数组。随后，使用 Arrays.asList 方法将该数组转换为一个 List<String> 列表，此列表命名为 tagList。

（3）初始化枚举列表

创建一个新的空列表 tagEnums，它的目标是保存从字符串格式的标签转换得到的枚举值。

（4）遍历并转换标签

对 tagList 中的每一个标签字符串进行遍历：使用 AuditTagEnum.parseOfNullable(tag) 方法尝试将当前的标签字符串 tag 转换为对应的枚举值。将得到的枚举值添加到 tagEnums 列表中。

（5）返回结果

完成遍历后，返回填充了枚举值的 tagEnums 列表。

具体代码如下：

```
// 将标签字符串转换成枚举列表
private List<AuditTagEnum> getTagsEnum(String tagsStr) {
    List<String> tagList = Arrays.asList(tagsStr.split(","));    // 使用逗号作为分隔符将输入
的标签字符串分解成标签列表
    List<AuditTagEnum> tagEnums = new ArrayList<>();            // 初始化一个空的枚举列表用于
存储转换后的枚举值
    for (String tag: tagList) {
        tagEnums.add(AuditTagEnum.parseOfNullable(tag));       // 对每个标签，调用parseOfNullable
方法来获取对应的枚举值，并添加到列表中
    }
    return tagEnums;                                           // 返回转换后的枚举列表
}
```

18.4　AI文本审核系统服务端部署

代码完成后，为了简单起见，我们采用 IntelliJ IDEA 本身的功能进行本地打包，对 AI 文本审核功能进行测试。使用 Git 来提交代码到服务器，利用 Git 仓库进行服务器端部署，服务器采用 Linux 系统。

18.4.1　AI文本审核系统代码打包

在 IntelliJ IDEA 中打包 Java 项目为 JAR。

（1）启动 IntelliJ IDEA，从左上角的菜单选择 File → Open...。在文件选择器中找到 chat 项目所在的目录，然后单击 OK。等待项目完全加载，加载过程可能需要一些时间，具体取决于项目的大小。

（2）当项目加载完成后，应确保项目中存在一个主类，这个类应该包含 public static void main(String[] args) 方法。如果没有，应在项目中创建一个这样的类。注意，这个类是作

为 Java 程序的入口点，所有的 Java 程序都需要这样一个入口点。

（3）确认主类后，回到顶部菜单，选择 File → Project Structure。

（4）在弹出的窗口中，从左侧菜单选择 Artifacts。

（5）在右侧的面板中，单击绿色的 + 按钮，然后在弹出的菜单中选择 JAR → From modules with dependencies。

（6）在 Create JAR from Modules 窗口中，Main Class 一栏应自动填充之前设置的主类，如果没有，单击旁边的……按钮，在弹出的窗口中找到并选择主类，然后单击 OK。

（7）检查所有设置是否正确，尤其是 Main Class 是否已正确设置，然后单击 Apply 以保存更改，然后单击 OK 以关闭 Project Structure 窗口。

（8）回到顶部菜单，选择 Build → Build Artifacts。

（9）在弹出的窗口中，选择刚刚创建的 artifact（应该名为 audit:jar），然后单击 Build。

（10）等待 IDEA 完成构建过程。构建完成后，可以在 out/artifacts/audit_jar 目录下找到名为 audit.jar 的文件。

JAR 文件是 Java 的可执行文件格式，可以在任何安装了 Java 的系统上运行。

18.4.2　AI文本审核系统代码部署

1. 在本地设置 Git 环境和提交项目代码

（1）打开本地系统的命令行工具，如 Windows 的命令提示符或 Mac/Linux 的 Terminal。

（2）在命令行中键入 git --version，如果返回了版本信息，则表示 Git 已经成功安装。如果没有返回任何信息，则需要下载并安装 Git。

（3）下载并安装 Git 后，需要配置 Git 的用户名和邮箱，这些信息将用于标识代码提交者。可以通过命令完成配置，具体如下：

```
git config --global user.name "Your Name"
git config --global user.email "your.email@example.com"
```

其中，Your Name 和 your.email@example.com 应替换为实际的用户名和邮箱地址。

（4）使用文件浏览器打开 chat 项目所在的目录，并记下完整路径。

（5）回到命令行工具，键入 cd /path/to/chat 进入项目目录。

（6）键入 git init，初始化一个新的 Git 仓库。这将在项目目录下创建一个新的 .git 目录，用于存储所有的版本历史信息。

（7）键入命令添加所有文件到新的 Git 仓库，具体如下：

```
git add .
git commit -m "Initial commit"
```

（8）使用远程 Git 仓库（如 GitHub），添加一个新的远程地址，并将代码推送到远程仓库，具体如下：

```
git remote add origin https://github.com/username/audit.git
git push -u origin master
```

这里，https://github.com/username/audit.git 应替换为实际的远程仓库地址。

可能出现的问题：

· 如果在执行 git add 或 git commit 命令时出现错误，可能需要检查项目文件是否存在问题，或者是否已在 Git 仓库中。

· 如果在执行 git push 命令时出现错误，可能需要检查远程仓库地址是否正确，或者网络连接是否正常。

注意事项：

· Git 是一种版本控制系统，可以记录和追踪代码的所有更改。

· 在提交代码前，应先确保代码无误，否则可能引入错误或问题。

2. 在 Linux 服务器上部署和运行 audit 项目

（1）通过 SSH 登录到 Linux 服务器。

（2）在命令行中键入 git --version，如果返回了版本信息，那么 Git 已经成功安装。如果没有返回任何信息，需要下载并安装 Git。

（3）在服务器上创建一个新的目录，然后进入该目录，具体如下：

```
mkdir audit
cd audit
```

（4）键入命令从远程仓库克隆代码到服务器，具体如下：

```
git clone https://github.com/username/audit.git
```

这里，https://github.com/username/audit.git 应替换为实际的远程仓库地址。

（5）确保已在服务器上安装了 Java。这可以通过键入 java –version 检查。如果没有安装 Java，需要下载并安装 Java。

（6）在成功克隆代码并安装 Java 后，可以通过以下命令运行 audit.jar：

```
java -jar audit.jar
```

可能出现的问题：

· 如果在执行 git clone 命令时出现错误，可能需要检查远程仓库地址是否正确，或者网络连接是否正常。

· 如果在执行 java –jar 命令时出现错误，可能需要检查 JAR 文件是否存在，或者 Java 是否正确安装。

注意事项：

· 在运行 JAR 文件前，应确保服务器已安装 Java，并且版本应与项目编译时使用的 Java 版本相匹配。

· 如果服务器没有直接的 Internet 访问权限，可能需要将 JAR 文件通过其他方式传输到服务器上，如通过 SCP 或 SFTP。

至此，应已经成功在 IntelliJ IDEA 中打包 Java 项目为 JAR，设置本地 Git 环境，并在 Linux 服务器上部署和运行项目了。

18.5　AI审核系统API测试

完成 AI 审核系统功能之后，我们使用 JMeter 进行测试。关于测试工具的选择与使用，以及 JMeter 的安装，我们已经在前面的实战进行了说明，此处不再累述。具体的 API 测试包括文本审核 API 代码及获取审核历史结果 API 代码，其详细操作请见下文。

1. 文本审核 API

（1）启动 JMeter：打开终端，然后转到 JMeter bin 目录，运行 ./jmeter（Linux）或 jmeter. bat（Windows）来启动 JMeter。

（2）创建新的测试计划：在 JMeter GUI 左侧面板中，右击 "Test Plan"，选择 "Add" → "Threads (Users)" → "Thread Group" 来创建一个新的线程组。

（3）设置线程组属性：在右侧面板中，可以设置线程组的属性，包括线程数（即并发用户数）、Ramp-Up Period（每个用户启动之间的时间间隔）和循环次数（每个用户执行请求的次数）。

（4）添加 HTTP 请求：在左侧面板中，右击刚创建的线程组，选择 "Add" → "Sampler" → "HTTP Request"。这会在线程组下添加一个 HTTP 请求。

（5）设置 HTTP 请求属性：在右侧面板中，设置属性，具体如下。

· Server Name or IP：输入服务器的 IP 地址或域名。

· Port Number：输入服务器的端口号。

· Method：选择请求的 HTTP 方法 POST。

· Path：输入 API 的路径 "http://localhost:8080/api/audit/input/"。

· Parameters：单击 "Add" 按钮，在 Name 栏输入 "prompt" "userId" "n" "imgSize"，在 Value 栏输入要测试的数值。

（6）添加断言：在左侧面板中，右击刚创建的 HTTP 请求，选择 "Add" → "Assertions" → "Response Assertion"。在右侧面板中，可以设置断言的条件，比如检查响应状态码是否为 200。

（7）添加监听器：在左侧面板中，右击线程组或 HTTP 请求，选择 "Add" → "Listener" →

"View Results Tree"。这会添加一个监听器,用于显示测试结果。

(8)运行测试计划:单击顶部菜单栏中的绿色播放按钮,或按 Ctrl+R,开始执行测试计划。

(9)查看和分析测试结果:测试执行过程中,可以在监听器中查看每个请求的结果。测试完成后,分析测试结果,如果需要,调整测试计划。

(10)保存测试计划:单击顶部菜单栏中的"File"→"Save Test Plan as",输入文件名"audit_input_api_test_result",单击保存,将测试计划保存为 .jmx 文件。

2. 获取审核历史结果 API

(1)启动 JMeter:打开终端,然后转到 JMeter bin 目录,运行 ./jmeter(Linux)或 jmeter. bat(Windows)来启动 JMeter。

(2)创建新的测试计划:在 JMeter GUI 左侧面板中,右击"Test Plan",选择"Add"→"Threads (Users)"→"Thread Group"来创建一个新的线程组。

(3)设置线程组属性:在右侧面板中,可以设置线程组的属性,包括线程数(即并发用户数)、Ramp-Up Period(每个用户启动之间的时间间隔)和循环次数(每个用户执行请求的次数)。

(4)添加 HTTP 请求:在左侧面板中,右击刚创建的线程组,选择"Add"→"Sampler"→"HTTP Request"。这会在线程组下添加一个 HTTP 请求。

(5)设置 HTTP 请求属性:在右侧面板中,设置属性。

(6)Server Name or IP:输入服务器的 IP 地址或域名。

(7)Port Number:输入服务器的端口号。

(8)Method:选择请求的 HTTP 方法 GET。

(9)Path:输入 API 的路径"http://localhost:8080/api/audit/getAuditResult",其中 chatId 为所需要查询的 chatId 编号。

(10)添加断言:在左侧面板中,右击刚创建的 HTTP 请求,选择"Add"→"Assertions"→"Response Assertion"。在右侧面板中,可以设置断言的条件,比如检查响应状态码是否为 200。

(11)添加监听器:在左侧面板中,右击线程组或 HTTP 请求,选择"Add"→"Listener"→"View Results Tree"。这会添加一个监听器,用于显示测试结果。

(12)运行测试计划:单击顶部菜单栏中的绿色播放按钮,或按 Ctrl+R,开始执行测试计划。

(13)查看和分析测试结果:测试执行过程中,可以在监听器中查看每个请求的结果。测试完成后,分析测试结果,如果需要,调整测试计划。

(14)保存测试计划:单击顶部菜单栏中的"File"→"Save Test Plan as",输入文件名,输入文件名"audit_get_audit_result_api_test_result",单击保存,将测试计划保存为 .jmx 文件。

需要注意的事项请参照上一章的 API 测试环节。

第 4 篇

OpenAI API 的发展前景

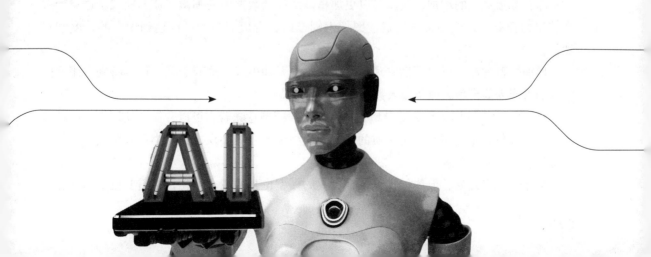

第 19 章　OpenAI API 的展望

OpenAI 已经发布了多个版本的 GPT 模型，其中 GPT-3 和 GPT-4 在 AI 社区和商业应用中都引起了广泛关注。除了语言模型，OpenAI 还在其他 AI 领域进行了多项研究，如 AI 绘画系统 DALL-E。OpenAI 不仅在研究方面取得了进展，还与多家企业合作，将其技术商业化。

根据一些报道，OpenAI 正在为 GPT 和其他产品进行重大更新，例如使 ChatGPT 具有与用户进行语音对话的能力。OpenAI 仍然致力于其核心使命，即确保 AI 的安全性并使其为全人类带来益处，这意味着未来可能会看到更多关于 AI 伦理和安全性的研究。随着技术的进步，OpenAI 可能会继续扩展其研究领域，并在 AI 应用的多个方面取得更多创新。

19.1　ChatGPT未来的发展趋势

19.1.1　更大的模型规模

从机器学习和深度学习的历史中可以看出，模型规模在过去的几年中一直在增长。这主要是由于两个原因：一是计算能力的增强，特别是与 GPU 和 TPU 等硬件的进步相关；二是数据的增长，大规模的数据集为训练大型模型提供了必要的"燃料"。

随着参数数量的增加，模型可以更加精确地捕获数据中的细微特征和模式。这意味着在特定的任务中，例如文本生成、图像识别或语音合成，模型可以达到更高的精度和自然性。

增加模型的深度可以帮助它理解更复杂的关系和模式。这对于某些任务特别有用，因为它们可能需要模型去捕获输入数据中的多层次特征。

对于像 GPT 这样的预训练模型，一个更大的模型意味着它可以存储和使用更广泛的知识。这不仅仅是量的增加，更是质的提升。模型可能会对小众文化、小众领域或特定的学科知识有更深入的了解。

虽然有许多好处，但如何训练一个更大的模型也是挑战。首先，它需要更多的计算资源。其次，避免过拟合也变得更加困难，尤其是当训练数据有限时。

更大的模型可以更好地捕捉数据中的细微差异，这使得它在一些需要高度精确的任务中表现得更好。例如，在机器翻译中，对词语的微妙选择可能会对翻译的质量产生巨大的影响。

随着模型规模的增加，参数调整和模型优化也变得更加复杂。这可能需要新的训练策略和技术，以确保模型的稳定性和可靠性。

大型模型需要大量的计算资源，这可能导致环境问题，如能源消耗和碳足迹增加。为此，可能需要新的算法和技术来减少这些模型的训练和部署时的环境影响。

19.1.2　减少偏见

在过去的几年中，AI技术的偏见问题已经成为被广泛关注的议题。这种偏见有很多来源。首先，偏见可能来源于数据，因为AI模型通常会模仿它们所训练的数据。如果训练数据包含了偏见或某种特定的观点，那么模型很可能会继承并放大这些偏见。其次，算法自身的设计有时也可能导致偏见。某些算法可能更容易放大数据中的微小偏见。

为了识别并减少这些偏见，我们首先需要对训练数据进行深入的审查，确保它们来自多样化和公正的来源。此外，使用专门的工具和测试集来评估模型在不同情境下的表现也是很重要的。这有助于识别模型是否在某些特定场景或对某些群体存在偏见。

修正这些偏见是一个复杂的过程。有时，这可能意味着重新加权数据，以确保那些在数据集中代表性不足的群体在训练过程中得到更多的关注。在其他情况下，我们可能需要使用技术来生成合成数据，增加少数群体的表示，或研究去偏见算法来纠正已知的问题。但只有技术手段是不够的，我们还需要建立一个反馈循环，鼓励用户报告他们在使用模型时遇到的偏见问题。

为了更好地理解和修正偏见，模型的透明性和可解释性也变得越来越重要。如果我们能够理解模型是如何做出决策的，那么我们就更容易找到并纠正其中的问题。此外，对AI研究者和开发者进行关于偏见和公平性的教育也非常关键，确保他们在设计和开发模型时充分考虑到这些问题。

但最终，要真正解决偏见问题，我们还需要关注团队的多样性和包容性。只有当研究和开发团队具有多样性，反映了各种背景和观点，我们才能全面地识别并解决这些问题，确保AI技术真正为每个人带来利益。

19.1.3　更好地理解上下文

更好地理解上下文在自然语言处理中是至关重要的。当我们谈论理解上下文，实际上是指模型能够捕捉和理解给定信息的周围环境和背景。在语言交流中，单个的词或短语往往是模糊的，并且其含义通常取决于前文或周围的语境。例如，在句子"我昨天买了一个苹果。它很甜"中，"它"显然指的是"苹果"，这需要对前文的理解。

近年来，尽管如BERT和GPT这样的模型已经在上下文理解方面取得了巨大的进步，但仍然存在挑战。这些模型使用了能够捕捉文本中远程依赖关系的Transformer结构。但是，在某些情况下，尤其是当上下文变得非常复杂或需要跨多个句子或段落进行推理时，这些模型仍然可能出错。

长期的依赖关系、常识、文化背景知识和复杂的推理能力是能否理解上下文的核心，也是挑战。目前的模型可能很难捕获非常长的文本中的信息或理解需要多步骤推理的情境。此外，仅仅靠文本阅读，而不了解与之相关的常识或背景知识，模型可能无法得出正确的结论。

为了进一步增强对上下文的理解，未来的方向可能包括整合知识图谱、常识库和其他外部信息源。这种融合可以为模型提供更丰富的上下文信息。同时，我们也可以期待新的模型结构和训练策略出现，这些模型和策略可能专门为捕获和处理长期和复杂的上下文关系而设计。与此同时，模型可能会采用互动性更强和持续性更强的学习方法，使其能够从与用户的互动中不断学习和调整。

因此，理解上下文是自然语言处理的关键组成部分，未来的研究和开发将不断努力提高模型在这方面的性能。

19.1.4　针对特定领域的训练

针对特定领域的训练涉及对AI模型进行专门训练以处理某一特定领域或行业的任务。尽管一些通用的AI模型可以处理多种任务，但它们可能不如为特定任务量身定制的模型那么准确或有效。例如，医学、法律或金融领域都有其独特的术语、知识和规则，通用模型可能难以充分掌握。

通过针对特定领域的训练，AI可以更加深入地了解该领域的语境和细节。例如，在医学领域，模型需要了解各种医学术语、药物互动和疾病症状，而在法律领域，模型则需要对法律条文和案例法有深入了解。

通常，进行特定领域的训练需要大量的领域相关数据。这些数据可能来自学术论文、行业报告、数据库或其他专业资源。有了这些数据，研究者可以使用传统的机器学习或深度学习方法对模型进行训练，使其能够处理领域特定的任务，如诊断、推荐或预测。

此外，与通用AI模型相比，为特定领域训练的模型可能更加高效，因为它们只需关注与特定任务相关的信息，而不是处理大量无关的数据。这也意味着这些模型可能更小、更快，并消耗更少的资源。

针对特定领域的训练为AI带来了高度的专业化和准确性，使其能够在各种专业和行业领域中提供有价值的洞察和解决方案。

19.1.5　更高级的交互能力

更高级的交互能力意味着AI不仅能够理解和响应用户的输入,还能够与用户进行更为深入、连续和自然的对话。在当前的许多AI系统中,交互往往是基于单个问题和答案的。但随着技术的发展,期望AI能够更好地理解和跟踪整个对话的上下文,以及更加自然和流畅地参与其中。

这种增强的交互能力需要AI具有更强的记忆和上下文理解能力。例如,如果用户之前提到了他们的宠物猫,那么在随后的对话中,AI应该能够记住这一点并在相关的上下文中适当地引用它。此外,AI应该捕捉到用户的情感和意图,从而给出更为贴心和相关的回应。

更高级的交互能力也可能涉及更加先进的语音识别、自然语言处理和生成能力,以及对非语言手段(如面部表情、语调或手势)的理解。这意味着AI不仅仅能做文字交互,也可以是语音、视频或其他多模态形式。

此外,为了实现更高级的交互,AI可能需要具有一定的主动性,例如提出问题、提供建议或引导对话,而不仅仅是被动地回应用户。这需要AI有更好的预测和判断能力,以及对用户需求和意图有深入了解。

因此,更高级的交互能力使AI成为一个更加有趣、有帮助和人性化的伙伴,可以在多种情境和应用中提供更加深入和丰富的用户体验。

19.1.6　自定义与调节

自定义与调节意味着用户可以根据自己的需求和喜好来修改或调整AI的行为和输出。这是一个越来越受关注的领域,因为随着AI技术在各种应用中广泛使用,没有一种"单一尺寸适合所有"的解决方案。人们有不同的需求、背景和文化,因此需要AI能够适应这些多样性。

例如,当用户与聊天机器人或语音助手进行交互时,他们可能希望调整AI的语调、速度或使用的词汇。在某些应用中,如内容推荐,用户可能想要调节模型的某些参数以获取相关性更强或多样化的推荐内容。

自定义与调节也关乎AI的透明度和可控性。用户应该能够了解AI如何做出决策,并有机会修改或调整那些决策的底层逻辑。这不仅增加了用户的信任和接受度,还确保了AI能够在各种不同的情境中有效地工作。

此外,自定义与调节也是数据隐私和安全的关键。用户应该能够控制AI如何使用、存储和分享他们的数据,以及调整数据处理的参数。

自定义与调节是确保AI技术更好地为人们服务的关键。通过赋予用户更多的控制权,我们可以确保 AI 的应用更加人性化、灵活和可靠。

19.1.7　更好的反馈机制

更好的反馈机制关乎 AI 系统与用户之间双向交流的质量和效率。一个有效的反馈机制不仅允许用户对 AI 的输出或行为给出评价，还确保 AI 能从这些反馈中学习并进行自我调整，从而更好地满足用户的需求。

在大多数现有的 AI 系统中，尤其是那些面向消费者的应用中，用户经常遇到输出不如预期或存在误解的情况。在这些情境下，一个简单且直观的反馈机制使用户能够指出错误、提供正确的答案或建议改进方向。这不仅增强了用户体验，还为 AI 系统提供了宝贵的数据来源，有助于其持续改进。

同时，更好的反馈机制也意味着 AI 系统能够主动寻求反馈。例如，当系统不确定其预测或建议的正确性时，它可以询问用户，或者提供多个备选答案让用户选择。这种主动性可以减少误解和错误，同时加强用户对系统的信任。

此外，随着用户提供更多的反馈，AI 系统可以更加个性化，更好地了解并适应每个用户的喜好和需求。这可以形成一个正向循环，其中系统的每次改进都会增强用户的满意度，进而鼓励他们提供更多的反馈。

因此，更好的反馈机制是建立在 AI 系统与用户之间互动、信任和持续改进的基础上的。这不仅可以提高系统的准确性和效率，还确保了用户在使用 AI 技术时感到满意和被尊重。

19.1.8　支持低资源语言

支持低资源语言是指为那些数据和技术资源相对较少的语言提供技术援助和开发。全球有数千种语言，但只有一部分语言（如英语、中文、西班牙语等）得到了广泛的技术支持和资源分配。许多语言，尤其是那些只有少数人使用或主要在特定地区使用的语言，在技术上往往受到忽视。

支持低资源语言在 AI 和自然语言处理领域具有重要意义。首先，这可以帮助更多人获得先进技术的好处，包括信息检索、通信工具和教育资源，从而缩小数字鸿沟。其次，保护和支持多样性的语言有助于保存全球的文化遗产和多样性。对于许多社群来说，他们的语言是身份和文化的重要组成部分。

然而，支持低资源语言面临许多挑战。由于缺乏大量的文本数据、语音样本或其他类型的资源，训练高效和准确的 AI 模型变得困难。此外，某些语言可能有其独特的语法、语音或文化背景，都增加了开发相关工具的复杂性。

为了克服这些挑战，研究者和开发者正在采用各种策略。例如，迁移学习和多语言模型允许从一个或多个高资源语言中提取知识，然后将这些知识应用于低资源语言。社群驱动的努力，如开源项目和众包数据收集，也正在帮助填补数据和资源的空白。

总体而言，支持低资源语言不仅是技术问题，也是社会正义和文化保存的问题。通过对这些语言提供支持，可以确保全球更多的人能够从 AI 技术中受益，并为未来保留宝贵的语言和文化遗产。

19.2　对开发者的建议和未来规划

19.2.1　开发者应该具备的知识和技能

为了熟练使用和调用 ChatGPT 的 API，开发者应该具备的知识和技能如下。

1. 编程与技术基础

在今天的技术环境中，编程已经不仅仅是输入一串命令来获取期望的输出。它是一个涉及设计、优化和持续学习的过程。首先，开发者应该熟练地掌握至少一种主流编程语言，例如 Python。不仅因为它的语法清晰和易于学习，而且因为它有一个庞大的社区和丰富的库，这可以帮助开发者更容易地开始他们的 API 集成之旅。对于 API 交互，如何处理异步请求、并发处理及高效的数据流处理也同样重要。在处理大量 API 请求时，了解如何利用异步编程可以使应用响应更加迅速，为用户提供更流畅的体验。

2. API 深入理解

API 是许多现代软件和应用的核心，它们允许不同的系统、应用和设备之间的交互和数据共享。对 RESTful 架构有深入了解是至关重要的。REST 是 Representational State Transfer 的缩写，它是一种构建 Web 服务的架构风格，通过使用标准的 HTTP 方法来操作。开发者需要了解这些方法如何工作，何时使用它们，以及如何优化使用以提高效率。除此之外，更持久的连接方法，如 Websockets，更高级的认证机制，如 OAuth，也都是当今 API 开发中的热门话题。

3. 数据操作与管理

数据是任何应用的生命线。从存储到查询，再到分析和可视化，处理数据的能力是任何开发者的必备技能。开发者要能够轻松地处理和转换各种数据格式，从常见的 JSON 和 XML 到更复杂的 protobuf 或 avro。高级数据处理，特别是在数据量大或需要进行复杂查询时，要对数据库有深入了解，无论是传统的关系型数据库，如 MySQL 或 PostgreSQL，还是 NoSQL 数据库，如 MongoDB 或 Cassandra。

4. 错误处理与调试

在 API 开发中，遇到错误和异常是家常便饭。无论是由于无效的数据输入、API 限制还是其他原因，开发者都需要知道如何有效地处理这些问题。智能的重试逻辑，例如使用指数规避策略，可以帮助应用在 API 限制或临时故障时继续正常运行。此外，详细的日志记录不仅可以帮助开发者识别和解决问题，还可以为未来的优化提供宝贵的洞察。

5. 安全与优化

对于 API 调用来说，安全永远是第一位的。无论是保护数据，还是防止未经授权的访问，开发者都需要了解最佳实践和工具来保护他们的应用。此外，随着应用的增长和用户基数的增加，性能优化也变得至关重要。了解如何缩减 API 请求，减少不必要的数据传输，以及如何使用缓存和其他技术来提高响应速度，是每个开发者都应该掌握的技能。

6. 团队合作与沟通

软件开发不是一个孤立的活动。大多数时候，它涉及与其他开发者、项目经理、设计师和其他利益相关者的紧密合作。版本控制，如 Git，不仅帮助开发者跟踪和管理代码的更改，还帮助团队保持同步。同时，与 API 供应商建立良好的沟通渠道也是至关重要的，可以确保开发者始终得到最新的信息和更新。

为了有效地使用和调用 ChatGPT 的 API，开发者需要具备一系列技能和知识。从编程基础到深入的 API 知识，再到数据管理、错误处理、安全和团队合作，这些都是构建强大、安全和高效应用的关键组成部分。随着技术的发展，开发者也需要持续地学习和适应，确保他们始终跟踪行业的前沿。

19.2.2　开发者未来的学习和发展规划

开发者首先要成为 ChatGPT API 的"专家"。这意味着他们不仅要熟悉基本的 API 调用，还应该研究其内部工作原理，例如它的模型结构、训练数据和算法。知道 API 背后的"为什么"和"怎么做"可以使开发者在遇到问题时有更强的应变能力，并更好地为客户或公司提供定制化的解决方案。

1. 技术集成的艺术

在当今的技术生态中，很少有什么应用是孤立存在的。一个成功的 ChatGPT 应用可能需要与 CRM 系统、数据库、其他 API、前端应用程序等集成。为了实现这些集成，开发者需要对这些技术平台都有深入了解，并熟悉在各种环境中部署和运行 ChatGPT。

2. 多场景下的应用开发

ChatGPT 的潜在应用不局限于聊天机器人。它还可以在内容生成、游戏开发、教育工具、在线辅导、客服自动化等多个领域发挥作用。开发者可以尝试在不同的场景下使用 ChatGPT，这样不仅可以扩大其应用范围，还可以更好地满足用户的特定需求。

3. 性能和可伸缩性考量

当 ChatGPT 应用的用户量增长时，性能和扩展性成为主要考虑的问题。开发者需要熟悉负载均衡、API 速率限制、并发请求处理等技术，以确保即使在高并发条件下，应用仍能流畅运行。

4．数据安全与法规遵从

使用 ChatGPT 可能涉及用户数据的处理和存储。开发者必须确保所有的数据交换都是安全的，同时还要遵守相关的隐私法规，如 GDPR 或 CCPA。这意味着要熟悉加密、身份验证、授权和其他安全最佳实践。

5．持续用户反馈循环

任何技术产品的成功都离不开用户的反馈。开发者要建立机制来收集、分析并对用户反馈做出响应。这可能涉及对 ChatGPT 的调优，或是对与其交互的其他系统进行修改。

6．机器学习与 AI 的进一步学习

虽然 ChatGPT 已经为开发者提供了强大的 NLP 功能，但对背后的机器学习和 AI 原理有深入的理解，可以帮助开发者更加灵活地使用 API。例如，知道如何为特定应用调优模型，或者如何与其他机器学习服务结合。

7．跨文化和跨语言的通信能力

虽然 ChatGPT 支持多种语言，但要在不同的文化和语言环境中成功应用，还需要考虑到各种文化和语境的差异。开发者需要了解这些差异，并确保他们的应用在全球范围内都能提供一致的用户体验。

总之，深入研究和专精于 ChatGPT API 需要开发者不断学习和探索。而随着技能和经验的积累，开发者将能够创造出更加强大和用户友好的应用，为用户提供卓越的价值。